21世纪全国高职高专计算机案例型规划教材

计算机应用基础案例教程

（第2版）

主　编　孙文力　万春旭　刘红梅
副主编　高　倩　王慧珍　王欣慧
　　　　刘丽霞　刘　斌
参　编　邵国红　胡　艳　王官云
　　　　刘春平　蔡　芸　李　鑫
　　　　毕鑫煜

北京大学出版社
PEKING UNIVERSITY PRESS

内 容 简 介

全书共分 8 章，共设计了 20 多个案例，内容包括 Windows XP 系统基础知识与基本操作，Word 文本文档的排版、表格的制作、图文混排、高级编辑技巧，电子表格的一些基本方法和技巧、数据处理的基本操作方法，演示文稿的基本编辑、动画设置及放映设置等操作及技巧，计算机网络技术，计算机保养与常见故障排除，实用工具软件的安装和使用，计算机的基础知识等。

本书可以作为高等职业院校学生的“计算机应用基础”学习指导教材，也可以作为参加全国计算机等级考试及各类计算机基础文化普及的辅导教程和自学的参考用书。

图书在版编目(CIP)数据

计算机应用基础案例教程/孙文力，万春旭，刘红梅主编. —2 版. —北京：北京大学出版社，2011.2

(21 世纪全国高职高专计算机案例型规划教材)

ISBN 978-7-301-18511-7

Ⅰ. ①计… Ⅱ. ①孙… ②万… ③刘… Ⅲ. ①电子计算机—高等学校：技术学校—教材 Ⅳ. ①TP3

中国版本图书馆 CIP 数据核字(2011)第 014300 号

书　　名：计算机应用基础案例教程（第 2 版）

著作责任者：孙文力　万春旭　刘红梅　主编

责 任 编 辑：李彦红

标 准 书 号：ISBN 978-7-301-18511-7/TP・1152

出　版　者：北京大学出版社

地　　址：北京市海淀区成府路 205 号　100871

网　　址：http://www.pup.cn　http://www.pup6.com

电　　话：邮购部 62752015　发行部 62750672　编辑部 62750667　出版部 62754962

电 子 邮 箱：pup_6@163.com

印　刷　者：北京京华虎彩印刷有限公司

发　行　者：北京大学出版社

经　销　者：新华书店

787 毫米×1092 毫米　16 开本　17.75 印张　408 千字

2007 年 8 月第 1 版　2011 年 2 月第 2 版　2016 年 6 月第 4 次印刷

定　　价：32.00 元

前　言

计算机技术的飞速发展，促进了计算机基础教育的发展。根据我国当前教学改革和建设的需要，教育部提出了“计算机文化基础”、“计算机技术基础”和“计算机应用基础”三个层次的教学体系。计算机文化基础是高等院校各专业的一门公共基础课程，属于计算机应用基础教育，是当代大学生必须掌握的一种应用技能。

计算机应用基础是一门实践性很强的课程，要掌握计算机应用基础知识，只有通过上机反复实践和训练才能理解其概念、熟悉其操作方法。根据高等职业院校人才培养的要求，我们组织设计编写了《计算机应用基础案例教程》一书，作为计算机应用基础的教材，以期用全真案例教学的方式，促进学习者熟练掌握计算机应用技能，不断增强对当今经济社会快速发展的适应能力。第 1 版教材经过 4 年多使用，受到广大读者欢迎。本书第 2 版经修订更加适合目前读者使用。

本书在内容上突出实用性和可操作性，书中的许多案例或是由企事业单位实际工作中的具体案例改编而成，或是编者多年在教学实践中积累的一些技巧性案例。以实践技能为核心，倡导以学生为本位的教育理念，注重全面提高学生的职业实践能力和职业素养。本书遵循大多数初学者的认识规律和学习思路，在内容上力求准确、层次清晰、通俗易懂、实用性强，使学生在少走弯路的前提下对计算机产生浓厚的学习兴趣。

全书共分 8 章，具体内容如下。

第 1 章主要介绍计算机系统的组成、Windows XP 系统基础知识与基本操作。

第 2 章主要介绍 Word 文本文档的排版、表格的制作、图文混排、高级编辑技巧等部分的基础知识和基本操作。通过案例对基础知识进行了综合和补充。

第 3 章主要介绍制作电子表格的一些基本方法和技巧、数据处理的基本操作方法。

第 4 章主要介绍演示文稿的基本编辑、动画设置及放映设置等操作及技巧。

第 5 章主要介绍计算机网络的发展和组成、Internet 基础知识、资源的搜索与下载、电子邮件的收发、FrontPage 2003 的基本操作等内容。

第 6 章主要介绍计算机在日常使用过程中的保养与清洁方法、常见的各类故障原因及排除方法。

第 7 章主要介绍实用工具软件的概念和分类，日常工作生活中最容易接触到的、最实用的几种有代表性的计算机实用工具软件。

第 8 章主要介绍计算机的发展和应用、信息的表示与存储、计算机的安全使用与病毒的防治、多媒体技术及相关的基本概念。

本书可以作为高等职业院校学生的“计算机应用基础”学习指导教材，也可以作为参加全国计算机等级考试及各类计算机基础文化普及的辅导教程和自学的参考书。

本书的第1章、第2章由孙文力编写；第3章由王慧珍编写；第4章由刘红梅、万春旭编写；第5章由刘丽霞、邵国红、胡艳编写；第6章由刘斌编写；第7章由李鑫、毕鑫煜编写；第8章由高倩、王欣慧、王官云、刘春平、蔡芸编写；附录由王慧珍编写；全书由孙文力统稿。本书编写过程中得到国际知名学者薛铁鹰教授的指导，再次表示感谢。

由于计算机技术发展迅速，加上作者水平有限，书中难免存在疏漏或失误之处，请广大读者不吝指正。

编　者

2010年11月

目　录

第 1 章 微型计算机系统

本章综述：

本章是计算机的基础知识，重点是计算机系统的组成和 Windows XP 系统的基本操作。本章讲述计算机系统的组成、操作系统概述、Windows XP 系统概述、Windows XP 系统基础知识与基本操作、Windows 文件管理、Windows 系统设置、Windows 实用工具等内容。

1.1 计算机系统组成

1.1.1 计算机系统概述

计算机系统是由许多相互联系的部件组合成的一个有机整体。一般来说，计算机包括硬件系统和软件系统两大部分，这两部分相辅相成，缺一不可。硬件是计算机工作的物质基础，软件则保证计算机正常运转并提高计算机的运行效率。计算机系统的基本组成结构如图 1.1 所示。

- 计算机系统
  - 硬件系统
    - 主机
      - 中央处理器
        - 运算器
        - 控制器
      - 内存储器
        - 只读存储器(ROM)
        - 随机读/写存储器(RAM)
    - 外部设备
      - 外存储器（如硬盘、软盘、光盘等）
      - 输入设备（如键盘、鼠标、扫描仪等）
      - 输出设备（如显示器、打印机等）
  - 软件系统
    - 系统软件（如DOS、Windows、UNIX等）
    - 应用软件（如Office、Photoshop等）

图 1.1 计算机系统的基本组成结构

1.1.2 计算机的硬件系统

所谓硬件系统，即是计算机系统中看得见、摸得着的物理实体。硬件系统由主机和外部设备两部分组成。如果按照硬件的功能来分，硬件系统可以分为运算器、控制器、存储器、输入设备和输出设备五个功能部件。

1. 运算器

运算器是计算机的核心部件，它负责对信息的加工处理。它在控制器的控制下，与内存交换信息，并进行各种算术运算和逻辑运算。运算器还具有暂存运算结果的功能，它由加法器、寄存器、累加器等逻辑电路组成。

2. 控制器

控制器是计算机的指挥中心，其主要作用是控制计算机自动地执行命令。控制器读取内存储器中的程序并进行翻译，然后根据程序的要求向相应部件发出控制信号，指挥、协调各部件的工作，同时也接受各部件指令执行情况的反馈信号。

在微型计算机中，运算器和控制器合在一起，称为微处理器，又称 CPU，它是微型计算机的核心。目前流行的微处理器有 Intel 的 Pentium 4、Pentium D、酷睿 i5、酷睿 i7 等系列和 AMD 的 Athlon XP、Athlon64、速龙Ⅱ、羿龙Ⅱ等系列。

3. 存储器

存储器是计算机的记忆单元，它负责存储程序和数据。存储器又分为内存储器(主存储器)和外存储器(辅助存储器)两类。

(1) 内存储器，简称内存。它安置在计算机的主板上，直接与 CPU 相连，用来存放当前正在运行的程序和数据。其存取速度快，但容量较小。按存取方式来分，内存又分为只读存储器(ROM)和随机存储器(RAM)。

只读存储器较典型的是固化在主板上的 BIOS 程序，它是在加工生产时写入的，一般情况下是只能读而不能写的，即使断电，信息也不会丢失。随着计算机软硬件发展速度的加快，有些计算机高手提出了更新 BIOS 系统的需求，为此一些生产厂家采用闪存制作了可擦写式 BIOS 存储芯片，为用户自己升级创造了条件，但这种操作是有一定危险性的。

随机存储器中存储的程序和数据是用户可以随时读/写的，其存储的信息会因断电而全部丢失。因此，用户在使用计算机时，要养成随时存盘的习惯，以防因断电造成数据丢失。随机存储器的物理实体就是内存条，其容量大小也是关系微型计算机性能的主要因素，目前流行微机的内存配置大小一般为 1GB、2GB，甚至更大。

(2) 外存储器，简称外存，属于外部设备，主要存放暂时不使用的程序和数据。它的特点是存储容量大，可永久保存信息且不易受断电的影响，但读取速度相对于内存较慢，其中的数据不能直接与 CPU 进行传递。存放于外存的数据必须调入内存才能进行加工处理。目前常用的外存储器有硬盘、光盘、U 盘和移动硬盘，早期常用的软盘则正在逐渐淘汰。

4. 输入设备

输入设备是将外部信息输入到计算机内存储器的装置。常用的输入设备有键盘、鼠标、扫描仪、数码相机和手写系统等，其中键盘和鼠标是微机必备的输入设备。

5. 输出设备

输出设备可以将计算机运算处理的结果以用户熟悉的信息形式反馈给用户，输出形式有数字、字符、图形、视频和声音等几种类型。常用的输出设备有显示器、打印机、绘图仪等，其中，显示器是微机必备的输出设备。

1.1.3　计算机的软件

所谓软件是指计算机硬件工作所必需的各种程序以及相关资料的集合，根据其功能和面向对象可分为系统软件和应用软件两大类。

1. 系统软件

系统软件一般是面向所有计算机用户的，它为用户提供了计算机操作、使用、开发的平台。它是用来管理、监控、维护、协调计算机内部更有效工作的软件。系统软件主要包括操作系统、数据库管理系统、各种语言及其汇编、解释或编译程序等。

2. 应用软件

应用软件是在系统软件基础上开发出来的、具有特定功能、解决某一具体问题的程序。如财务报表软件、文字处理软件、媒体播放软件等。

1.2　操作系统概述

操作系统是系统软件的核心，是用户与计算机物理设备之间的接口。它直接控制和管理着计算机系统硬件和软件资源，为用户操作提供了一个平台，以方便用户充分而有效地利用这些资源。

1.2.1　操作系统的作用与地位

用户在使用计算机时，首先要启动操作系统，启动成功后，操作系统的内核进驻内存，同时为用户提供操作界面。从资源管理的观点来看，操作系统的作用有五个方面，即处理器管理、存储管理、文件管理、设备管理和作业管理。

1. 处理器管理

处理器即 CPU，它是系统最宝贵的资源。处理器管理的主要内容是中断处理和 CPU 调度。处理器只能发现中断事件并产生中断，但不能进行处理，配置操作系统后，就具有了对各种事件的处理能力，同时操作系统也可以合理调配 CPU 资源，实行多进程管理，提高 CPU 的效率。不同类型的操作系统，针对不同情况采取了不同的调度策略。

2. 存储管理

存储管理是针对内存储器的管理。内存储器空间通常分为两个区，一个是系统区，存放操作系统、标准子程序以及例行程序等；另一个是用户区，存放用户的程序和数据。存储管理的主要任务是分配内存空间，保证各作业占用的存储空间不发生冲突，并使各作业在自己所属存储区互不干扰。

3. 文件管理

在计算机中，程序和数据都是以文件形式存在的，操作系统的文件管理负责文件的建立、存入、读取、删除、检索以及对文件存取权限的控制和管理。

4. 设备管理

设备管理是指对外部设备的管理。其主要任务是处理、响应外部设备发出的中断请求，负责驱动外部设备。为协调高速 CPU 与低速 I/O 设备的工作节奏，在内存中设置输入/输出缓存区，用于临时存放数据。

5. 作业管理

作业是指用户请求计算机完成的一个独立任务。作业管理包括作业的输入和输出、作业的调度与控制。作业管理为用户提供了一个使用计算机的界面，使用户能方便地运行自己的程序。

1.2.2 操作系统的类型

操作系统有多种分类方法，其中，最常用的分类方法是，按照操作系统提供的功能进行分类。

1. 单用户操作系统

这种操作系统的主要特征是：在一个计算机系统内一次只能运行一个用户程序。该用户独占计算机系统的全部硬件、软件资源。

2. 批处理操作系统

批处理操作系统可以管理多个用户程序，操作员统一将多个用户的程序输入到计算机中，然后在批处理操作系统管理下成批地运行多个程序，提高了计算机系统的效率。

3. 实时操作系统

实时操作系统是一种时间性强、反应迅速的操作系统。主要用于较少人为干预的监督和控制系统，如流水线控制、导弹飞行状态监控等。

4. 分时操作系统

分时操作系统是一种在计算机上挂多个终端，允许多个终端用户同时使用一台计算机的系统。它采用给每个用户固定时间片的方式，轮流为各个用户服务。

5. 网络操作系统

网络操作系统是用来管理连在计算机网络上的多台计算机的操作系统。它提供了网络通信和网络资源共享管理，保证网络中信息传输的准确性、安全性和保密性，提高网络资源的利用率和可靠性。

6. 分布式操作系统

分布式操作系统可以使网络中的计算机没有主次地并行运行同一个程序，彼此相互协调、共同配合完成一个共同的任务。

微机中常用的 Window XP 操作系统属于单用户操作系统。

1.3　Windows XP 操作系统概述

Windows XP 是微软公司在 Windows 2000 基础上开发的、基于图形界面的多任务操作系统，它继承了 Windows 前期版本的所有优秀性能，同时也增加了很多显著特色。操作界面更加美观，系统稳定性有了大幅提高，在硬件驱动上建立了 Windows XP 规范，避免了以前版本中常因硬件不兼容而造成的系统崩溃。增强了网络功能，除了提供丰富的网络应用组件外，还特别为网络安全设置了防火墙，在多媒体功能上，支持更多媒体格式，并提供了强大的媒体播放、制作工具。此外还为熟悉传统 Windows 版本的用户提供了经典界面，以方便老用户的使用。下面以最新的 Windows XP 界面为例介绍有关内容。

1.3.1　Windows XP 的安装

1. Windows XP 的运行环境

根据 Microsoft 提供的说明，安装 Windows XP 的最低配置是：

CPU：Pentium/Celeron 或 AMD K6/Athlon/Duron 233MHz

内存：64MB

硬盘：1.5GB 可用空间

显示器：Super VGA(800×600)分辨率

其他：鼠标、键盘、CR-ROM 或 DVD 驱动器

上述硬件要求只是微软列出的保守值，实际上在安装过程中，1.5GB 的硬盘空间肯定不够用，因此推荐配置：CPU 主频最少 1GHz 以上，内存 256MB 以上，硬盘 10GB 以上可用空间。

2. Windows XP 的安装

Windows XP 系统的安装文件很大，保存在一张光盘上，安装所需时间随机器配置的不同而有差异，一般需要 30 分钟以上，安装过程基本是自动的，只有少数几步需要用户按提示进行操作。

安装前，在BIOS中将启动顺序设置为CD-ROM优先，然后用Windows XP安装光盘进行启动，出现【欢迎使用安装程序】的界面，根据提示按Enter键开始安装，经过同意许可协议、对硬盘分区、选定安装分区等几步后，进入安装进程。

安装期间会有【区域和语言选项】、填写个人信息的提示，随后会弹出一个要求输入产品密钥的对话框，如图1.2所示，如果输入错误则不能进行后面的安装。

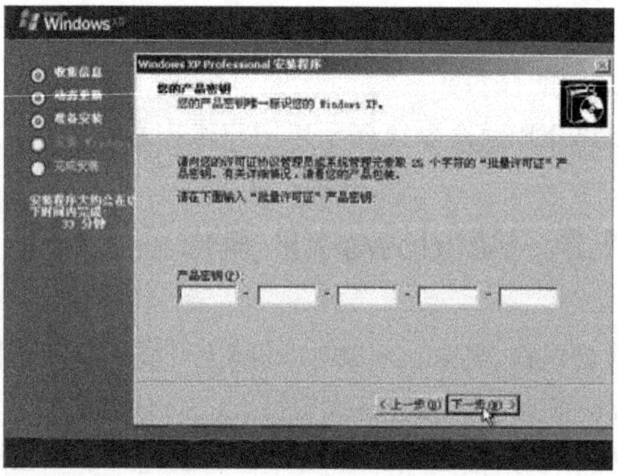

图 1.2 输入产品密钥

随后经过输入计算机名称、设置日期时间和网络设置等步骤，系统安装完成后，会自动重新启动。第一次运行Windows XP时，还会要求设置Internet和用户，并进行软件激活，同时建立使用Windows XP的用户账户，之后，就可以看到Windows XP的桌面了。

1.3.2 Windows XP的启动与退出

1. Windows XP的启动

安装好Windows XP的计算机，只要打开电源，系统会首先运行BIOS中的自检程序，如果检测硬件没有问题，则自动进入Windows XP的启动界面。经过短暂的欢迎画面，出现系统登录对话框，此时，选择对应的用户名并输入口令，确定后即可进入系统桌面。如果没有设置多用户，则不出现登录界面而直接进入系统。

2. Windows XP的退出

Windows XP是一个多任务操作系统，为避免造成数据丢失和保存必要的参数设置，必须按照规定的操作步骤退出。其方法如下。

(1) 关闭正在运行的所有应用程序窗口。

(2) 单击桌面上的【开始】按钮，选择【关闭计算机】选项，出现【关闭计算机】对话框。

(3) 单击【关闭】按钮，经过短暂的时间，系统自动安全地关闭电源。

如果用户只是希望重新启动Windows XP系统，则可以单击【重新启动】按钮；如果用户只是在一段时间内停止使用计算机，而又不想关机，则可以单击【待机】按钮，让系统进入休眠状态，此时计算机以低能耗保持工作。

1.4 Windows XP 基础知识与基本操作

Windows XP 的基本元素包括：桌面、图标、窗口、菜单和对话框等。掌握这些基本元素的功能和使用方法，是进入 Windows XP 系统大门的阶梯。

1.4.1 Windows XP 桌面组成及其操作

启动 Windows XP 后，屏幕上的整个区域称为桌面，如图 1.3 所示。桌面是用户操作计算机的最基本界面，Windows XP 中所有的操作都是基于桌面的。

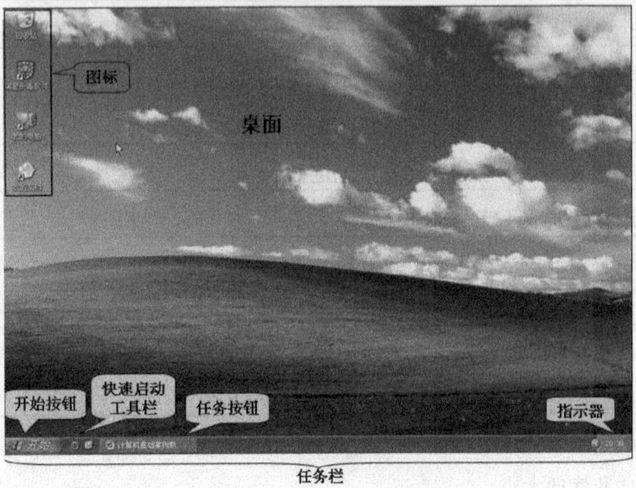

图 1.3 Windows XP 的桌面

1.4.2 鼠标操作

鼠标是计算机的常用输入设备，在 Windows 的图形界面下，使用鼠标操作图标、菜单、工具按钮等命令更便捷。

1. 鼠标的基本操作

(1) 指向，将鼠标指针移动到要操作的对象上，为下一步操作做好准备。

(2) 单击左键，简称“单击”，是指快速按一下鼠标左键，然后松开。一般用于选定对象或执行菜单命令等。

(3) 单击右键，简称“右击”，是指快速按一下鼠标右键，然后松开。该操作通常会弹出所指对象的快捷菜单。

(4) 双击，是指快速连续地按两下鼠标按键。一般来说，双击都是指双击鼠标左键，该操作会打开与所指对象相关的窗口。

(5) 拖动，是将鼠标指针移动到操作对象上，按住鼠标按键不放，同时移动鼠标到其他位置，然后松开鼠标按键。拖动操作也有按住鼠标左键和按住鼠标右键之分，常用于移动对象或复制对象等操作。

2. 鼠标指针

在 Windows XP 中，随着鼠标指针指向屏幕的不同区域，鼠标指针的形状会发生相应的变化，因此对应的操作也会有所不同。鼠标指针的常见形状及其相应的含义如表 1-1 所示。

表 1-1 鼠标指针的常见形状及相应的含义

指针形状	含义说明
	系统处于就绪状态，用于指向、单击、双击、拖动等操作
	求助指针，此时指向某个对象并单击，即可显示该项目的帮助说明
	表示当前操作正在后台运行
	表示系统忙，要等待操作完成后，才能接收鼠标操作
	出现在文本区，用于选择文本或定位插入点
	不可用指针，表示当前操作无效
	垂直调整指针，鼠标指向可改变对象上、下边界的大小，出现该指针，拖动可改变对象的纵向大小
	水平调整指针，鼠标指向可改变对象左、右边界的大小，出现该指针，拖动可改变对象的横向大小
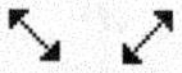	对角线调整指针，鼠标指向可改变对象四角的大小，出现该指针，拖动可同时改变对象的纵向和横向大小
	移动指针，鼠标指向可移动对象时，出现该指针，拖动可移动对象的位置
	超级链接指针，鼠标指向超级链接时出现该指针，单击可打开该链接

1.4.3 窗口操作

窗口是 Windows 的特点和基础。用户每打开一个文件夹或运行某个程序都会打开一个窗口，通过窗口提供的菜单、命令来完成工作。

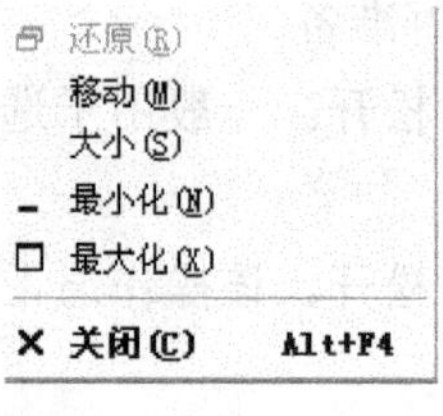

图 1.4 控制菜单按钮

1. 窗口的组成

(1) 标题栏：位于窗口的最上端，显示窗口的名称，提供窗口的控制命令。其左端是控制菜单按钮，右端有最小化、最大化或还原、关闭按钮。

① 控制菜单按钮：虽然不同的窗口其图标不同，但单击控制菜单按钮后打开的菜单是相同的，如图 1.4 所示。可见，控制菜单中的命令都是起控制窗口的作用。

② 最小化按钮：单击该按钮可以将窗口缩小为任务栏上的一个图标。

③ 最大化或还原按钮：这是一个变化的按钮，当窗口处于最大化时，该按钮显示为【还原】，单击它可以使窗口还原到最大化之前的大小，同时该按钮变为【最大化】，此时单击它可以将窗口最大化。

④ 关闭按钮：单击该按钮可以关闭窗口，终止相应的程序。

(2) 菜单栏：位于标题栏下方，分类放置了该窗口的功能命令。不同的应用程序窗口的菜单栏有不同的菜单项，但很多窗口都有【文件】、【编辑】、【帮助】等项。

(3) 工具栏：工具栏可以说是图形化的快捷菜单。系统将常用命令以工具按钮图标的形式分类组织在不同的工具栏中，供用户选用。为了适应用户的不同需要，工具栏常常设有显示/隐藏开关，有些程序窗口还允许用户改变工具栏的位置和自己定义工具按钮。

(4) 状态栏：位于窗口的底部，显示当前窗口的状态或帮助信息。

(5) 窗口工作区：显示窗口的操作对象。窗口所提供的菜单、工具按钮等命令均是针对该区域的对象而设置的。

(6) 滚动条：当前窗口的大小不能显示全部工作区对象时，才会出现滚动条，以便滚动查看。滚动条有位于窗口右侧的垂直滚动条和位于窗口下部的水平滚动条两种。

(7) 窗口边框：是区分窗口内、外的边界，拖动它可以改变窗口的大小。

2. 窗口的操作

(1) 移动窗口：将鼠标指向窗口标题栏，拖动鼠标到所需位置即可。

(2) 改变窗口的大小：要改变窗口的大小，除了直接使用窗口标题栏上的【最大化】|【还原】、【最小化】按钮在几种状态之间转换外，也可以通过鼠标拖动改变窗口的边、角的位置来实现窗口的缩放。操作方法是，将鼠标指向窗口的边或角，当鼠标指针变为双向箭头时拖动到适当的位置即可。

(3) 排列窗口：要将多个窗口整齐地排列在桌面上，可以使用排列窗口命令。右击任务栏空白位置，可打开如图 1.5 所示的快捷菜单。

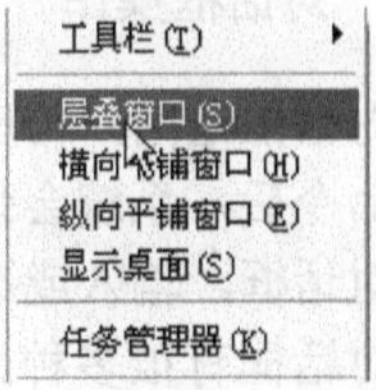

图 1.5　排列窗口的快捷菜单

从图 1.7 所示菜单可以看到，窗口的排列有层叠窗口、横向平铺窗口、纵向平铺窗口 3 种方式。

(4) 窗口之间切换：在打开的多个窗口中，有一个窗口的标题栏颜色是鲜艳的，它是当前窗口，所谓窗口切换就是将其他后台窗口切换为当前窗口。其具体操作有以下几种方法。

① 单击任务栏上对应的图标按钮。

② 单击后台窗口的可见部分。

③ 按 Alt+Tab 组合键逐个浏览窗口标题进行切换。

(5) 关闭窗口：对于应用程序窗口来说，关闭窗口意味着终止程序的运行，除了使用程序本身提供的菜单命令关闭窗口外，常用的还有以下几种方法。

① 单击窗口的关闭按钮。

② 双击控制菜单按钮。

③ 按 Alt+F4 组合键。

④ 右击任务栏对应图标，在弹出的快捷菜单中单击【关闭】命令。

1.4.4 菜单操作

1. 菜单的组成及含义

分组线 ——：菜单中常通过分组线将菜单项分成几组。

灰色菜单项：因不满足操作条件，目前不能使用的命令。

选中标记√：目前正在起作用的标记，在同一个菜单项目组中可以有多个选中标记。

选定标志●：目前正在起作用的标志，在同一个菜单项目组中只能有一个选定标志。

省略号标记…：带有该标记的菜单项，选用后会打开一个对话框。

三角形标记▶：表示有下级子菜单的标记。

快捷键标记：表示该菜单项可以通过提示的键盘命令来执行。

折叠标记︾：系统通常将不常用的命令项折叠起来，以减少占用屏幕空间，如果要使用被折叠的菜单项，可将鼠标指向该标记等待一会儿或单击该标记。

2. 菜单的操作

(1) 用鼠标选择菜单：用鼠标单击菜单栏中菜单名，打开菜单，然后指向所选命令项，再单击。

(2) 用键盘选择菜单：菜单栏中每个菜单名后面都有一个带下划线的字母，按住 Alt 键不放，再按对应的字母键即可打开该菜单，再将光标移到所需命令项，按回车键。

(3) 取消菜单：要取消已打开的菜单，可以用鼠标单击菜单外部任意区域或按 Esc 键。

1.4.5 对话框操作

对话框是用户与应用程序之间进行信息交互的界面，当用户选用了一个带有省略号标记的命令后，系统会弹出一个对话框，询问用户如何进行下一步的工作，此时用户必须操作该对话框，输入或选择相应的数据。

对话框有很多种，不同的对话框差异很大，下面以图 1.6 为例，说明对话框的组成及操作方法。

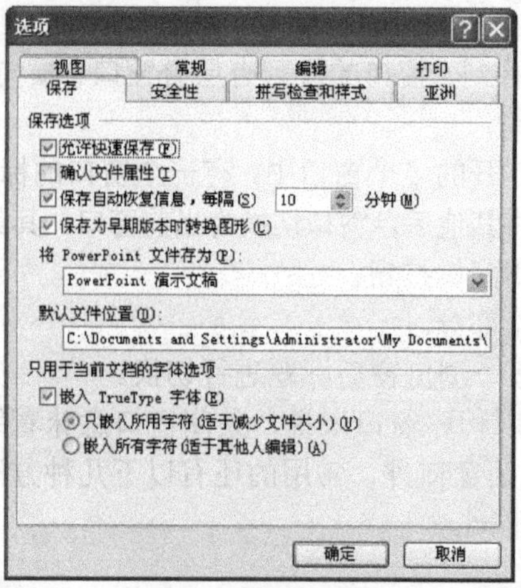

图 1.6 对话框的组成

(1) 标题栏：位于对话框窗口的顶部，左端有对话框的名称，右端有【帮助】按钮和【关闭】按钮。拖动标题栏可以移动对话框的位置；单击【关闭】按钮可以关闭对话框；单击【帮助】按钮鼠标指针会变成问号，此时再单击某项则显示有关该项目的帮助信息。

(2) 文本框：是输入文字的区域。单击该区域，当文本框中出现插入点光标后，即可输入文字，此时，可以用光标键移动插入点的位置，按 BackSpace 键或 Delete 键可以删除插入点左侧或右侧的字符。

(3) 列表框：列出可供用户选择的项目。当可选项较多时，有的列表框带有滚动条，也有的为了节省空间做成了右侧有一个下三角的下拉式列表框。在选取时，需要先打开下拉式列表框或拖动滚动条找到需要的项目，再单击它。

(4) 单选框：一组带有圆圈的互斥选择项目，其中圈中有小黑点的是被选中的项目。要选取其中的某项，只需用鼠标单击它即可，同时该组中其他选项自动被取消。

(5) 复选框：带有小方框的选择项目，其中框中有勾的是被选中的项目。复选的含义是在该选项组中可以同时选中多个。选取的操作是单击要选择的复选框，此时框中应该出现对钩标志；要取消已选取的项目，只需再次单击该复选框即可。

(6) 数字增减按钮：可以说是一个带有增、减按钮的数字文本框。用户可以直接在该框中输入数字，也可以单击其中的上、下箭头按钮使数字增加或减少一个单位。

(7) 滑杆：在一条直线上有一个可以左右移动的滑块，用鼠标拖动滑块左右移动以改变数值，是数值增减的另一种表现形式。

(8) 选项卡(标签)：用选项卡可以节省空间，当对话框的内容较多时用选项卡将其分类组合在不同的卡片上，标签就是选项卡的标题，只要单击标签就可以切换到该选项卡。

(9) 命令按钮：一些复杂的对话框会有进一步设置的命令按钮，这里只介绍一般对话框中常用的【确定】、【取消】、【应用】按钮。

确定 按钮：使当前对话框设置生效，结束并关闭对话框。

取消 按钮：放弃当前对话框的设置，结束并关闭对话框。

应用(A) 按钮：使当前对话框的设置生效，不关闭对话框，继续进行其他设置。

1.4.6　键盘操作

在 Windows XP 中，一般能用鼠标控制的操作都可以用键盘来实现，只是多数情况需要多个键组合来完成。常用的组合键及其功能如表 1-2 所示。

表 1-2　常用的组合键及其功能

快捷键	功能描述
Ctrl+Esc	打开【开始】菜单
Ctrl+Space	打开/关闭中文输入法
Ctrl+Shift	在各种输入法之间循环切换
Ctrl+.(小数点)	中/英文标点的切换
Ctrl+Alt+Del	打开任务管理器

续表

快捷键	功能描述
Ctrl+A	全选
Ctrl+C	复制
Ctrl+X	剪切
Ctrl+V	粘贴
Ctrl+Z	撤销
Alt+ Space	打开控制菜单
Alt+Tab	切换窗口
Alt+F4	关闭当前窗口
Alt+Print Screen	将当前活动窗口复制到剪贴板
Print Screen	将当前屏幕复制到剪贴板
Shift+Space	全角/半角切换
Shift+F10	打开对象的快捷菜单

1.4.7 常用中文输入法

Windows XP 中文版集成了微软拼音、智能 ABC、全拼、郑码等中文输入方法。要输入中文首先要打开中文输入法(用 Ctrl+Shift 组合键可以在多个输入法之间切换)，其次才能按照该输入法的编码规则输入。

1. 语言栏与输入法的切换

在 Windows XP 中，输入法由如图 1.7 所示的语言栏统一管理。

语言栏上的图标从左到右依次是：

(1) 当前输入法标识。单击它可以打开输入法菜单，如图 1.8 所示。选择中文输入法后屏幕会显示输入法状态栏。

(2) 麦克风开关。打开麦克风后再单击【听写】按钮可以进行语音录入。目前语音录入可以在任意 Microsoft Office XP 程序、Internet Explorer 5.0 和 Outlook Express 5.0 中听写文本。

(3) 语音工具。进行语音训练，创建语音配置文件存储每个用户说话和发音方式的信息，以提高语音识别率。

(4) 语言栏帮助。打开帮助窗口。

(5) 最小化和选项按钮。上部是语言栏最小化按钮，下部是语言栏选项菜单，设置语言栏显示哪些图标。

2. 输入法状态栏

打开中文输入法后，会出现如图 1.9 所示的输入法状态栏。

图 1.7　语言栏

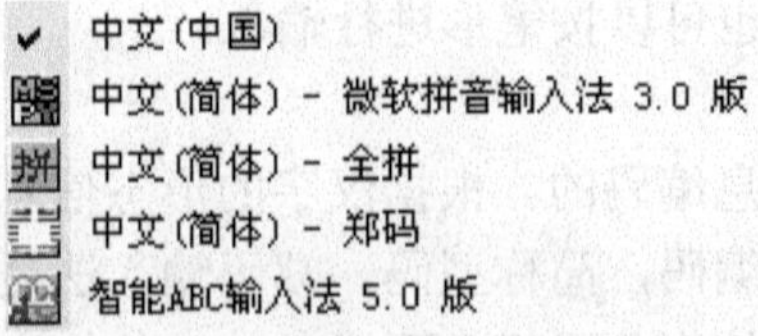

图 1.8　输入法菜单

图 1.9　输入法状态栏

输入法状态栏上的按钮从左到右依次是：

(1) 中/英文输入法开关。

(2) 输入法名称。其中的智能 ABC 输入法，单击它可以在“标准”和“双打”两种子输入法之间切换。

(3) 半角/全角切换。

(4) 中/英文标点切换。

(5) 软键盘。单击它可以打开屏幕软键盘；右击它弹出的特殊字符键盘选项，可以将键盘设置为录入各种特殊字符专用键盘。

3. 常用中文输入法

1) 微软拼音输入法

微软拼音输入法是微软公司推出的一种基于语句的智能型拼音输入法，支持以句子为单位的连续输入。该输入法采用拼音作为汉字的录入方式，使用者不需要经过专门的学习和培训就可以快速掌握并熟练使用这种汉字输入技术。另外，该输入法支持南方模糊音，可以不分 z 和 zh，an 和 ang 等南方口音；支持拼音的不完整输入，即只需输入拼音的声母，就可以给出备选的字或词；支持全拼输入法和双拼输入法；对于经常使用的字词能提前出现作为备选。

微软拼音输入法支持语句连续转换的方式，可以让用户不间断地键入整句话的拼音，不必关心分词和候选，这样既保证思维流畅，又提高了输入效率。输入结束后按一下空格键，输入结果就会出现在插入点所在的位置，此时，输入结果下面出现一条下划线，表示当前句子还处于编辑状态，如果句子完全正确，可按 Enter 键确认，就可以完成输入；如果系统组合的句子有错误，可以按←键或→键把光标移到错误汉字的前面，此时，屏幕上重新出现汉字的汉字提示框，再重新选择正确的汉字，最后按 Enter 键确认。

2) 全拼输入法

全拼输入法是按照标准的汉语拼音规则，逐个输入字词的汉语拼音来输入汉字的方法。

其中，使用 v 代替拼音中的 ü。在全拼中设置有查询键“？”，当某个字的读音拿不准时可以使用“?”来代替该位置的任意一位字母编码。但由于全拼需要输入汉字的完整拼音编码，因此有的字的编码很长。此外全拼输入法也支持词组的录入。

3) 智能 ABC 输入法

智能 ABC 输入法是以拼音为主，辅以笔形信息的智能型输入法。它集全拼、简拼、混拼、笔形、音形和双打多种输入方式于一体。对于熟悉拼音的人可以采用以全拼为主，其他方式为辅的输入方式；对于有方言口音的人，可以选用以简拼加笔形的方式进行输入，而即使是完全不懂拼音的人，也可以按笔形进行输入。

4) 郑码输入法

郑码输入法是利用字型信息编码的。根据汉字的形态信息，赋予每个字或词一个代码的编码方案，称为汉字的字型编码，简称型码。郑码输入法是一种型码，其编码方法的基本原理是：把方块汉字看作由构字单元组合而成，基础的构字单元是字根，最小构字单元是笔画；字根排列的先后顺序叫根顺，根顺与书写顺序一致；按逆过程可以把汉字分解成字根和笔画，按根顺依次排列后，代入字根和笔画的代码，就能得出汉字的编码。将编码输入计算机，通过机内码转换，汉字信息便存储在计算机里。

郑码利用字形信息编码，确立了“笔画－字根－整字－词语”这样一个检索序列。

5) 五笔字型输入法

五笔字型输入法也是利用汉字的字型信息进行编码的。它将汉字的笔画分为：横、竖、撇、捺、折五种基本笔画，由笔画组成125种码元；把汉字的字型分为：左右型、上下型、杂合型3种字型；然后用码元和字型组成汉字输入编码。

需要说明的是，五笔字型输入法不是Windows XP系统自带的输入法，要想使用需要另外安装它。

1.4.8 Windows XP帮助系统的使用

Windows XP提供了功能强大、内容丰富、形式多样的帮助系统，使得它更加易学、易用。用户可以随时获取所需的帮助，根据不同情况，用户可以使用以下6种方式得到帮助。

1. 系统帮助窗口

单击【开始】按钮，选择【帮助和支持】命令(或在显示桌面时按F1键)，可以打开【帮助和支持中心】窗口。

在【帮助和支持中心】窗口的工具栏中，有五个选项按钮，分别是【索引】、【收藏夹】、【历史】、【支持】和【选项】按钮。

1) 搜索

工具栏下面是搜索栏。在【搜索】文本框中键入需要查找的内容，例如“画图”，单击右侧箭头，即开始搜索与“画图”相关的内容，最后得到搜索结果。

2) 索引

用户可以输入关键字或在列表框中选择关键字，单击下面的【显示】按钮，右侧就显示相关信息。

3) 收藏夹

用户可以将搜索或索引找到的信息添加到收藏夹中，以备以后再次使用。

4) 历史

单击【历史】按钮可以查看以往曾经检索、阅读过的信息。

5) 支持

Windows XP将帮助与Internet集成在一起，在这里可以连接到Internet上，寻求网络上的朋友、微软公司或论坛的帮助。

2. 漫游 Windows XP

单击【开始】按钮，选择【所有程序】|【附件】|【漫游 Windows XP】命令，打开 Windows XP 漫游窗口，在这里可以学习、认识 Windows XP，在漫游引导下查看 Windows XP 的新功能。

3. 气泡提示

Windows XP 采用了图标表示程序、文件、硬件、命令按钮等，为了帮助用户理解这些图标的意义，因此使用了人性化的帮助方式，即气泡提示，当用户将鼠标指向某个图标时，稍等片刻便会弹出该图标的相关信息。

4. 状态栏提示

当用户选定某文件或指向某菜单项时，便会在状态栏显示相关信息或功能说明。

5. ?号帮助

在 Windows XP 的一些对话框中，设有“？”号按钮，单击它后会打开相关帮助，或鼠标指针变成问号，再单击需要帮助的项目，了解该项目的有关资料。

6. 应用程序的帮助菜单

Windows XP 中的应用程序都带有【帮助】菜单，使用此菜单可以得到有关该应用程序的帮助信息。

1.5　Windows XP 文件管理

文件管理是操作系统的基本功能之一。文件管理包括文件的【建立】、【查看】、【复制】、【移动】、【删除】、【重命名】和【属性】设置等操作。在 Windows XP 中，文件的管理工作主要是通过【资源管理器】或【我的电脑】来完成的。

1.5.1　文件管理概述

1. 文件的概念

文件是 Windows XP 中信息存储的基本单位，是指被赋予名字并存储在磁盘上的一组相关信息的集合。文件可以是应用程序，也可以是由应用程序创建的文档。文件的基本属性包括文件名、文件的大小、文件的类型和创建时间等。文件是通过文件名和文件类型进行区别的，每一个文件都有不同的类型或不同的名字。

2. 文件名有关规则

(1) 格式：文件名由文件主名和扩展名两部分组成。其中主名是必须有的，扩展名可以省略。主名与扩展名之间用小数点隔开，如果文件名中包含多个小数点，则最右端一个小数点后面的部分是扩展名。

(2) 文件名最多由 255 个字符组成。这些字符可以是字母、数字、空格、汉字和一些特定符号，其中英文字母不区分大小写。

(3) 文件名中不允许使用下列具有特殊含义的字符：?、\、*、”、<、>、:、|。

(4) 在同一存储位置不能有文件名(包括扩展名)完全相同的文件。

3. 文件类型

根据文件的不同用途，可将文件分为程序文件和文档文件两类。在 Windows 中，系统是根据文件的扩展名进行分类的，同时用不同的图标进行标识。所谓程序文件就是扩展名为.exe 等的文件，其显示图标由程序作者设定。文档文件是由程序文件创建的，其扩展名一般由应用程序指定，图标也由系统指定。表 1-3 列出了一些常见文档文件的扩展名及其图标。

表 1-3　常见文档文件的扩展名及其图标

文件类型	扩展名	图标	文件类型	扩展名	图标
文本文件	.txt		Excel 工作簿	.xls	
位图文件	.bmp		演示文稿	.ppt	
Word 文档	.doc		Web 页文件	.htm	

不同类型的文件有不同的使用方法，由于扩展名决定了文件类型，在 Windows XP 中，为了防止用户不小心删除或修改文件的扩展名，造成文件不能使用，因此采用了隐藏文件扩展名的保护措施。

4. 文件通配符

当用户要对某一类的文件或某一组文件进行操作时，可以用通配符来表示文件名中不同的字符。在 Windows XP 中，文件名支持通配符“*”和“?”。“*”表示该符号的位置可以用任意的一串字符来代替；“?”表示该符号位置可以用任意的一个字符来代替。

5. 文件夹

磁盘上可以存储大量的文件，但为了便于管理，一般将相关文件分类后分别存放在不同的文件夹中，就像日常工作中把不同类型的文件资料用不同的文件夹来分类整理和保存一样。文件夹中可以存放文件，也可以存放文件夹，我们把存放在文件夹中的文件夹称为子文件夹，子文件夹中同样可以存放文件和下一级的子文件夹，这样文件夹是分层管理的，其结构像一棵树，又称树型结构。这一种树型结构可以从【资源管理器】中看出，如图 1.10 所示。在 Windows XP 中，系统将所有的软、硬件资源，包括磁盘驱动器、打印机等都采用与文件夹一样的管理方式，这种系统资源的大树的根便是桌面。

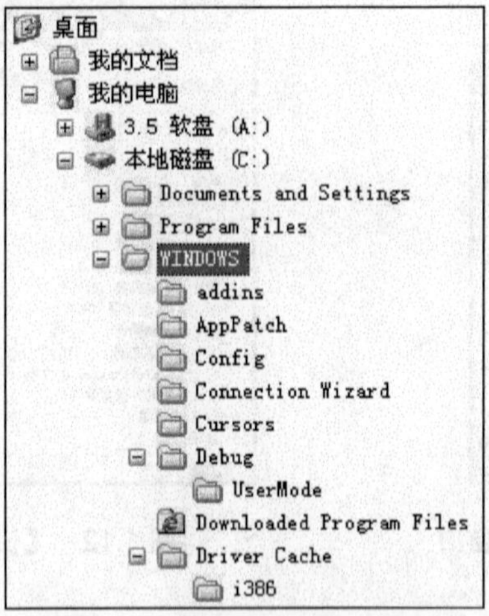

图 1.10　系统资源树型结构

在有关文件夹的名词中，除了有子文件夹外，还有根文件夹、父文件夹以及文件夹名称。

根文件夹：每个磁盘有一个根文件夹，它是在格式化磁盘时建立的，是一个磁盘的最高级文件夹。

父文件夹：是针对前面我们提到的子文件夹而言的，子文件夹的上级文件夹常被称为父文件夹。

文件夹名称：文件夹也是通过名称进行标识的。每个文件夹都有一个名字，其命名规则与文件命名的规则相同。

1.5.2 【我的电脑】与【资源管理器】

【我的电脑】与【资源管理器】是 Windows XP 管理系统资源的两个重要工具。它们的操作方法和功能有很多相同之处，而且可以方便地相互切换。

1. 启动【我的电脑】与【资源管理器】

(1) 启动【我的电脑】。在桌面上双击【我的电脑】图标，即可打开如图 1.11 所示的【我的电脑】窗口。

(2) 启动【资源管理器】。单击【开始】按钮，选择【所有程序】|【附件】|【Windows 资源管理器】命令，或在桌面上，右击【我的电脑】图标，在快捷菜单中选择【资源管理器】命令。打开如图 1.12 所示的【资源管理器】窗口。

2.【我的电脑】与【资源管理器】的功能

1)【我的电脑】的功能

从【我的电脑】窗口可以看出，它列出了计算机中所有驱动器的图标，是以驱动器为工作的起点，通过打开驱动器，实现对磁盘上存储的文件进行操作。它偏重于磁盘管理，可以方便地实现格式化磁盘、复制磁盘等操作。单击【我的电脑】窗口中的【文件夹】

工具按钮，可以快速切换到【资源管理器】窗口。

图 1.11 【我的电脑】窗口

图 1.12 【资源管理器】窗口

2)【资源管理器】的功能

从【资源管理器】窗口可以看出，其左窗格显示了系统资源的目录树，它偏重于强调资源的上下级关系。在这目录树中，依次展开和找到要操作的文件或文件夹，就可以实现对文件的操作。

1.5.3 设置文件与文件夹的显示风格

1. 显示风格

在【我的电脑】与【资源管理器】窗口中，文件和文件夹的显示方式有缩略图、平铺、图标、列表和详细资料几种。单击【查看】菜单，打开如图 1.13 所示的菜单，在其中可以切换相应的文件显示方式。

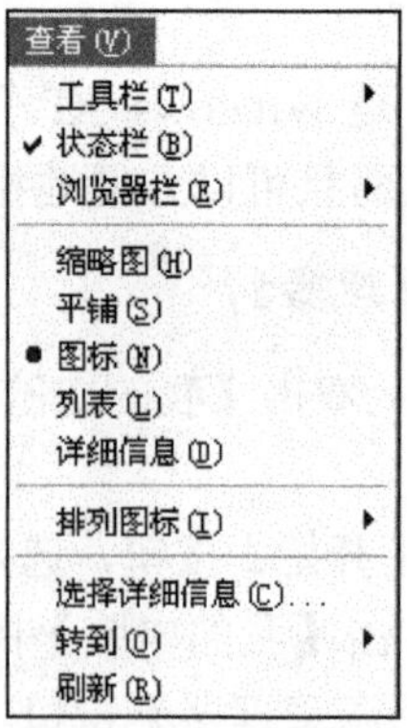

图 1.13 【查看】菜单

缩略图：这是系统提供的一种直观显示方式。在这种显示方式下，图片类型的文件以缩略内容替代文件的图标，这样不用打开文件就能看到它的大致内容，非常方便。

平铺、图标、列表：三种都是图标加文件名称的显示方式，区别是图标的大小以及文件名称显示位置的不同。

详细资料：显示图标名称、大小、类型和修改日期信息。

2. 排列图标

图标有序排列可以方便分类和查找。排列图标的操作是：选择【查看】|【排列图标】命令，然后根据需要选择【名称】、【大小】、【类型】、【修改时间】其中一个命令即可。

(1) 名称：按文件主名字符的排列顺序排列图标。

(2) 大小：按文件的大小排列图标。

(3) 类型：按文件扩展名字符的排列顺序排列图标。

(4) 修改时间：按文件修改时间的顺序排列图标。

1.5.4　文件与文件夹的创建

在【我的电脑】或【资源管理器】中，要创建文件或文件夹，首先打开要创建的文件或文件夹所在的磁盘；下面分别介绍建立文件、文件夹的方法。

1. 建立文件

单击【文件】菜单，选择【新建】命令，或在窗口空白处右击，在弹出的快捷菜单中，选择【新建】命令，打开如图 1.14 所示的【新建】菜单。

图 1.14　【新建】菜单

根据需要选择相应的文档类型，即可在该窗口下建立一个相应文件，然后输入文件名称即可。这样建立的文档是一个空白文档，当需要输入文档内容时，只需双击该文档图标，系统会自动打开相应的应用程序进行编辑修改。

2. 建立文件夹

单击【文件】菜单，选择【新建】命令，或在窗口空白处右击，在弹出的快捷菜单中，选择【新建】命令，打开【新建】菜单，选择【文件夹】命令，即可在该窗口下建立一个名称为【新建文件夹】的文件夹，然后输入文件夹名称。

1.5.5　文件与文件夹的选定

Windows 的操作特点是先选定操作对象，再选择操作命令。因此，用户在对文件或文件夹进行操作前，必须先选定它。文件或文件夹被选定后，其名称以反白显示。

1. 选定单个文件或文件夹

要选定单个文件或文件夹，只需用鼠标单击需要选定的文件或文件夹即可。

2. 选定多个连续的文件或文件夹

选定多个连续的文件或文件夹的方法是：先单击目标组中排在第一个位置的文件或文件夹，然后按住 Shift 键不放，再单击目标组中排在最后一个位置的文件或文件夹。选定后效果如图 1.15 所示。

3. 选定多个不连续的文件或文件夹

选定多个不连续的文件或文件夹的方法是：按住 Ctrl 键不放，逐个单击所需文件或文件夹，在选定其中第一个文件或文件夹时可以省略按 Ctrl 键这一步。选定后效果如图 1.16 所示。

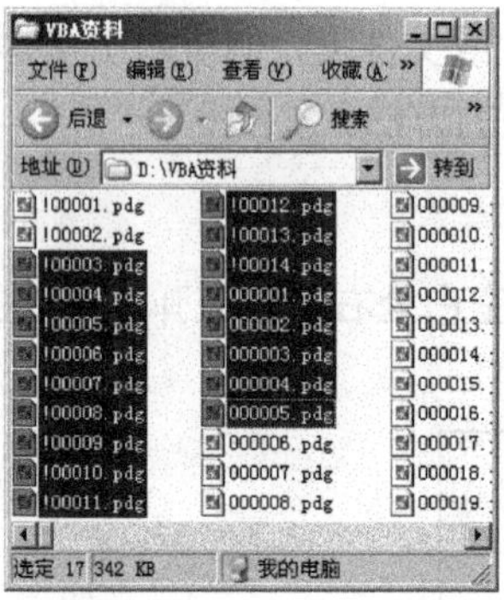

图 1.15　选定多个连续的文件或文件夹

图 1.16　选定多个不连续的文件或文件夹

4. 选定当前窗口中所有文件及文件夹

要选定当前窗口中所有文件及文件夹，可单击【编辑】菜单，选择【全部选定】命令，或按快捷键 Ctrl+A。

5. 反向选择

先用上述选定方法，选定不需要的文件或文件夹，然后，再单击【编辑】菜单，选择【反向选择】命令，即可以选定刚才没有选取的文件或文件夹。

6. 取消某个被选定的文件或文件夹

在选定文件或文件夹过程中，如果误选了某个文件或文件夹，现在需要取消其选定状态。其操作方法是：按住 Ctrl 键不放，再单击被误选的文件或文件夹即可。

7. 取消选定所有文件和文件夹

如要取消选定文件或文件夹，只需单击窗口空白区域即可。

1.5.6 文件与文件夹的改名与属性设置

1. 文件与文件夹的改名

选定要修改名称的文件或文件夹，单击【文件】菜单，选择【重命名】命令，或右击文件或文件夹，在快捷菜单中选择【重命名】命令，此时名称区域变成文本框，用光标键移动插入点，然后重新输入需要的名称，最后按 Enter 键确定。

2. 文件与文件夹的属性

选定要查看属性的文件或文件夹，单击【文件】菜单，选择【属性】命令，或右击文件或文件夹，在快捷菜单中选择【属性】命令，打开如图 1.17 所示的【属性】对话框。

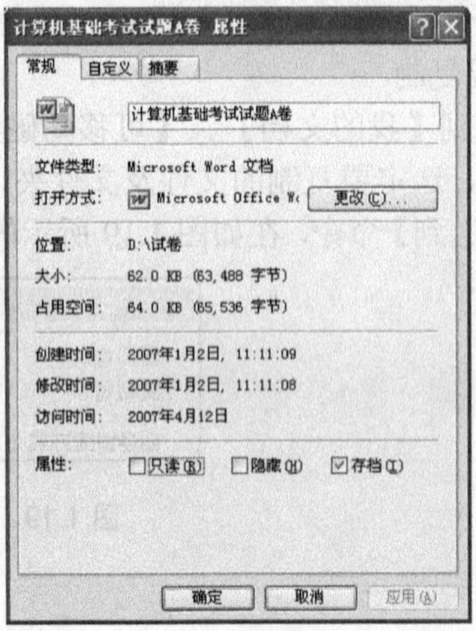

图 1.17　文件【属性】对话框

在【常规】选项卡中，可以看到文件名称、类型、打开方式、存储位置、文件大小、创建时间和属性等信息。其中，用户可以在文件名文本框中更改文件名；在【属性】设置中，可以修改文件属性，选中某复选框是设置该属性，否则是取消该属性。各属性的含义如下：

只读：设置只读属性可以防止文件内容被修改。

隐藏：设置隐藏属性可以隐藏其图标，不显示在窗口中。

存档：是否作为备份存档的标识。

1.5.7　文件与文件夹的复制、移动、删除

1. 文件与文件夹的复制、移动

1) 鼠标拖动法

复制操作：选定要复制的文件及文件夹，按住 Ctrl 键，用鼠标将其拖放到目标位置即可。如果目标位置与源位置不是同一个磁盘驱动器，可以省略按住 Ctrl 键这一步。

移动操作：选定要移动的文件及文件夹，按住 Shift 键，用鼠标将其拖放到目标位置即可。如果目标位置与源位置是同一个磁盘驱动器，可以省略按住 Shift 键这一步。

2) 粘贴法

复制操作：选定要复制的文件及文件夹，执行【复制】命令；打开目标文件夹，执行【粘贴】命令。

移动操作：选定要移动的文件及文件夹，执行【剪切】命令；打开目标文件夹，执行【粘贴】命令。

以上【复制】、【剪切】、【粘贴】命令可以使用【编辑】菜单下的【复制】、【剪切】、【粘

贴】命令项；或者使用右键快捷菜单中【复制】、【剪切】、【粘贴】；或者使用工具栏中的【复制】、【剪切】、【粘贴】按钮；也可以使用快捷键：Ctrl+C、Ctrl+X、Ctrl+V。

3) 右键拖动法

选定要操作的文件及文件夹，用鼠标右键将其拖动到目标位置，此时弹出如图 1.18 所示的快捷菜单，在菜单中根据需要选择【复制到当前位置】命令或【移动到当前位置】命令。

4) 用【发送到】命令实现复制

当要将文件或文件夹复制到【我的文档】、【可移动磁盘】等特殊位置时，可以使用【发送到】命令。操作方法是，选定要复制的文件及文件夹，执行【文件】|【发送到】命令或在右键快捷菜单中选【发送到】命令，在如图 1.19 所示的下级子菜单中选择目标位置。

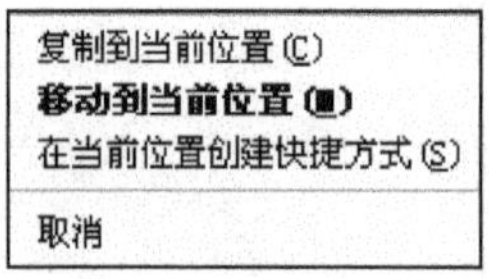

图 1.18　右键拖动法菜单

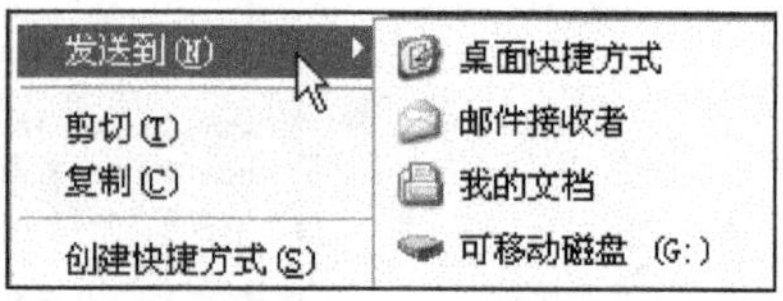

图 1.19　【发送到】菜单

2. 文件与文件夹的删除

选定要删除的文件或文件夹后，用下列方法将其删除：

(1) 执行【文件】|【删除】命令，或在右键快捷菜单中选择【删除】命令。

(2) 直接按 Delete 或 Del 键。

一般情况下，删除文件时会弹出如图 1.20 所示的【确认文件删除】提示框，如果真的删除就单击【是】按钮，将文件删除到回收站中。

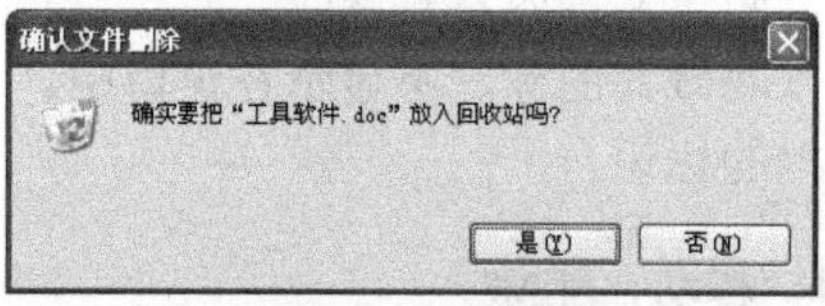

图 1.20　【确认文件删除】提示框

1.5.8　快捷方式的建立

用户可以为经常使用的程序、文档等在桌面上创建快捷图标，以后再次使用时只需双击这些图标即可打开使用，无须查找，非常方便。

创建快捷方式的方法是，在【我的电脑】或【资源管理器】中，找到并选定要创建快捷图标的文件或文件夹，执行【文件】|【发送到】命令，或在右键快捷菜单中，选择【发送到】命令，在其下级子菜单中选择【桌面快捷方式】命令，如图 1.19 所示。也可以用鼠标右键将其拖动到桌面上，在弹出的快捷菜单中选择【在当前位置创建快捷方式】命令，如图 1.18 所示。

1.5.9　文件与文件夹的查找

计算机中的文件和文件夹分散存储在各个磁盘的不同文件夹下，时间长了，可能会忘记文件的具体存储位置。怎么办？可以使用系统提供的搜索功能查找文件和文件夹的存储位置。

1. 打开【搜索】窗口

使用以下任意一种方法都可以打开【搜索】窗口。

(1) 单击【开始】按钮，选择【搜索】命令。

(2) 在【我的电脑】或【资源管理器】窗口中，单击工具栏中【搜索】按钮。

(3) 选定要搜索的磁盘驱动器或文件夹，选择【文件】|【搜索】命令。

以上几种方法都可以打开【搜索结果】窗口

2. 指定搜索条件

要查找文件或文件夹，就需要提供查找线索。搜索条件至少要输入一条，也可以使用多条组合。

(1) 在【要搜索的文件或文件夹名为】文本框中，输入要查找的文件或文件夹名称。如果不能十分确定文件名，可以使用通配符“？”、“*”代替，例如“*.doc”表示所有 Word 文档。

(2) 在【包含文字】文本框中，输入要查找文件所包含的一段文字。也就是按文件内容查找。

(3) 选中【日期】复选框，可以指定文件或文件创建、访问的日期，按照指定的日期范围查找。

(4) 选中【类型】复选框，是按文件扩展名查找；不过，这里都是以文字形式描述 Windows XP 系统中登记的文件类型。例如要查找“*.doc”类型的文件，在这里需选“Microsoft Word 文档”。

(5) 选中【大小】复选框，指定要查找文件的大小。

3. 搜索范围

(1) 在【搜索范围】下拉列表中，指定查找的驱动器范围或某一文件夹。

(2) 选中【搜索选项】中【高级】复选框，可设置是否搜索系统文件夹、隐藏文件夹以及下级子文件夹。

设置好搜索条件及搜索范围后，单击【立即搜索】按钮，开始查找，在右窗格显示查找的结果。

1.6　Windows XP 系统设置

Windows XP 将系统环境设置功能集中在控制面板中。单击【开始】按钮，选择【控制面板】命令，打开【控制面板】窗口，在该窗口中，双击某图标可以进行相应的参数设置。

1.6.1　显示设置

在【控制面板】窗口中，双击【显示】图标，或者在桌面空白处右击，在快捷菜单中选【属性】命令，打开【显示属性】对话框，如图 1.21 所示。

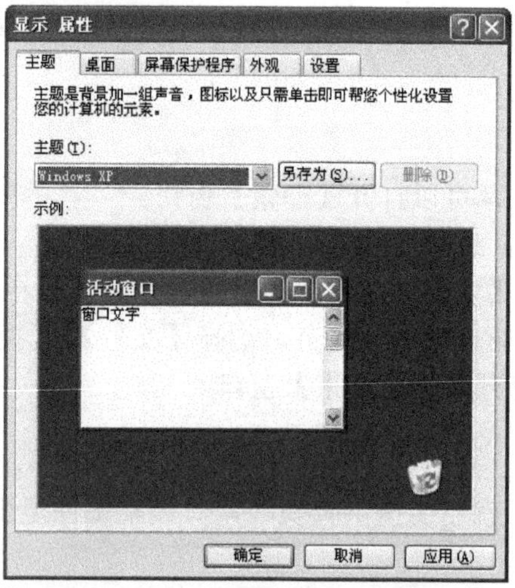

图 1.21 【显示属性】对话框

1.【主题】标签

主题是系统预置好的桌面风格、壁纸、屏保、鼠标指针、系统声音事件、图标等集合，它简化了用户逐一设置的繁琐，只需在主题中选择自己喜好的主题即可。如果用户习惯了老版本 Windows 的界面，可以在主题下拉列表中选择"Windows 经典"。

2.【桌面】标签

【桌面】标签用来设置桌面的背景图案以及桌面图标。用户可以选择自己喜欢的图片作为桌面背景，背景图片显示方式有居中、平铺、拉伸 3 种。

3.【屏幕保护程序】标签

对于 CRT 显示器而言，长时间地显示一个静止画面，对显示器是有损害的。在【屏幕保护程序】标签中可以设置当机器空闲多长时间后，启动何种屏幕保护程序，以保护显示器。此外，还可以启动电源节能管理设置，例如，当显示器空闲超过指定的时间后，就会自动关闭。

4.【外观】标签

【外观】标签用来设置窗口的外观，包括标题栏颜色、菜单和消息的字体等。

5.【设置】标签

【设置】标签用来设置显示器的显示分辨率和颜色等。

1.6.2 键盘与鼠标

1. 键盘的设置

在【控制面板】中，双击【键盘】图标，打开【键盘属性】设置对话框。

1)【速度】标签

在这里用户可以改变键盘的响应速度。其中，【重复延迟】指按下一个键后多长时间等同于再次按了该键；【重复率】是指长时间按住一个键后重复录入该字符的速度。【光标闪烁频率】可以改变光标闪烁的快慢。

2) 硬件标签

显示硬件的信息和驱动程序等。

2. 鼠标的设置

在【控制面板】中，双击【鼠标】图标，打开【鼠标属性】对话框。

1)【鼠标键】标签

其中【切换主要和次要的按钮】复选框可以设置鼠标左、右键的交换；选定该选项后，凡是原来需要按左键的操作需要按右键来完成。

【双击速度】调节滑杆，可以改变双击中两次击键的时间间隔，可在右侧的“文件夹图标”上进行测试。

【单击锁定】表示按下按键多长时间等于按住不放，这样在做拖动操作时，就可以不必总按住按键了。如果需要就选中【启用单击锁定】复选框。

2)【指针】标签

在这里可以改变鼠标指针方案，使鼠标指针更具个性化。

3)【指针选项】标签

设置鼠标指针移动的速度和精度，设置是否显示鼠标指针移动的轨迹等。

4)【轮】标签

设置滚动滑轮一个齿格时，屏幕滚动的行数。

1.6.3　输入法设置

Windows XP 系统在安装时自动安装了一些中文输入法，用户如果想添加/删除输入法或对输入法进行设置，可以通过双击【控制面板】中的【区域和语言选项】图标来进行。

1. 添加/删除输入法

(1) 在【控制面板】中，双击【区域和语言选项】图标，打开【区域和语言选项】对话框，选择【语言】选项卡。

(2) 单击【详细信息】按钮，打开【文字服务和输入语言】对话框。

(3) 如要删除某输入法，只需在【已安装的服务】列表中选定该输入法名称，然后单击右边的【删除】按钮即可。

(4) 如要安装输入法，可单击【添加】按钮，打开如图 1.22 所示的【添加输入语言】对话框。在【添加输入语言】对话框中的【输入语言】下拉列表中，选择【中文】，选中【键盘布局/输入法】，然后在下拉列表中选择要安装的输入法，最后单击【确定】按钮即可，如图 1.34 所示。在该对话框中，也可以选择安装手写识别和语音录入两种输入方法。

2. 输入法属性

在【文字服务和输入语言】对话框中，选中要设置属性的输入法名称，单击右侧的【属性】按钮。打开【输入法设置】对话框，如图 1.23 所示。

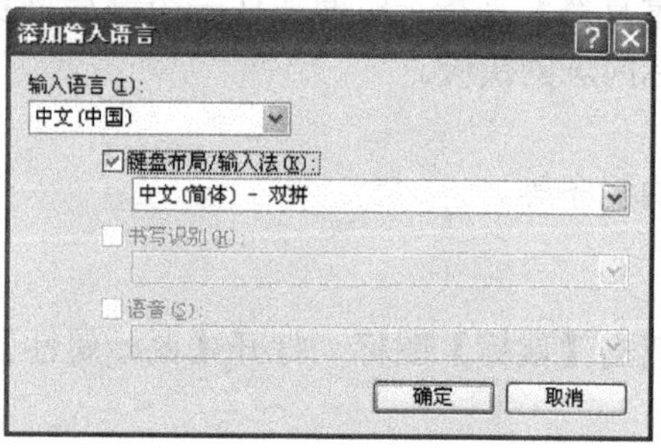

图 1.22 【添加输入语言】对话框

3. 自定义输入法切换快捷键

在【文字服务和输入语言】对话框中，单击【键设置】按钮，打开如图 1.24 所示的【高级键设置】对话框，在该对话框中，选中输入法名称，单击【更改按键顺序】按钮，可以为输入法设置切换热键。

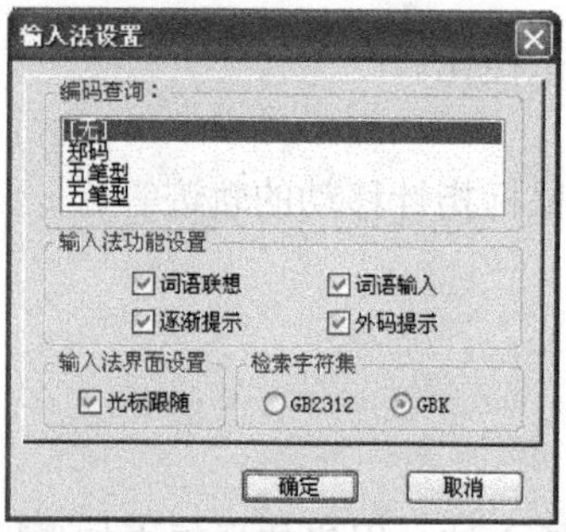

图 1.23 【输入法设置】对话框

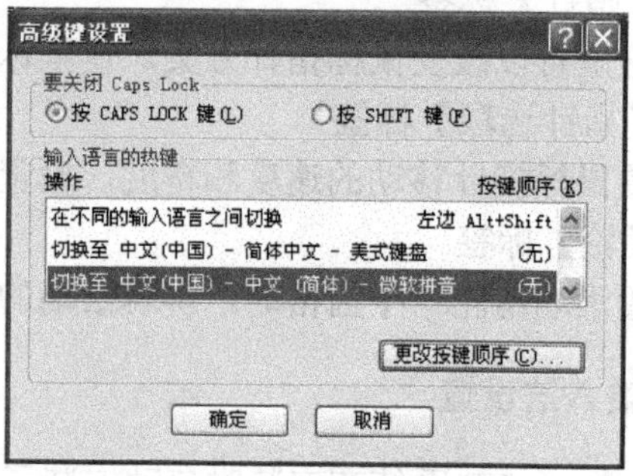

图 1.24 【高级键设置】对话框

1.6.4 添加或删除程序

在【控制面板】中，双击【添加或删除程序】图标，打开【添加或删除程序】对话框，如图 1.25 所示。该对话框的功能主要是安装或卸载程序。

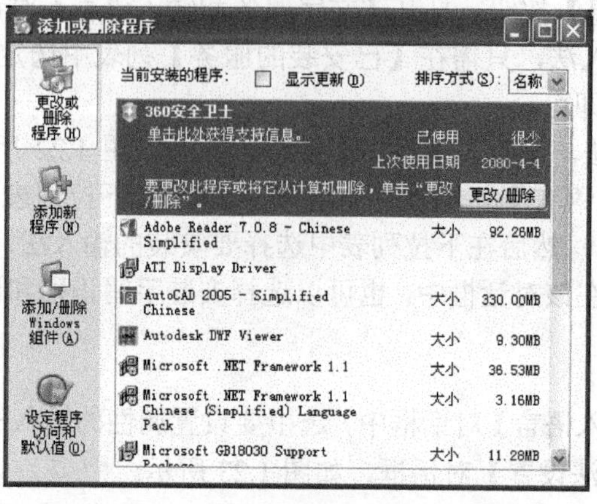

图 1.25 【添加或删除程序】对话框

1. 更改或删除程序

在【当前安装的程序】列表中，选择要删改的应用程序，单击其右侧的【更改/删除】按钮。其中一些小的应用程序只有【删除】按钮，单击它可以彻底地删除；有的程序有【更改】项，单击它可以删除或添加该程序的子功能项。

2. 添加新程序

在对话框左侧选择对应的工具按钮后，单击【CD 或软盘】按钮，可以安装 CD 盘或软盘上的应用程序；单击 Windows Update 按钮可以打开微软公司的技术支持网站，进行 Windows 功能更新。

提示： 要安装应用程序，一般是直接打开存储程序的驱动器，双击其安装程序图标；此外许多 CD 介质的应用程序都带有自动安装功能，将其放入光盘驱动器后，会自动启动安装程序。

3. 添加/删除 Windows 组件

单击左侧【添加/删除 Windows 组件】后，打开如图 1.26 所示的【Windows 组件向导】对话框。在【组件】列表中，凡有选中标记的组件表示是当前已安装项目，如果想删除该组件，则需取消其选中标记；没有选中标记的组件则是当前没有安装的项目，如果想安装该组件，只需选中它。选择完成后，单击【下一步】按钮，系统自动按照用户的设置进行安装/删除，完成必要的程序复制/删除工作后，会显示完成信息。

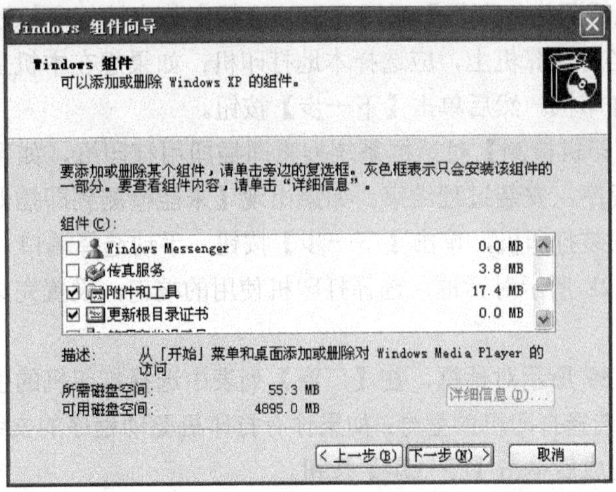

图 1.26　【Windows 组件向导】对话框

1.6.5　打印机设置

首次使用打印机时，需要安装和设置打印机。打印机安装包括硬件物理连线和驱动程序的安装两部分。这里主要介绍驱动程序的安装过程。

将打印机的数据线连接到计算机相应的端口，并打开打印机电源后，可按下列操作步骤进行安装。

(1) 双击【控制面板】中的【打印机和传真】图标，或单击【开始】|【打印机和传真】命令，打开【打印机和传真】窗口。

(2) 单击窗口左侧【打印机任务】中的【添加打印机】链接，启动添加打印机向导，如图1.27所示。单击【下一步】按钮，开始按向导提示进行安装。

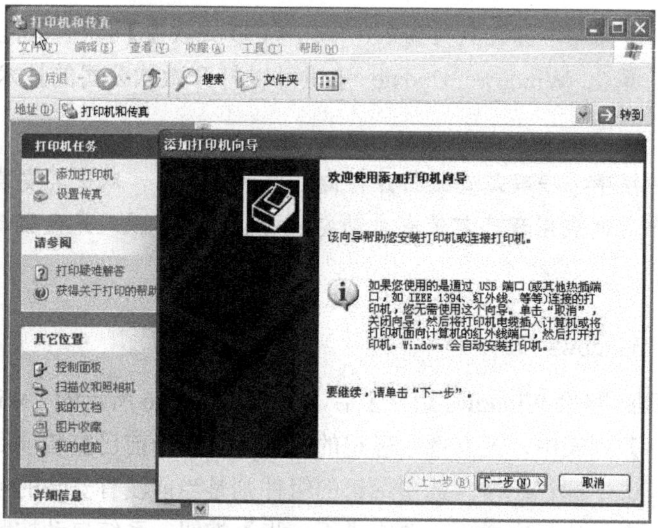

图1.27 【打印机和传真】对话框

(3) 打开【本地或网络打印机】对话框中，选择安装本地打印机还是网络打印机。如果打印机是连接到当前计算机上，应选择本地打印机；如果想在本机上使用网络中其他打印机，应选择网络打印机。然后单击【下一步】按钮。

(4) 打开【新打印机检测】对话框系统搜索即插即用打印机，如果搜索到，则自动安装该打印机的驱动程序，安装过程结束。如果出现【未能检测到即插即用打印机】信息提示，此时需要手动安装打印机，单击【下一步】按钮，手动选择端口。

(5) 打开如图1.28所示对话框，选择打印机使用的端口。设置完成后单击【下一步】按钮。

(6) 打开如图1.29所示对话框，在【厂商】列表中选择打印机的生产厂商，然后在右侧【打印机】列表中选择打印机的型号；如果你有打印机驱动程序的安装盘也可以选择【从磁盘安装】。设置完成后单击【下一步】按钮。

(7) 打开【命名打印机】对话框为打印机指定一个名称，选择是否将该打印机设为默认打印机。设置完成后单击【下一步】按钮。

(8) 打开【打印机共享】对话框设置是否在网络中共享该打印机。设置完成后单击【下一步】按钮。

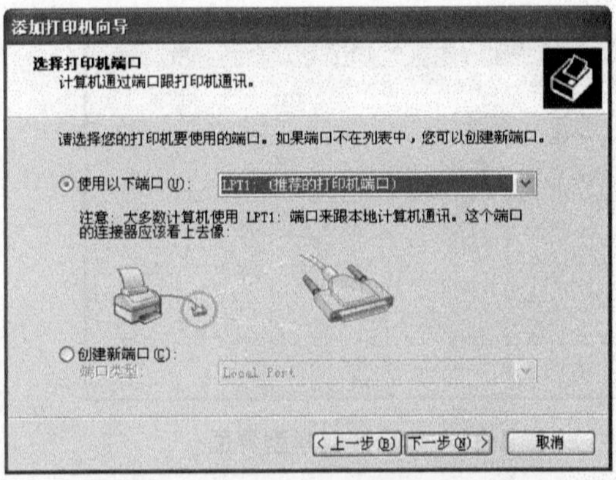

图 1.28　【选择打印机端口】向导

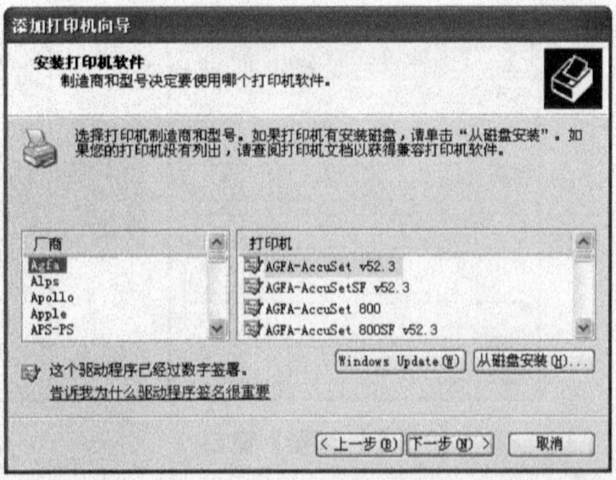

图 1.29　【安装打印机软件】向导

(9) 打开【打印测试页】对话框，选择安装后是否打印测试页，以便检验安装是否成功。设置完成后单击【下一步】按钮。

(10) 打开【正在完成添加打印机向导】对话框，显示前几页设置的信息，进行核实，确认后单击【完成】按钮结束安装。在系统复制了必需的安装文件后，在【打印机和传真】窗口中，就会出现新装的打印机图标。

提示： 如果打印机的端口是热插拔类型的(如 USB 接口)则可以不使用该向导，只需连接上打印机，Windows 系统会自动安装打印机。

1.7　Windows XP 实用工具

Windows XP 系统自带了一些小型应用程序，使用这些程序可以解决一些日常应用。

1.7.1　计算器

计算器是 Windows XP 在附件中的一个计算工具，它可以代替日常生活中的计算器。它不仅可用于基本的算术运算，同时还可以进行高级的科学计算和统计计算。

1. 启动

选择【开始】|【所有程序】|【附件】|【计算器】命令，打开如图 1.30 所示的计算器界面。

2. 切换到科学型

选择【查看】|【科学型】命令，可以将计算器切换到如图 1.31 所示的科学型计算器界面。在科学型中可以使用函数、统计等按钮进行相关的运算，也可以进行整数的数制转换运算。

图 1.30 【计算器】窗口

图 1.31 计算器科学型界面

1.7.2 记事本

在 Windows 系统中，【记事本】是用来加工处理纯文本文件的工具。在【记事本】中，不能使用文字的字体、字型，不能插入图形图像，只能输入文本。它只能用于编辑纯文本格式的文件，如批处理文件、高级语言的源程序、网页文件等。

1. *启动*

选择【开始】|【所有程序】|【附件】|【记事本】命令，打开如图 1.32 所示【记事本】窗口。

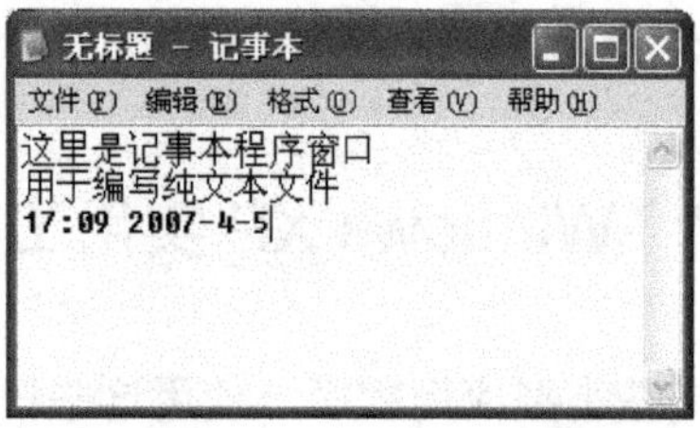

图 1.32 【记事本】窗口

2. *文件操作*

文件操作的主要内容有：建立新的文本文件、打开磁盘上已存储的文本文件、打印当前文档和保存正在编辑的文档。记事本保存的文件扩展名默认为.txt。

3. *编辑操作*

编辑操作包括【复制】、【剪切】、【粘贴】、【删除】和查找指定字符，替换字符、在文档中插入当前时间/日期等操作。

4. *格式操作*

【格式】菜单中的【自动换行】命令，可以让窗口中的文字按照当前【记事本】窗口的宽度自动换行显示；否则，文字只有遇到换行符时才换行。而【字体】命令是设置窗口中文字的显示形式，一经设置，整个文档均采用相同的字体和字号。

1.7.3　画图

Windows XP 系统中【画图】程序是一个绘图工具，它提供了完整的绘图工具和选择颜色的调色板。用画图程序，可以创建简单的图形，还可以在图中添加文字。

1. 启动

选择【开始】|【所有程序】|【附件】|【画图】命令，打开如图 1.33 所示的【画图】程序窗口。

窗口左侧是工具箱，右部是绘图区，下侧是调色板。

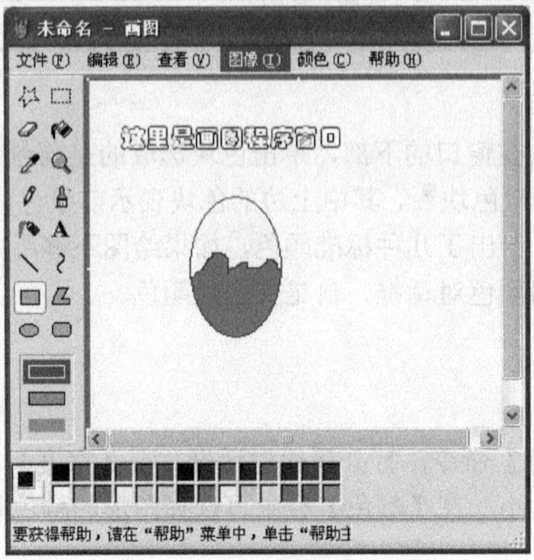

图 1.33　【画图】程序窗口

2. 工具箱

工具箱位于窗口左侧，工具箱下面是当前工具选项。各工具的名称、功能如表 1-4 所示。

表 1-4　绘图工具的名称及功能

工具按钮	名称	功能
	任意形状的裁剪	用于选定不规则的封闭区域
	选定	用于选定一个矩形区域
	橡皮/彩色橡皮擦	用左键擦除，将花布擦为背景色；用右键擦除，将前景色替换为背景色
	用颜色填充	用前景色或背景色填充封闭区间
	取色	选取当前画布上颜色做前景色或背景色
	放大镜	局部图形放大，在工具选项中可以选放大倍数
	铅笔	用前景色或背景色画任意线条
	刷子	用前景色或背景色画刷子效果线条，在工具选项中可选刷毛效果
	喷枪	喷涂雾状的前景色或背景色
A	文字	在选定区域内书写文字

续表

工具按钮	名称	功能
	直线	用前景色或背景色画直线
	曲线	用前景色或背景色画曲线
	矩形	用前景色或背景色画矩形，在工具选项中可选空心、填充背景色、实心3种样式
	多边形	用前景色或背景色画多边形，可选空心、填充背景色、实心3种样式
	椭圆	用前景色或背景色画椭圆，空心、填充背景色、实心3种样式
	圆角矩形	用前景色或背景色画圆角矩形，空心、填充背景色、实心3种样式

3. 颜色

【颜色】选项板默认在窗口的下部，单击色块选取的是前景色，右击色块选取的是背景色。选项板左侧有一个双色块，其中上边的色块表示前景色，下面的色块表示背景色。

【颜色】选项板中，给出了几种标准颜色，如果绘图不够用，可以选择【颜色】|【编辑颜色】命令，打开编辑颜色对话框，自定义任意颜色。

4. 图像处理

1) 改变画布的大小

选择【图像】|【属性】命令，打开属性对话框，在【宽度】、【高度】文本框中，输入数值可以改变画布的大小；在【颜色】栏中可选择图形的颜色是【黑白】或【彩色】。

2) 图形变形

【图像】菜单下有两个改变图形形状的命令。

【翻转/旋转】命令可以将选定的区域或整个图形进行水平、垂直翻转或按一定角度旋转。

【拉伸/扭曲】命令可以将选定的区域或整个图形沿水平、垂直方向拉伸或扭曲一定角度。

3) 图形反色

选择【图像】|【反色】命令，可将选定的区域或整个图形中的颜色置换为相反的颜色。

4) 清除图像

选择【图像】|【清除图像】命令，可用背景色填充整个画布。

5. 保存图像

1) 保存图像

绘制好图像后，可以使用【文件】菜单下的保存命令保存图像。图像保存的默认扩展名是.bmp，也可以另存为.jpg、.gif、.png等格式。

2) 设为桌面背景

用户可以将自己绘制并已保存的图像设置为桌面背景图案，设置方法是，选择【文件】|【设置为墙纸】命令即可。

1.7.4　娱乐工具

多媒体是现代计算机技术、影像技术和通信技术高度结合的产物，是基于计算机技术对图像、声音、文字等多种媒体信息进行输入、输出和变换处理的技术。利用多媒体技术，用户可以从计算机上获得丰富多彩的视觉和听觉等方面的享受。

Windows XP 是一个多媒体工作操作平台，除了在硬件上支持多媒体设备外，它还在软件上集成了很多多媒体应用程序，使多媒体文件的制作和播放更容易，效果更完美。下面介绍两个 Windows XP 系统自带的多媒体播放软件。

1. 媒体播放器

使用 Windows Media Player 可以播放和组织计算机及 Internet 上的多种数字媒体文件，包括视频、音频和动画文件，此外，还可以收听全世界的电台广播、播放和复制 CD、创建 CD、播放 DVD 以及将音乐或视频复制到便携设备中。

1) 启动 Windows Media Player

单击【开始】按钮，选择【所有程序】|【附件】|【娱乐】|【Windows Media Player】命令，打开如图 1.34 所示的【Windows Media Player】窗口。

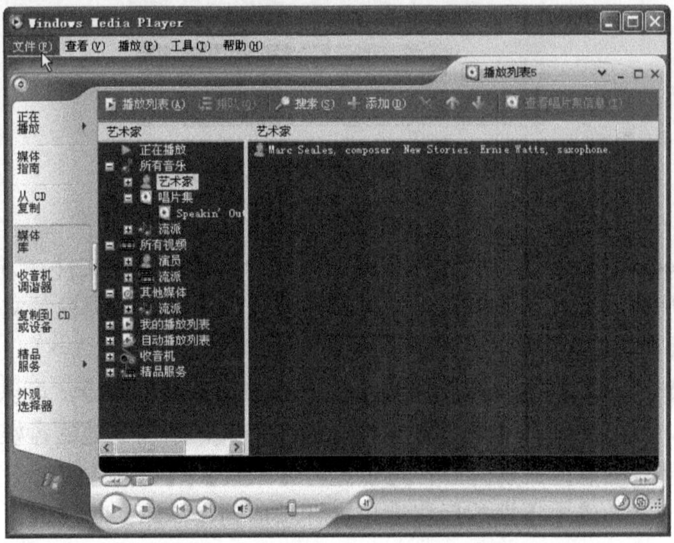

图 1.34　【Windows Media Player】窗口

2) 播放多媒体文件

(1) 播放本机媒体文件。

选择【文件】|【打开】命令，弹出【打开】对话框，在该对话框中选择要播放的本地媒体文件。也可以在【资源管理器】中找要播放的文件图标，双击它。

(2) 播放网络媒体文件。

选择【文件】|【打开 URL】命令，在对话框中输入媒体文件的网络地址。或者在浏览网页时，找到网络媒体文件的链接，单击它。

(3) 播放光盘媒体。

将光盘放入光盘驱动器后，选择【播放】|【DVD、VCD 或 CD 音频】命令。光盘可以是CD光盘或DVD、VCD光盘。

(4) 播放 Internet 上电台广播。

单击窗口左侧【收音机调谐器】，如图1.35所示，在【特色电台】中选取要收听的电台；或在上面【搜索关键字】中键入电台的关键字，自己搜索电台。

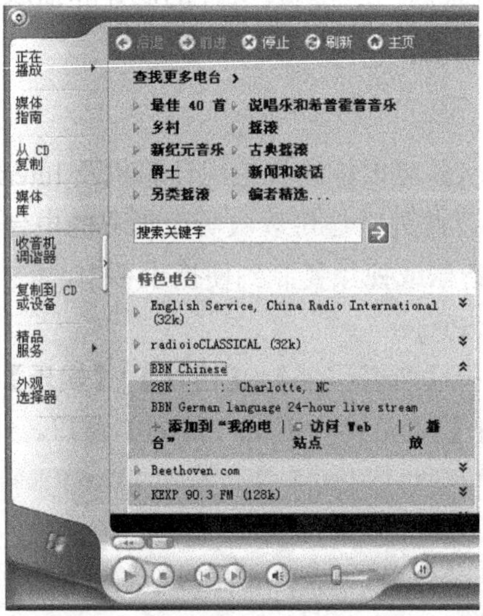

图 1.35 播放 Internet 电台广播

3) 组织媒体

Windows Media Player 通过媒体库来帮助用户分类管理媒体文件，方便以后使用。可以按艺术家、唱片集、流派等分类音乐文件，按演员、流派等分类视频文件。

(1) 添加媒体库。

选择【文件】|【添加到媒体库】|【添加正在播放的曲目】命令，可以将当前播放的文件添加到媒体库，也可以选择【通过搜索计算机命令】、添加本地磁盘媒体文件。如果想让系统自动添加播放的媒体到媒体库，可以选择【工具】|【选项】命令，在打开对话框的【播放机】选项卡上，选中【播放后将音乐文件添加到媒体库】复选框。

(2) 删除媒体文件。

单击窗口左侧的【媒体库】按钮，在右侧媒体列表窗格中，右击媒体文件或分类，在弹出的快捷菜单中选择【删除】命令。

(3) 编辑媒体项目。

单击窗口左侧的【媒体库】按钮，在右侧媒体列表窗格中右击媒体文件，在弹出的快捷菜单中选择【编辑】命令。

(4) 播放媒体库。

单击窗口左侧的【媒体库】按钮，在右侧媒体列表窗格中右击媒体文件，在弹出的快捷菜单中选择【播放】命令。

4) 复制 CD

Windows Media Player 还提供将 CD 光盘上的音乐复制到本机磁盘上和将曲目复制到可录制光盘(CD-R)或可擦写光盘(CD-RW)中的功能。

2. 录音机

Windows XP 中的【录音机】程序可用于录制、编辑和播放声音文件。

1) 启动录音机

单击【开始】按钮，选择【所有程序】|【附件】|【娱乐】|【录音机】命令，打开如图 1.36 所示【录音机】窗口。

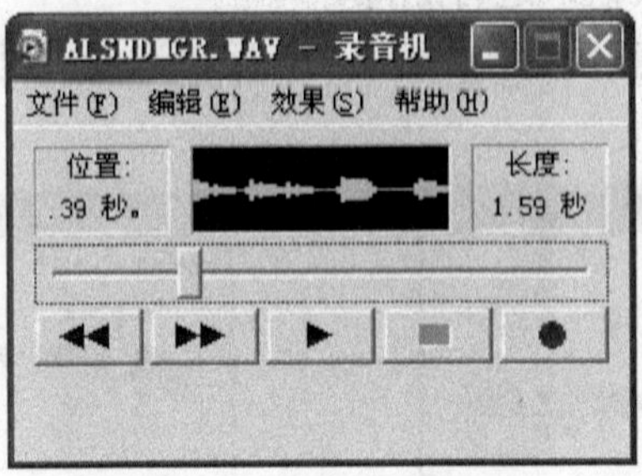

图 1.36　【录音机】窗口

2) 录音

选择【文件】|【新建】命令，然后单击录音机中【录音】按钮，开始录制声音；录制完毕可单击【结束】按钮，然后选择【文件】|【保存】命令，打开【另存为】对话框，指定存储位置和文件名，最后单击【保存】按钮。声音文件的扩展名为.wav。

3) 放音

选择【文件】|【打开】命令，在弹出的【打开】对话框中，选择要播放的声音文件。

4) 编辑

【编辑】菜单提供了如下声音编辑功能。

(1) 插入文件：将一个声音文件插入到当前声音文件的指定位置。

(2) 与文件混音：将两个声音文件混合。

(3) 删除当前位置以前的内容：拖动滑块到要删除位置的分界线上，用此命令可以将滑块之前的内容删除。

(4) 删除当前位置以后的内容：拖动滑块到要删除位置的分界线上，用此命令可以将滑块之后的内容删除。

1.7.5　磁盘管理

Windows XP 系统提供了磁盘管理工具，使用这些工具可以对磁盘进行维护、优化。

1. 磁盘清理工具

磁盘清理工具可以帮助用户删除系统临时文件和不再使用的程序，释放磁盘空间。进行磁盘清理的操作步骤如下。

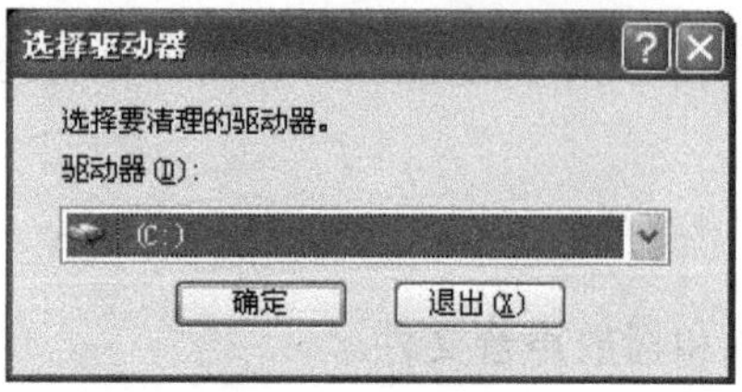

图 1.37　选择要清理的驱动器

(1) 单击【开始】按钮，选择【所有程序】|【附件】|【系统工具】|【磁盘清理】命令，打开如图 1.37 所示对话框，选择要清理的驱动器，然后单击【确定】按钮，打开【磁盘清理】对话框。

(2) 在如图 1.38 所示的【磁盘清理】标签中，选择要删除文件的类别，如果不能确认所选文件夹下是否有有用文件，可以单击【查看文件】按钮，打开文件夹查看；选择完成后，单击【确定】按钮，弹出要求确认对话框，单击【是】按钮，进行删除。

(3) 在如图 1.39 所示的【其他选项】标签中，可以选择清理【Windows 组件】、【安装的程序】、【系统还原】。

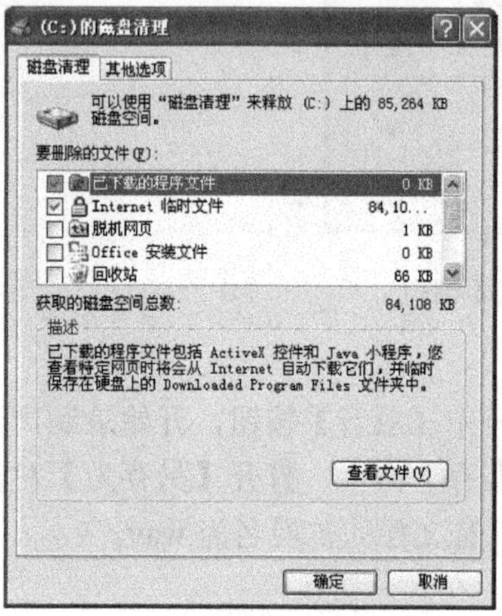

图 1.38　【磁盘清理】标签

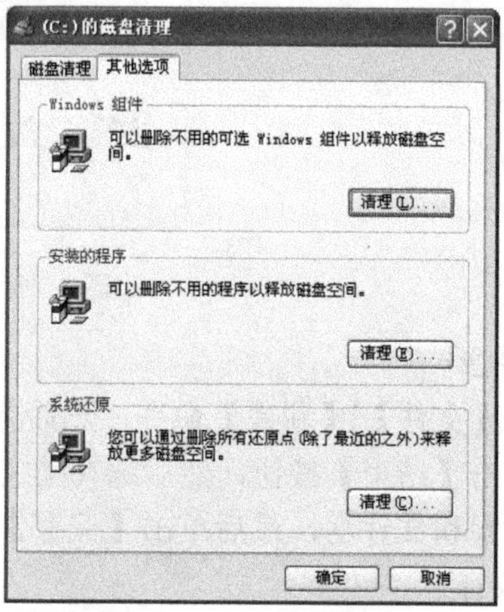

图 1.39　【其他选项】标签

清理【Windows 组件】，打开【Windows 组件向导】对话框，在该对话框中可以删除不使用的组件，以便释放磁盘空间。

清理【安装的程序】，打开【添加/删除程序】对话框，删除不使用的应用程序，释放磁盘空间。

以上两项的功能与【控制面板】中的【添加/删除程序】图标的功能相同。

清理【系统还原】，删除除最近点以外所有还原点，以释放磁盘空间

2. *磁盘碎片整理*

用户频繁地在磁盘上创建、删除文件，会造成文件在磁盘上存储位置的不连续，这就是所谓的磁盘碎片，它影响数据的存取速度。碎片整理可以重新安排文件的存储位置，优化磁盘。

1) 启动磁盘碎片整理程序

单击【开始】按钮，选择【所有程序】|【附件】|【系统工具】|【磁盘碎片整理程序】命令，打开如图 1.40 所示的【磁盘碎片整理程序】对话框。

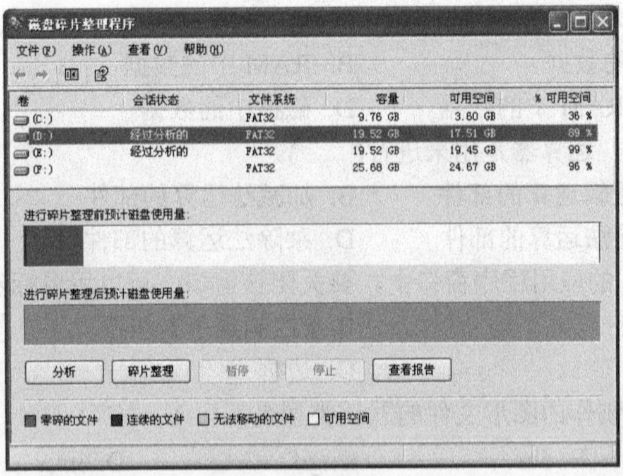

图 1.40　【磁盘碎片整理程序】对话框

2) 分析是否需要碎片整理

在对话框的【卷】列表中，选择要整理的磁盘驱动器，单击【分析】按钮，对磁盘存储状态进行分析，然后向用户提出是否需要进行碎片整理的提示，并生成分析报告，同时用几种不同颜色直观地表示磁盘的使用情况。

3) 碎片整理

在对话框的【卷】列表中，选择要整理的磁盘驱动器，单击【碎片整理】按钮，或在进行磁盘分析后，直接在系统的分析结果提示中，单击【碎片整理】按钮。

小　结

计算机是由硬件系统和软件系统两部分组成的。在本章中，讲了计算机硬件组成的五大功能部件，并以 Windows XP 为例，重点学习了操作系统的使用，并学习了 Windows XP 的基本配置要求，安装和启动的方法。通过本章的学习，要熟练掌握桌面、窗口、图标、菜单等基本概念和基本操作；掌握文件的概念，熟练掌握使用【我的电脑】和【资源管理器】来进行文件管理操作；掌握使用控制面板来进行个性化设置的方法；学会使用系统的帮助，能够独立地解决操作中的问题；此外还讲解了几个实用工具软件。

习　题　一

1. 选择题

(1) 完整的计算机系统包括(　　)。

A. 主机和外部设备　　B. 运算器、存储器和控制器

C. 系统软件和应用软件　　D. 硬件系统和软件系统

(2) 微机工作过程中突然断电，则(　　)全部丢失，再接通电源也不能恢复。

A. ROM 中的数据　　B. RAM 中的数据

C. ROM 和 RAM 中的数据　　D. 磁盘中的数据

(3) 在计算机中，运算器是用来进行(　　)。

A. 算术和逻辑运算的部件　　B. 加减法运算的部件

C. 加减乘除法运算的部件　　D. 乘除法运算的部件

(4) 在 Windows 的应用程序窗口中，要关闭该窗口，可以用鼠标双击(　　)。

A. 标题栏　　B.【控制菜单】按钮

C. 菜单栏　　D. 边框

(5) 用画图程序制作的图形文件的默认类型是(　　)。

A. txt　　B. dbf　　C. gif　　D. bmp

(6) 要调整或重新设置 Windows 系统环境参数或进行硬件配置，应在(　　)窗口中设置。

A. 资源管理器　　B. 控制面板

C. 附件　　D. MS-DOS 方式

(7) 关于复选框叙述正确的是(　　)。

A. 必须选定多个　　B. 只能选定一个

C. 可以一个都不选　　D. 必须全部选定

(8) 在 Windows 的【资源管理器】左部窗口中，若显示的文件夹图标前带有加号(+)，意味着该文件夹(　　)。

A. 含有下级文件夹　　B. 仅含文件

C. 是空文件夹　　D. 不含下级文件夹

(9) 在 Windows 的【资源管理器】窗口右部，若已单击了第一个文件，又按住 shift 键并单击了第五个文件，则(　　)。

A. 有 0 个文件被选中　　B. 有 5 个文件被选中

C. 有 1 个文件被选中　　D. 有 2 个文件被选中

(10) 在 Windows 中打开一个菜单后，表示有下级子菜单的标识是(　　)。

A. 菜单右侧有一组英文提示　　B. 菜单左侧有一个黑点

C. 菜单右侧有一黑三角　　D. 菜单左侧有一个∨

(11) 在 Windows 中，当一个窗口已经最大化后，下列叙述中错误的是(　　)。

A. 该窗口可以被关闭　　B. 该窗口可以移动

C. 该窗口可以最小化　　D. 该窗口可以还原

(12) 在 Windows 中，启动或关闭中文输入法可以使用(　　)组合键。

A. Shift+Space　　B. Ctrl+Space

C. Ctrl+Alt　　D. Ctrl+Shift

(13) 在 Windows 中，删除一个应用程序的正确操作是(　　)。

A. 在【资源管理器】中选中程序文件后删除

B. 在【我的电脑】中选中程序文件后删除

C. 在 MS-DOS 方式中用 Del 命令删除文件
D. 在【控制面板】用【添加/删除程序】图标

2. 填空题

(1) 计算机中主存储器分为________和________两种。
(2) 计算机的硬件系统由中央处理器、存储器、________组成。
(3) 软件一般分为________、________两大类。
(4) 在 Windows 中，在任意对象上，单击鼠标右键，可以打开对象的________菜单。
(5) Windows 中的剪贴板是________中的一块区域。
(6) Windows 中下文件名最多可以使用________个字符。
(7) 在 Windows 中安装或删除一个应用程序不能简单的复制或删除，而应该使用________。
(8) 在 Windows 中回收站是________盘中的一块区域，通常用于存放________。
(9) 操作系统的功能有处理器管理、________、________、设备管理和作业管理。
(10)【复制】、【剪切】、【粘贴】命令的快捷键分别是________、________、________。

第 2 章 文字处理软件 Word

本章综述：

Word 是一个功能强大的字处理软件，使用它可以创建和处理不同风格的文档。本章讲述了 Word 概述、文本文档的排版、表格的制作、图文混排、高级编辑技巧等基础知识和基本操作，并在每个部分分别介绍了几个相关的实用案例，通过案例对基础知识进行了综合和补充。

2.1 Word 概述

Word 是 Microsoft 公司开发的 Office 办公软件的重要组件之一，是专门用于文字编辑、排版及打印处理的软件。它具有强大的文字编辑处理、制表、插图等功能，是目前比较流行的文字处理及排版软件。

2.1.1 Microsoft Office 及同类软件简介

随着社会的不断发展，计算机已经逐渐渗透到人们的日常工作和生活中，尤其是在办公自动化领域，计算机以处理速度快、存储容量大等特点，正在淘汰传统的办公理念和方式。为了配合办公自动化的需求，很多公司都开发了解决办公问题的实用软件。下面简要介绍两款目前使用最多、功能非常相近的办公专用软件。

1. Microsoft Office 办公软件

Microsoft Office 是微软公司开发的办公自动化软件。针对不同用户需求，它有专业版、标准版、企业版等几个版本。无论哪个版本都包含了 Word、Excel、PowerPoint、Outlook 4 个基本组件。Office 是一个庞大的办公软件和工具软件的集合体，可以作为办公和管理的平台，以提高用户的工作效率和决策能力，同时为了适应全球网络化需要，它融合了最先进的 Internet 技术，具有更强大的网络功能；而且针对汉语的特点，增加了许多中文方面的新功能，如中文断词、添加汉语拼音、中文校对、简繁体转换等。Office 不仅是日常工作的重要工具，也是日常生活中计算机作业不可缺少的得力助手。

使用 Office，可以帮助我们更好地完成日常办公和公司业务。尽管现在的 Office 组件越来越趋向于集成化，但在 Office 中各个组件仍有着比较明确的分工：一般来说，Word 主要用来进行文本的输入、编辑、排版、打印等工作；Excel 主要用来进行有繁重计算任务的预算、财务、数据汇总等表格处理工作；PowerPoint 主要用来制作演示文稿和幻灯片及投影片等；Outlook 是一个桌面信息管理的应用程序；此外在专业版中增加的 Access 是一个桌面数据库系统及数据库应用程序。

2. WPS Office 办公软件

WPS Office 是由金山公司推出的一套集文字处理、电子表格、演示制作、电子邮件、网页浏览和图片浏览等功能于一体的办公应用软件。它在旧版 WPS 的基础上增加了许多功能，由单一的文字处理软件，变成了一个多功能的办公应用软件。

WPS Office 将六大功能模块集成在一个中文平台上，用户可以非常方便地调用各个功能模块，大大提高办公效率。它还秉承了金山公司一贯的传统，考虑到中国人的使用习惯，在文字排版、制作公式和表格分析等方面进行了大量的改进工作，提供了多种常用的模板，使用户更加容易操作。

WPS Office 还全面兼容 Microsoft Office，从界面到操作方法，以及文件格式都与 Microsoft Office 相同。表 2-1 是 Microsoft Office 与 WPS Office 相同功能组件的对照。

表 2-1　Microsoft Office 与 WPS Office 组件对照

Microsoft Office	WPS Office	基本功能
Word	金山文字	文字处理
Excel	金山表格	电子表格
PowerPoint	金山演示	演示文稿
Outlook	金山邮件	邮件管理

2.1.2　认识 Word

Word 是一个功能强大的字处理软件，主要用于创建研究报告、商务计划、备忘录、论文、书信等各种类型的文本文件，同时可以在文档中插入编辑图片、表格、数学公式等对象。

1. Word 的功能

1) 所见即所得

在 Word 中，文字采用 Windows 的 TrueType 字体，可以无限放大且不出现锯齿。文字格式丰富，可设置字体、字号、字形、边框、底纹等，且设置后立即看到实际效果，这种“所见即所得”的编辑方式使工作变得直观、生动、有趣，更有利于用户对文档布局的综合处理。

2) 图文混排

在 Word 中允许将图形、图片、艺术字等对象插入文本中，实现环绕排版，并且在图文混排的状态下，仍可以做到“所见即所得”。

3) 表格处理

Word 提供了功能强大的制表命令，使用这些命令不仅可以自动创建表格，还可以直观地编辑、修改表格，设置表格的格式；此外还能以手工方式绘制表格。对表格的数据可以进行排序、统计、计算，生成统计图。

4) Internet 功能

Word 加强了网络功能和通信功能，可以直接将 Word 文档发送给邮件接收者；不仅可以在普通文档中插入超级链接，还可以直接编写 Web 页文件，将文件保存为 HTML 格式。

5)【撤销】和【恢复】操作

在 Word 中，用户不必为错误的操作而后悔不已，使用【撤销】命令便可以恢复到错误操作之前的状态；如果撤销错了，还可以使用【恢复】命令还原。

6) 独特的智能功能

Word 具有许多智能型功能，如拼写检查、自动更正、自动页码等。例如，在编写长篇文章时，可以自动建立目录，让系统自动收集文档中的标题文字，并自动标出标题所在的页码。

2. Word 的启动

启动 Word 有以下几种方法：

(1) 单击【开始】按钮，选择【所有程序】|【Microsoft Office】|【Microsoft Office Word 2003】命令。

(2) 双击桌面上的 Word 快捷图标。

(3) 双击 Word 文档图标，启动 Word 同时打开该文档。

3. 认识 Word 窗口

如图 2.1 所示，Word 窗口由标题栏、菜单栏、工具栏、工作区和状态栏等部分组成。

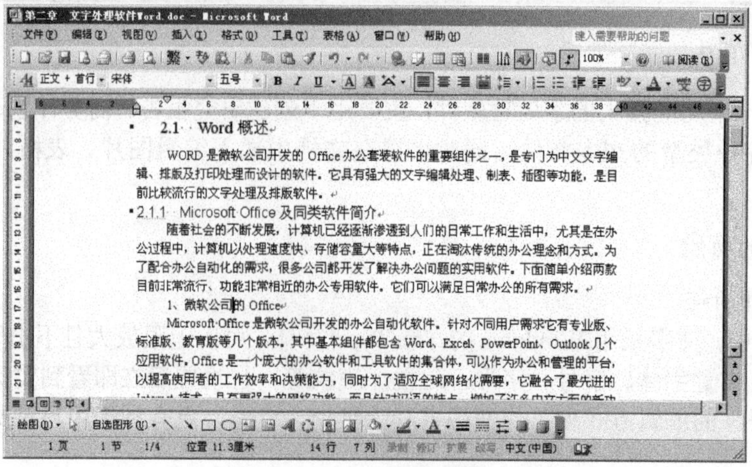

图 2.1 Word 窗口界面

(1) 标题栏：显示当前正在编辑的文档名称和 Word 程序自身名称。如果文档名称是“文档 n”(n 为数字序号)说明该文档尚未保存过。标题栏对窗口的控制作用与在 Windows 中学习的内容是一致的。

(2) 菜单栏：分类列出了 Word 中提供的各种操作命令。包括【文件】、【编辑】、【视图】、【插入】等 9 个菜单。

(3) 工具栏：Word 将常用命令以图标的形式组织在工具栏中。用户可以根据需要在【视图】|【工具栏】命令下，打开或关闭工具栏。系统默认打开的工具栏有【常用】工具栏、【格式】工具栏、【绘图】工具栏。

(4) 标尺：分水平标尺和垂直标尺两种。标尺用来查看正文、图片、文本框、表格等的高度和宽度，还可以直观地设置页边距、段落缩进、制表位等。

(5) 工作区：是文档内容的编辑处理区。在工作区中，有一个闪烁的光标，它表示当前插入点，指明当前文本输入的位置；可以使用光标键或用鼠标单击来移动它的位置。

(6) 滚动条：使用滚动条可以快速移动文档，以便查看文档的不同部分。滚动条分为水平滚动条和垂直滚动条，位于文档下部的是水平滚动条，它可以左右移动文档，其左侧有五个视图切换按钮；位于文档右部的是垂直滚动条，它可以上下移动文档，其下部有一个选择浏览对象按钮和与之配合的跳转按钮。

(7) 状态栏：位于窗口底部，显示当前工作状态信息。它包括文档的当前页数、总页数、节号、插入点位置、编辑状态等信息。

2.1.3　Word 的文件操作

1. 新建 Word 文档

新建 Word 文档有以下几种方法：

(1) 启动 Word 时，Word 会自动建立一个空白文档。

(2) 选择【文件】|【新建】命令，在弹出的【新建文档】任务窗格中选择需要的模板。

(3) 单击【常用】工具栏上的【新建】按钮。

新建 Word 文档后，系统会分配给一个临时的文件名，其命名方法以“文档 1”、“文档 2”、……、“文档 n”这样来命名。

2. 打开文档

要编辑磁盘上已经存在的 Word 文档，首先要将其打开，打开文档的方法有以下几种：

(1) 选择【文件】|【打开】命令，在弹出的【打开】对话框中，选择要打开的文件名。

(2) 单击【常用】工具栏上的【打开】按钮，在弹出的【打开】对话框中，选择要打开的文件名，如图 2.2 所示。

(3) 如果要打开最近使用过的文档，可以利用 Word 的“记忆”功能，方法是单击【文件】菜单，在菜单的下部列出了最近使用过的文件名，如图 2.3 所示，只需单击要打开的文件名即可。

(4) 在【我的电脑】或【资源管理器】窗口中，找到要打开的 Word 文档，双击它。

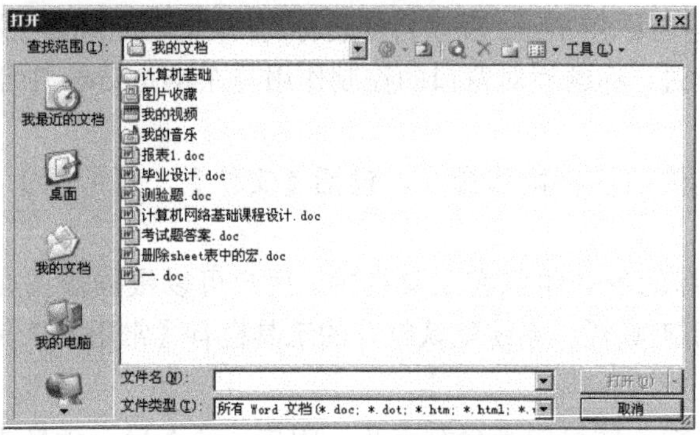

图 2.2 【打开文件】对话框

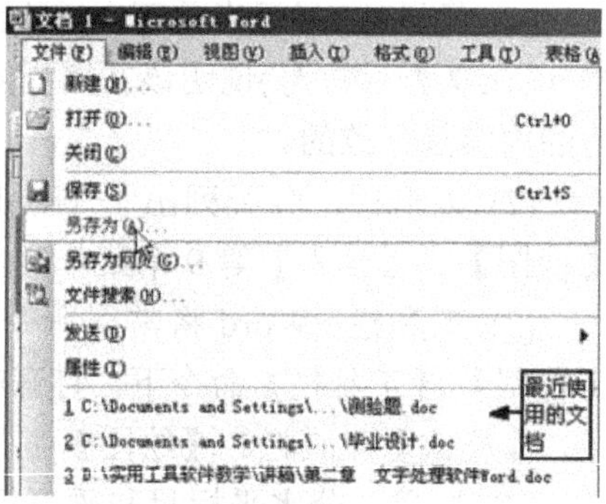

图 2.3 最近使用过的文件名

3. 保存文档

用户对文档的编辑是在内存中操作的，如要想将其长期保存，需要使用【保存】命令将其存储到磁盘上。保存文档有以下几种方法。

(1) 选择【文件】|【保存】命令。

(2) 单击【常用】工具栏上的【保存】按钮。

保存文档也可以使用【另存为】命令。不同的是，【另存为】命令是将当前的编辑结果保存到另一个存储位置、另一个文件名中；保存命令是将文档保存到当前文件名中。如果文档是第一次保存时，即便执行了【保存】命令，也会弹出【另存为】对话框，要求用户输入文件名。

4. 关闭文档

如要结束当前文档的操作工作，需要将其关闭，退出内存。关闭文档的几种方法如下：

(1) 选择【文件】|【关闭】命令。

(2) 单击文档右上角的关闭按钮，如图 2.4 所示。

还可以利用退出 Word 程序的方法关闭对应的文档。

(3) 如果关闭的文档修改后尚未存盘，关闭时会出现如图 2.5 所示的提示，提醒用户是否需要存盘。

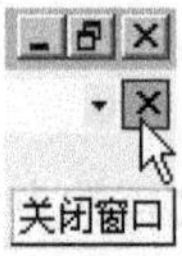

图 2.4 关闭文档窗口

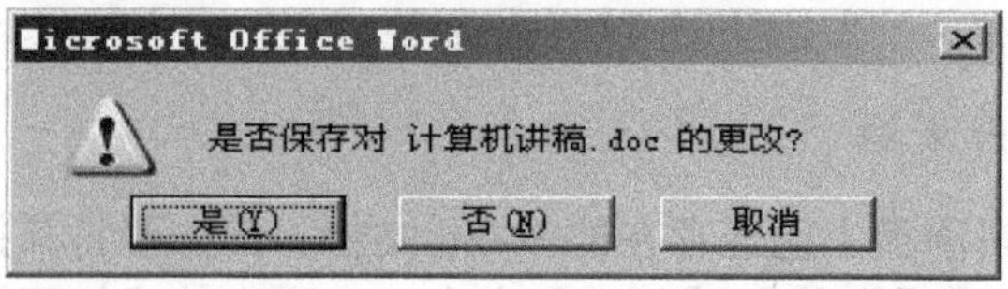

图 2.5 关闭文档提示

2.1.4 Word 文档的简单编辑

文档的编辑操作是 Word 的基本功能之一，常用的编辑操作有：选定文本、移动或复制、查找替换、撤销和恢复等。

1. 选定文本

在对文本进行操作前，一般都要先选定文本。被选定的文本在屏幕上会“反白”显示。

选定文本的方法有很多，既可以使用鼠标操作，也可以使用键盘来完成。下面介绍几种常用的选定文本的方法。

(1) 拖动鼠标选定。将鼠标移到要选定文字的开始处，按住鼠标左键，一直拖动到选定文字的结尾处，松开鼠标。

(2) 先单击要选择区的起始位置，然后按住 Shift 键，并单击要选择区的终点位置，可选择此范围内文本。

(3) 将鼠标移到文字左边选定栏，当鼠标指针变为↗时，单击，选中鼠标所指的一行文字；双击，选中鼠标所指的一段文字；三击，选中全文；拖动，可选多行文字。

(4) 先按住 Alt 键，然后拖动鼠标，可选中一块矩形区域中的文本。

(5) 选定全文，选择【编辑】|【全选】命令或按快捷键 Ctrl+A。

(6) 按住 Shift 键，再用光标键移动插入点，插入点“走过”的区域被选定。

要取消选定的文本，只需在文档区内单击鼠标即可。

2. 插入和删除文本

(1) 插入文本。先将插入点移到要插入文字的位置，然后切换到适当的输入方法，输入文字。

(2) 删除文本。按 Delete 键删除插入点后面的字符；按退格键删除插入点前面的字符。如果要删除一个文字块，可以先选定它，然后按 Delete 键。

(3) 更改文本。先选定要更改的文本，然后输入文字，此时在显示新录入文字的同时自动删除了原选定文本。

3. 撤销和恢复操作

编辑时，如果不小心用错了命令，可以使用【撤销】命令还原到错误操作之前的状态。使用方法是选择【编辑】|【撤销】命令，或单击【常用】工具栏上的【撤销】按钮。

如果【撤销】命令用错了，可以使用【恢复】命令恢复到撤销之前的状态。使用方法是选择【编辑】|【恢复】命令，或单击常用工具栏上的【恢复】按钮。

4. 移动文本

在文档编辑过程中，为了改变文本的前后次序，可以使用文本的移动功能。移动文本有以下两种方法：

(1) 选中要移动的文本，然后选择【编辑】|【剪切】命令或单击常用工具栏中的【剪切】按钮；将插入点移到目标位置后，再选择【编辑】|【粘贴】命令，或单击【常用】工具栏中的【粘贴】按钮。

(2) 选中要移动的文本，然后用鼠标拖动它到目标位置。

5. 复制文本

文档中可能有不少的文本在多处是相同的，为了不重复输入，可以使用文本的复制功能。复制文本有以下两种方法：

(1) 选中要复制的文本，然后选择【编辑】|【复制】命令，或单击【常用】工具栏中的【复制】按钮；将插入点移到目标位置后，再选择【编辑】|【粘贴】命令，或单击

【常用】工具栏中的【粘贴】按钮。

(2) 选中要复制的文本，然后按住 Ctrl 键，用鼠标拖动它到目标位置。

6. 查找和替换文本

当对文档全文进行校对，修正某一文本错误时，可以使用查找和替换功能。

1) 查找文本

选择【编辑】|【查找】命令，打开如图 2.6 所示的【查找和替换】对话框。

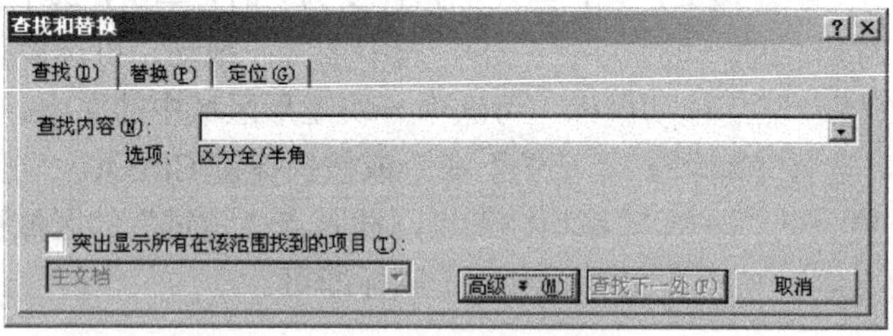

图 2.6 【查找和替换】对话框之一

在【查找内容】文本框中，输入要查找的文本，单击【查找下一处】开始查找，如果找到，文档中该文本就以“反白”显示；若要同时查找并突出显示文档中所有的该文本，可以选中【突出显示所有在该范围找到的项目】复选框。

2) 替换文本

选择【编辑】|【替换】命令，或在图 2.6 中单击【替换】选项卡，打开如图 2.7 所示的【替换】选项卡。

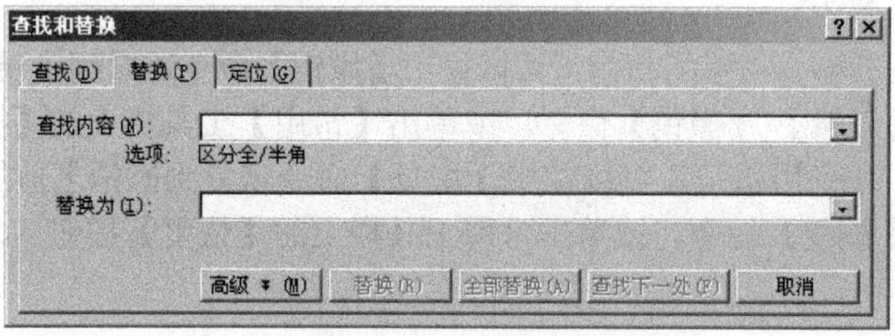

图 2.7 【替换】选项卡

在【查找内容】文本框中，输入要查找修改的文本，在【替换为】文本框中，输入替换更正为的文本；单击【查找下一处】按钮，开始查找，找到的文本以“反白”显示，如果要更正它就单击【替换】按钮，否则再次单击【查找下一处】按钮继续查找；若要替换文档中所有的查找内容，只需单击【全部替换】按钮即可。

3) 高级查找替换

在【查找和替换】对话框中，单击【高级】按钮，展开【高级】选项对话框，如图 2.8 所示。

其中【搜索选项】栏中各项的意义如下：

(1) 搜索范围：设置查找替换操作的方向，有全部、向下、向上 3 个方向。

(2) 区分大小写：将大、小写英文字母按不同的字符对待。

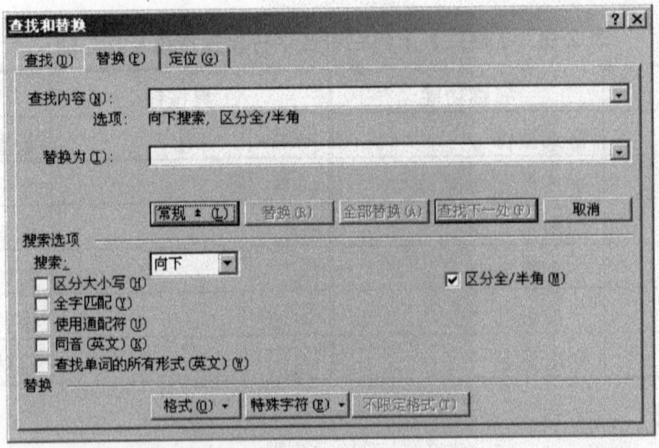

图 2.8　【高级】选项对话框

(3) 全字匹配：查找拼写完全相同的单词，而不能是较长单词的一部分。

(4) 使用通配符：用通配符实现模糊查找。

(5) 同音：查找发音相同的单词。

(6) 查找单词的所有形式：查找单词的所有形式，如复数、过去式、现在时等。

(7) 区分全/半角：查找全角、半角完全匹配的字符。

其中“替换”栏中 3 个按钮的意义如下：

(1) 格式：设置查找或替换文本的格式，如字体、段落、样式等。

(2) 特殊字符：当查找替换的对象是无法从键盘输入的特殊字符时，如段落标记、分页符等，用它来输入。

(3) 不限定格式：取消查找内容或替换内容下指定的所有格式。

2.2　文本的排版

文档排版是文字处理的主要任务之一，其任务目的是改变文本的外观，使其规范、美观，如改变文本的字体、段落等。Word 的“所见即所得”特性让用户能直观得看到排版的效果。

2.2.1　文本排版的基础知识与操作技巧

1. 设置字符格式

要对已有文字设置字符格式，需要先选定要改变格式的文字，再执行相应的字体格式命令；如果没有选定就进行了设置，则表示为将要输入的文字预设了格式。设置字符格式，既可以使用【格式】工具栏也可以使用【字体】对话框。

1) 使用【格式】工具栏

比较常用的文字格式可以通过【格式】工具栏来快速设置。【格式】工具栏中各字符设置按钮的功能如表 2-2 所示。

表 2-2　【格式】工具栏中各字符设置按钮及其功能

工具按钮	名称功能	工具按钮	名称功能
A	格式窗体	强调	设置字符样式
宋体	字体设置列表	小四	字号设置列表
B	加粗	I	倾斜
U	下划线列表	A	字符边框
A	字符底纹	A	字符缩放
ab	突出显示	A	字体颜色

2) 使用【字体】对话框

【字体】对话框可以设置更为丰富、详细的文字格式。选择【格式】|【字体】命令，打开如图 2.9 所示的【字体】对话框。左图为【字体】选项卡，右图为【字符间距】选项卡。

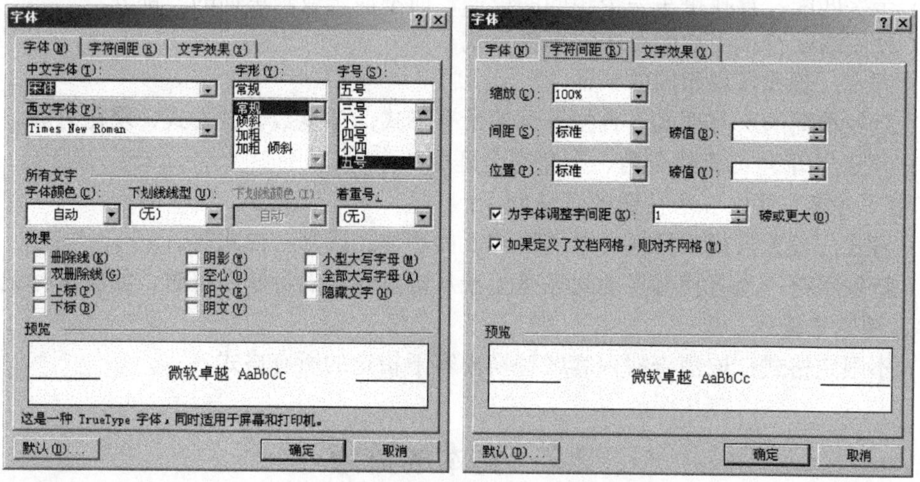

图 2.9　【字体】对话框

在【字体】选项卡中，可以设置字体、字形、字号、颜色、下划线、着重号、效果等常用的字符格式；在【字符间距】选项卡中，可以设置字体缩放、字符间距、位置等；在【文字效果】选项卡中，设置的动态效果仅限于制作电子文档，用于屏幕显示。各种设置效果均可以在对话框的【预览】栏中进行查看。

2. 段落格式

在 Word 中，段落是指以段落标记作为结束的一段文字。段落标记是按 Enter 键产生的，所以，在 Word 中，每按一次 Enter 键就产生一个段落。段落格式设置的范围是包含段落标记在内的一段文字，设置的项目包括段落缩进、对齐、行距、段间距等。在设置段落格式前，也需先选定要设置格式的段落，如果只设置一个段落，则可以将插入点移到该段落中。

1) 使用【格式】工具栏

使用【格式】工具栏可以快速设置段落的对齐方式、行距、缩进量等，【格式】工具栏中各段落设置按钮的功能如表 2-3 所示。

表 2-3　【段落】格式工具栏中各段落设置按钮及其功能

工具按钮	名称功能	工具按钮	名称功能
	两端对齐		居中对齐
	右对齐		分散对齐
	设置行距		减少缩进量
	增加缩进量	标题 4 + 左	设置段落样式

2) 使用水平标尺

利用文档窗口的水平标尺可以快速、直观地设置段落的缩进。如图 2.10 所示，使用标尺可以进行左缩进、右缩进、首行缩进、悬挂缩进等设置。拖动标尺上的缩进标记，此时会有一条垂直虚线随着缩进标记的拖动而移动，指示出缩进位置，确定后松开鼠标即可。

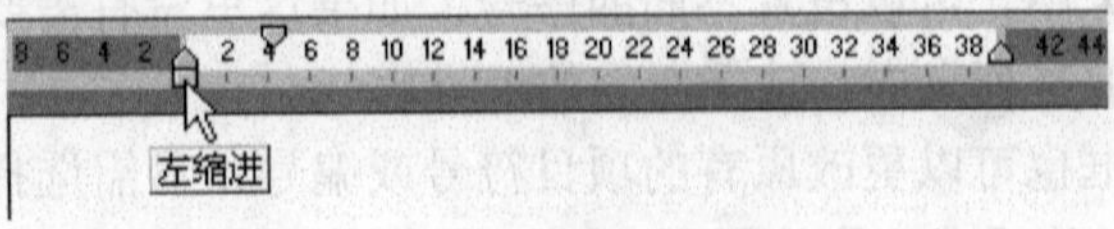

图 2.10　标尺的缩进标记

3) 使用【段落】对话框设置

Word 将段落设置的内容集中到了【段落】对话框中，使用它可以更详细、更精确地进行各种设置。选择【格式】|【段落】命令，打开如图 2.11 所示的【段落】对话框。

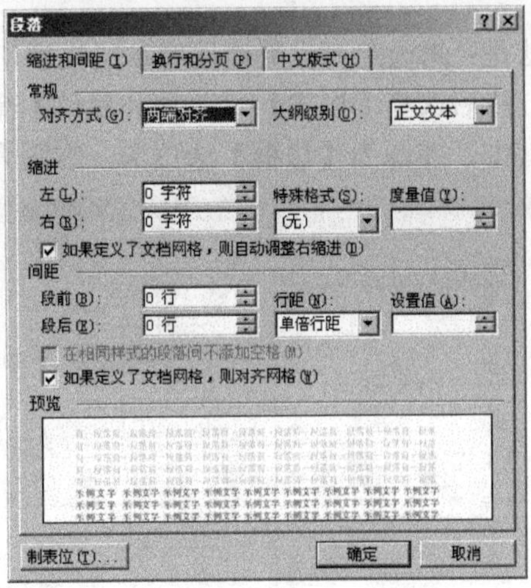

图 2.11　【段落】对话框

在该对话框中，可以设置对齐方式、大纲级别；也可以精确地设置左缩进、右缩进、特殊格式缩进以及段落间距和行间距。

3. 项目符号和编号

在文档中适当使用项目符号和编号，可以使文档内容显得层次分明，使文档中的重点或需要强调的部分更为突出。在 Word 中，可以在输入文本时自动创建项目符号或编号，也可以给已输入的各段文本添加项目符号或编号。

1) 自动创建项目符号和编号

在输入第一个项目内容之前，单击【格式】工具栏中的【编号】按钮或项目【符号】按钮，这时，在插入点位置自动添加一个编号或项目符号，然后输入项目内容，按 Enter 键后，则在下一段落的开始位置自动添加下一个编号或项目符号，然后继续输入项目内容。当输入完所有项目内容后，删除最后一个自动添加的编号或项目符号即可。

2) 为已有内容添加项目符号或编号

当要添加项目符号或编号的文本内容已经输入，这时需要先选定这些内容，然后选择【格式】|【项目符号和编号】命令，打开【项目符号和编号】设置对话框。

在【项目符号】选项卡中，可以设置不同的项目符号，如果这里没有需要的符号，单击【自定义】按钮，在自定义项目符号列表中，选择所需的符号。

在【编号】选项卡中，可以设置不同的序号，如果这里没有需要的序号，单击【自定义】按钮，在自定义编号列表中，选择所需的编号。

利用这两个对话框也可以更改原有的项目符号或编号，只需选择一个与原有符号不同的项目符号或编号，单击【确定】按钮即可。如果在项目符号或编号中选择了【无】选项，则可以取消原有的项目符号或编号。

4. 边框和底纹

在 Word 文档中，为了突出某些重要内容，使其更醒目、更美观，可以给文本加边框和底纹。

设置边框和底纹的方法是：先选定要设置边框底纹的文字，如果要给段落加边框底纹，则要连段落标记一同选上，然后选择【格式】|【边框和底纹】命令，打开如图 2.12 所示的【边框和底纹】对话框。其中，左图为【边框】选项卡，右图为【底纹】选项卡。

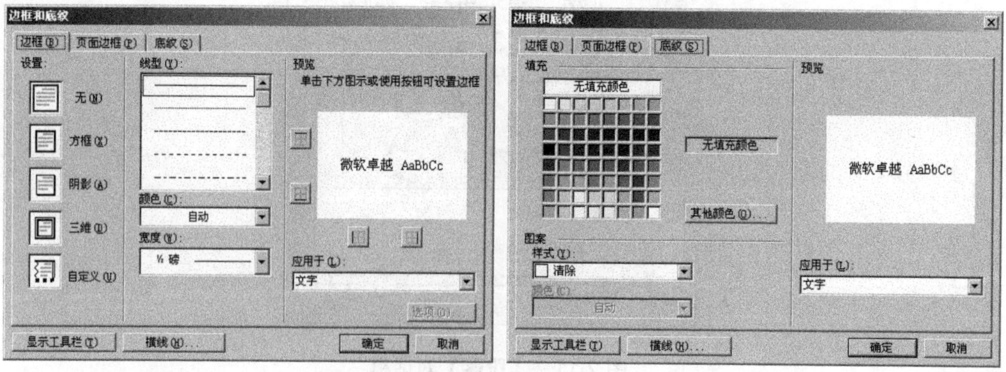

图 2.12 【边框和底纹】对话框

1) 【边框】选项卡

在【设置】栏中，选择边框的样式，然后选择线型、线的颜色、粗细，在右侧预览区中，可以查看设置效果。在【应用于】下拉列表中，选择边框的区域是文字还是段落。如果选定文字时包含了段落标记，这里自动显示为段落，否则显示为文字。

2) 【页面边框】选项卡

在此可以给页面设置边框，设置项目与文字边框基本相同，在【应用于】下拉列表中，可选整篇文章或本节。

3)【底纹】选项卡

在此可以设置填充颜色、图案和图案的颜色。

5. 用格式刷设置格式

在文档中，常常有许多不连续的文本需要设置相同格式的情况，此时可以使用格式刷进行格式的复制。具体操作是，先选定已设置好格式的源文本，然后单击或双击【格式刷】按钮，此时，鼠标指针变成了刷子形状，源文本中的格式已附着在刷子上，用它刷需要设置相同格式的文本即可。其中，单击格式刷时，只能复制应用一次；而双击格式刷时，可以使用多次，当不再使用时，还需再次单击格式刷按钮。

2.2.2　文本排版案例一：文本型求职简历

1. 案例分析

为了能在目前激烈竞争的人才市场搏出一席之地，不仅要有渊博的知识，还需要宣传自己，让用人单位了解自己，这就需要写好求职简历。根据在人力资源部门工作的人员介绍：简历要简洁，有重点，有针对性。一些大企业经常收到很多份简历，工作人员不可能每个都仔细研读，因此，简历尽量要短，而且要重点介绍与你应聘职位相关的水平、能力。简历一般应该包括个人资料、教育经历、外语和计算机水平状况、主修课程、获奖情况和简单的自我评价。对纯文本型的简历一定要把层次排清楚，也就是充分利用 Word 的文字格式和段落格式等排版功能。下面以图 2.13 所示的简历为例，介绍其制作过程。

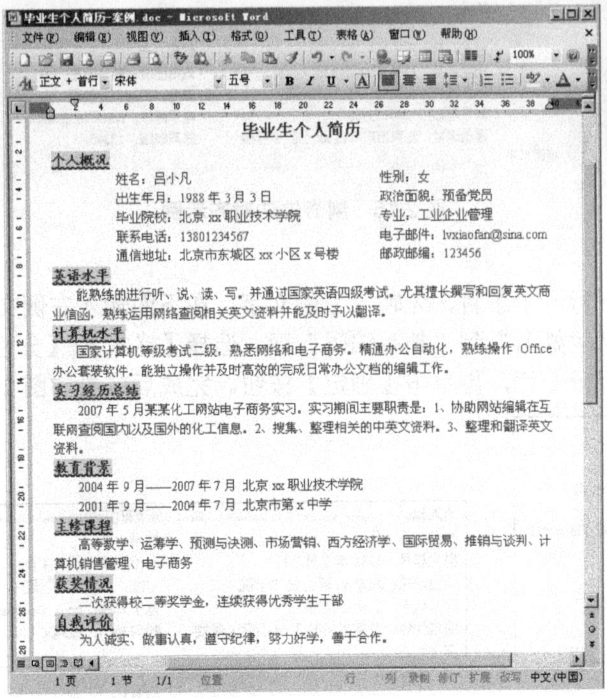

图 2.13　个人简历示例

2. 操作重点与难点

该简历的文字并不多，但文本行数较多，尤其是：姓名、性别、出生年月……等，如果每个条目都占一行，因为每行的文字很少，则右上部会出现空白，版面不美观。可采用一行写两个条目的措施来填充版面，如图 2.14 所示。

如何在一行中写两个条目？这里介绍 3 种方法供读者选择。

1) 空格法

这是很多初学 Word 者常选用的一种方法。也就是输入完“姓名”后按一定数量的空格，再输入“性别”；换行后同样用填补空格的方法与上一行对齐，如图 2.14 所示。这种方法的缺点是完全手工操作，非常麻烦，而且不容易对齐。

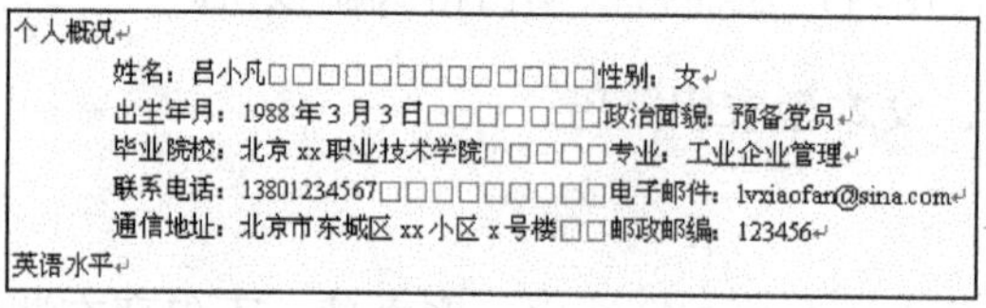

图 2.14　空格法对齐示例

2) 制表位法

在输入“姓名”之前，先在标尺上适当的位置设置两个左对齐制表位，如图 2.15 所示，然后先按 Tab 键将插入点移到制表位下，输入“姓名”，再按 Tab 键，输入“性别”；换行后，重复按 Tab 键，然后输入“出生年月”……。

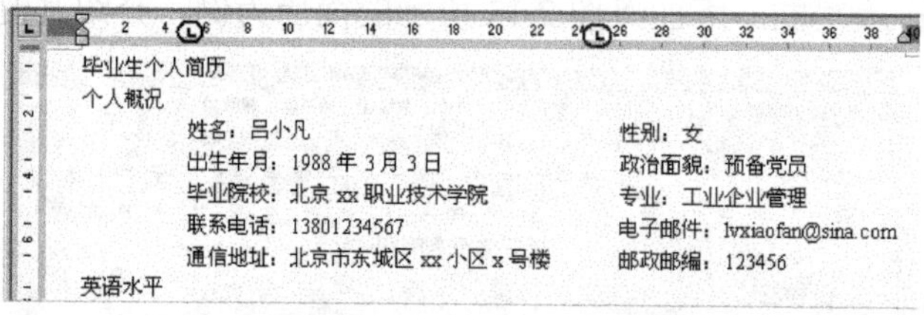

图 2.15　制表位法对齐示例

3) 排版法

输入文字时，一行一个条目，先输入左侧文字，在下面输入右侧文字，如图 2.16(a)所示；完成后，选定从“姓名”到“邮政编码”行，选择【格式】|【分栏】命令，在打开的分栏对话框中，选择分 2 栏，再单击【确定】按钮。完成后效果如图 2.16(b)所示。

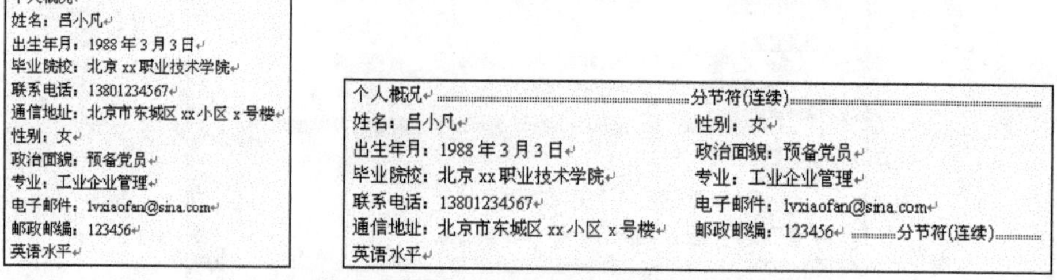

(a)　　(b)

图 2.16　排版法对齐示例

上面介绍的 3 种方法，除第一种方法是手工操作比较麻烦外，第二、第三种方法都是不错的选择。

3. 操作技巧

1) 标题居中

选中“毕业生个人简历”几个字后，在【格式】工具栏的【字体】、【字号】下拉列表中，选择适当的字体、字号；关键是要使用【居中】按钮让标题居中排列，这样以后无论是换用其他纸张或是更改字体、字号，它都依然保持居中状态。

2) 首行缩进

简历中有多个自然段，按照中文排版格式的要求，每段的开头要“空 2 个格”。具体实现方法是：选定这些段落后，拖动水平标尺上的【首行缩进】按钮，此时按钮下会出现一条虚线，将此虚线向右拖到 2 个字的位置上松开鼠标即可。

3) 格式复制

简历中“个人概况”、“英语水平”、“计算机水平”等这些项目文字，是简历的重点内容，要做的醒目且格式统一。下面按本例中的格式设置，说明操作方法如下。

选定“个人概况”，然后在【格式】工具栏的【字体】下拉列表中，选择【楷体】字，在【字号】下拉列表中，选择【小四】号字；然后在【下划线】下拉列表中，选择【波浪线】；单击【字符底纹】按钮为文字设置底纹，完成一个项目文字的设置工作。要保证其他项目文字的格式与此相同，可以使用格式刷。在选定“个人概况”的情况下，双击格式刷，此时鼠标指针变成刷子形状，用它依次去刷“英语水平”、“计算机水平”……“自我评价”，完成后再次单击【格式刷】按钮。

4) 保存文档

选择【文件】|【另存为】命令，在打开的【另存为】对话框中，指定保存的位置和文件名，然后单击【保存】按钮，将简历保存为文件，方便以后编辑或打印。

2.2.3　文本排版案例二：通知

1. 案例分析

通知是日常办公中比较常用的一种文体，如图 2.17 所示。通知的文字虽然不多，但也需要输入文字、设置字体、字号、编辑、排版等工序。通过本案例，可以学习如何用简便的方法快速制作通知。

2. 操作重点与难点

1)“通知”两字的设置

选定“通知”两字后，利用【格式】工具栏上字体、字号按钮可以设置其字体和字号；利用【居中】对齐按钮可以设置其对齐方式。为了美观通常要“通”与“知”之间间隔一定的空白，此空白比较简便的方法是按空格键来实现；也可以在【字体】设置对话框的【字符间距】选项卡中的【间距】文本框中设置，将间距加大，如图 2.18 所示。

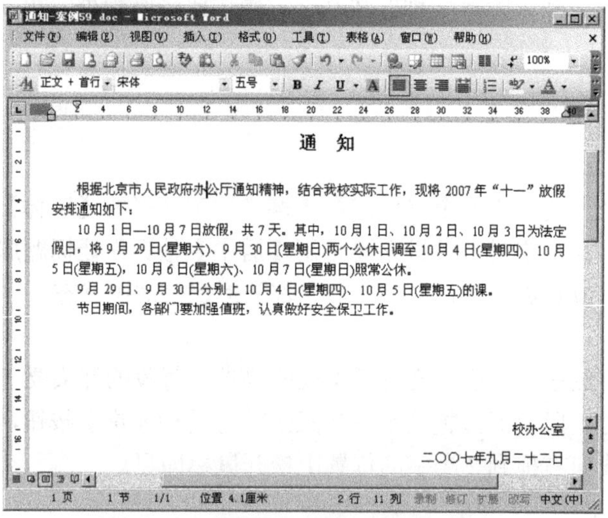

图 2.17　通知示例

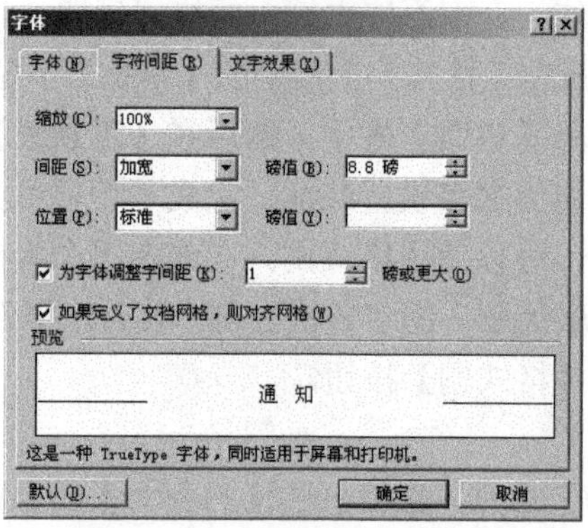

图 2.18　设置字符间距

2) 落款的设置

落款包括发文机关和日期两部分。按通知文体的格式要求，落款一般与正文之间有一定的空行，且按文本的右侧对齐排列；空行在 Word 中可以用回车键来实现，右对齐可以在选定落款文字后，单击【格式】工具栏上的【右对齐】按钮。

3. 操作技巧

制作一份通知并不难，但当需要经常的、大量的制作通知时，每次都需要输入文字、设置字体、字号，排版等工作，其中很多工作是重复性劳动。如“十一”过后不久就写“元旦”放假通知，随后又是寒假放假通知；这几个通知除了具体放假日期不同之外，有很多相同之处：标题和发文机关完全相同，放假日期的文字内容虽然不同，但它们的字体、字号等格式是相同的。此时可以用模板来省略相同内容的制作过程。

所谓模板是保存了文档的基本结构和文档设置的一个特殊文件。任何 Word 文档都是以模板为基础的，一般情况下我们使用的“空白文档”是基于 Normal 模板，它的设置适用于所有文档。

这里只要将“十一”放假通知保存为模板，等需要编辑“元旦”、寒假放假通知时，再打开模板修改即可。为了让模板更实用，这里再说一下日期的输入方法：选择【插入】|【日期和时间】命令，打开如图 2.19 所示的【日期和时间】对话框，在【可用格式】列表中，选取需要的日期格式，然后选中【自动更新】复选框，再单击【确定】按钮，这样可以让插入的日期随着系统日期自动更新，无论什么时候打开文档，该处自动显示当时的日期。下面把它保存为模板，选择【文件】|【另存为】命令，打开如图 2.20 所示【另存为】对话框，在【保存类型】下拉列表中，选择“文档模板(*.dot)”，此时保存位置自动变为“Templates”文件夹，一般不要改动它(因为只有保存在“Templates”文件夹的模板，才能自动出现在模板对话框的【常用】选项卡中)，再输入文件名，单击【保存】按钮即可。

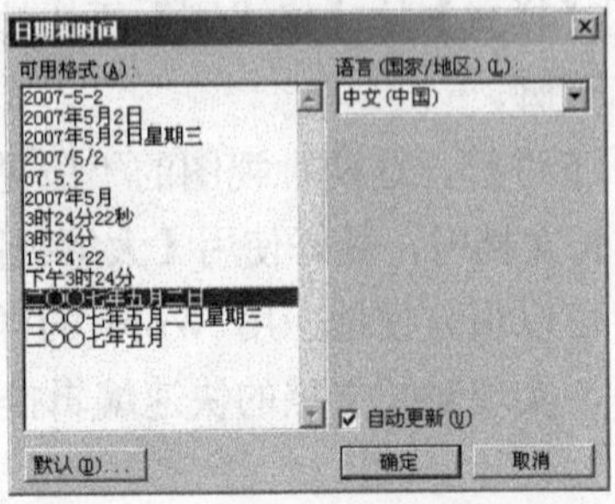

图 2.19　【日期和时间】对话框

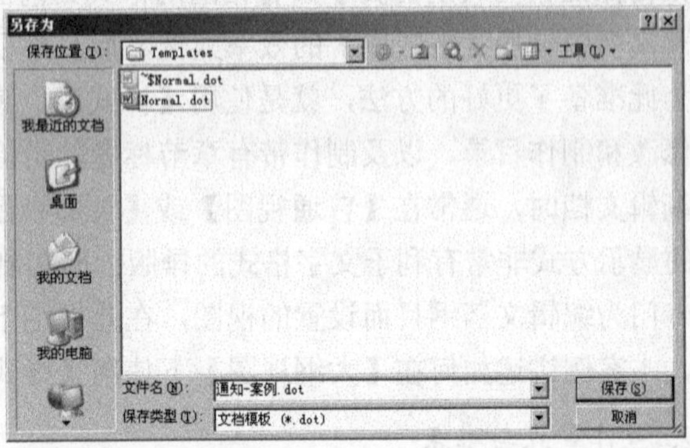

图 2.20　【另存为】模板

模板的使用。当我们再次制作通知时，可以选择【文件】|【新建】命令，在打开如图 2.21 所示的【新建文档】任务窗格中，单击【本机上的模板】，打开如图 2.22 所示的【模板】对话框，在【常用】选项卡中，选中【通知-案例】模板，再单击【确定】按钮，就可以打开我们前面制作的模板，此时，只需选定原来放假通知的文字，并键入新的通知文字，无须进行其他操作，一篇新的通知就做好了，最后选择【文件】|【另存为】命令，在打开的【另存为】对话框中，指定文件的保存位置和文件名，再单击【保存】按钮即可。

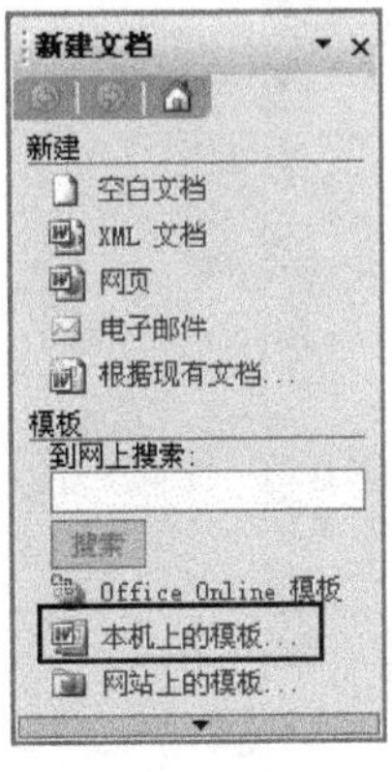

图 2.21　【新建文档】任务窗格

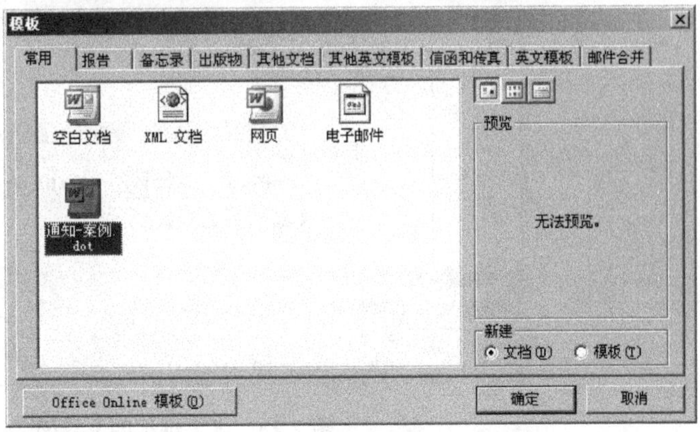

图 2.22　【模板】对话框

2.2.4 文本排版案例三：毕业论文

1. 案例分析

毕业论文是大学生毕业前提交的、具有一定学术价值的文章，是对几年来学习知识的综合应用，因此论文的内容较多、篇目较长，一般都要划分为章、节。在格式上像一本书一样，所有的“章标题”格式应统一，并且比“节标题”要醒目，所有的“节标题”格式也是相同的。一般来说，在长篇文档中，文字是分级别的，“章”是文档中最高级别的标题，“节”次之，“节”下还可以分为条目、问题等，普通文字是最低级别的“正文”。

如何保证相同级别的文字具有相同的格式？前面虽然学习过使用【格式刷】的方法，但在长文档中使用【格式刷】的效率太低，而且不便于以后的修改。其实，在 Word 中，已经为此准备了更好的方法，就是使用【样式】。使用【样式】比【格式刷】更快捷，且便于修改和制作目录，以及制作带有章节标题的页眉、页脚。

编辑文档时，通常在【普通视图】或【页面视图】下进行，这两种视图的“所见即所得”的显示方式非常有利于文字格式的排版；但在制作长文档时，最好使用【大纲视图】，它是专门为编辑文档纲目而设置的视图，在此视图下，可以很方便地应用 Word 的样式。那么，本案例讲述如何在【大纲视图】下使用【样式】，实现对长文档的快速编辑排版。

2. 操作重点与难点

启动 Word，建立一个新的文档，单击窗口左下角的【大纲视图】按钮，或选择【视图】|【大纲】命令，切换到【大纲视图】界面，如图 2.23 所示。此时自动显示【大纲】工具栏，插入点前面也多了一个标题标记，输入的文字被自动赋予【标题 1】样式，这样可以很方便地输入文章中最高级别的标题——论文中的“章”。输入完第一章标题文字后，按 Enter 键，下一行的样式仍然是【标题 1】，接着输入其他章的标题。

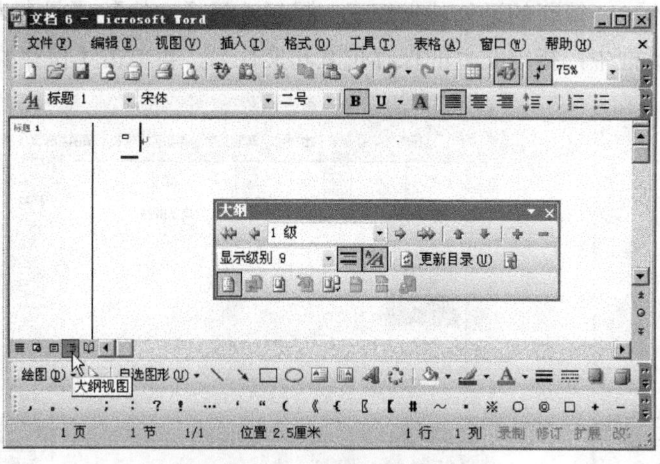

图 2.23 【大纲视图】界面

所有的“章标题”录入完成后，如何输入下一个级别的“节标题”呢？此时，可以借助【大纲】工具栏上的【降低】按钮，单击该按钮可以将插入点所在行降低一个级别，原来是【标题 1】则现在变成【标题 2】了，如果刚才录入“章标题”时错把“节标题”也一同录入了，此时，可以将插入点移到该行，单击【降低】按钮即可；如果想把某一个“节”提升为“章”，可以单击【大纲】工具栏上的【提升】按钮；而无论该行原来的级别如何，单击工具栏上的【提升到标题 1】按钮可将该行提升至最高级【标题 1】，而单击【降为正文文本】按钮则可将该行降低至最低级别【正文】；如果要将当前行改变到某一级，可以在【大纲级别】2 级 下拉列表中选择，或在格式工具栏的【样式】标题 1 列表中选择。

如图 2.24 所示是一篇论文大纲视图，可以看到每段文字前面都有一个符号，它是该段文字级别的一个标记。表示这是一个已录入下级内容的标题，向里缩进的同样符号则表示较低级别的标题；表示这是一个尚未录入下级内容的标题；表示这是一个正文。单击【大纲】视图中的【显示级别】显示级别 2 下拉列表按钮，可以控制在大纲视图中显示文字的级别。如果要详细显示某一标题的下级内容，可以将插入点移到该标题上，单击【大纲】工具栏上的【展开】按钮；与之功能相反的是其右侧的【折叠】按钮。

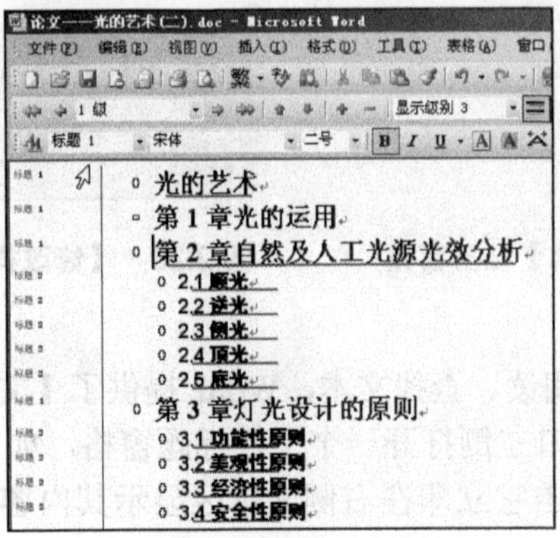

图 2.24　论文大纲视图示例

在 Word 中起草论文时，可能由于最初的考虑不周，现在想将某些段落的位置改变一下，假设将原来的“第 2 章”移动到“第 3 章”之后。在【普通视图】或【页面视图】下，讲过使用【剪贴】、【粘贴】的方法来实现文本的移动，但这里是将一章的内容移动，可能是几页、十几页的文字，要选定这样长的文字是不方便的。而在大纲视图中，完成这样的操作却十分简便。先用【大纲】工具栏中的【显示级别】下拉列表控制显示内容，折叠下级无关内容，单击要移动段落前面的级别标记，即可选定该标题及其下级的所有内容，包括被折叠的内容，然后单击【大纲】工具栏中的【下移】按钮或【上移】按钮，移到需要的位置即可。

3. 操作技巧

1) 修改样式

前面我们使用了 Word 默认的标题样式，可能有的人对这个样式中的字体、字号等格式不满意，想改变为自己需要的格式。现在文章已经录入完毕，这种修改工作是否方便？无需担心，这也正是使用【样式】的优点，只要更改【样式】中包含的文字格式即可，使用了该样式的所有文字会自动按照样式更新，不需要逐一地修改。修改样式方法如下。

选择【格式】|【样式和格式】命令，打开【样式和格式】任务窗格，如图2.25所示。在【请选择要应用的样式】列表中，选择要修改的样式名，单击其右侧的下拉列表，选择【修改】命令，打开如图2.26所示的【修改样式】对话框。在【格式】栏中，可以做一些基本格式的修改，如果要更详细的格式设置，可以单击【格式】按钮进一步设置。【自动更新】复选框可以保证在此对话框中，修改了某一个使用该样式的文字格式时，其他使用该样式的文字自动进行相应地更新。设置完成后单击【确定】按钮退出。

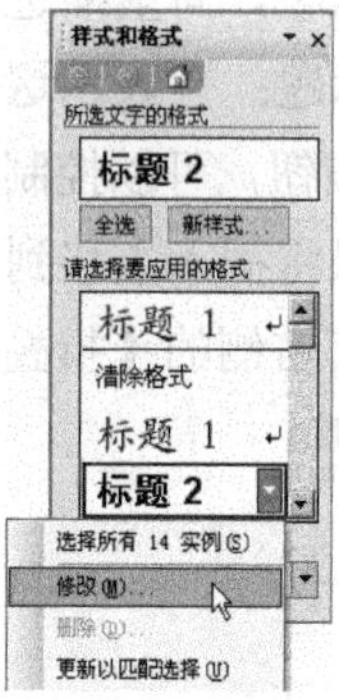

图2.25 【样式和格式】任务窗格

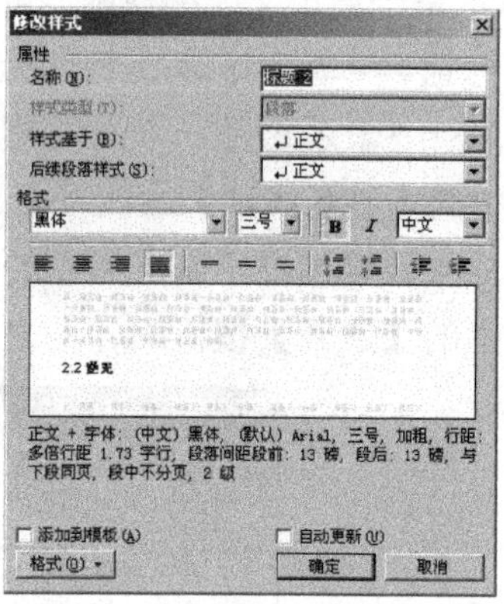

图2.26 【修改样式】对话框

2) 文档结构图

在长文档中，为了便于阅读、查找文本，Word提供了【文档结构图】。选择【视图】|【文档结构图】命令，在窗口左侧打开一个文档标题窗格，如图2.27所示。此窗格中的标题文字像超级链接一样，单击它立即在右侧文本区显示其内容，这对进行长文档的编辑、定位有很大帮助。

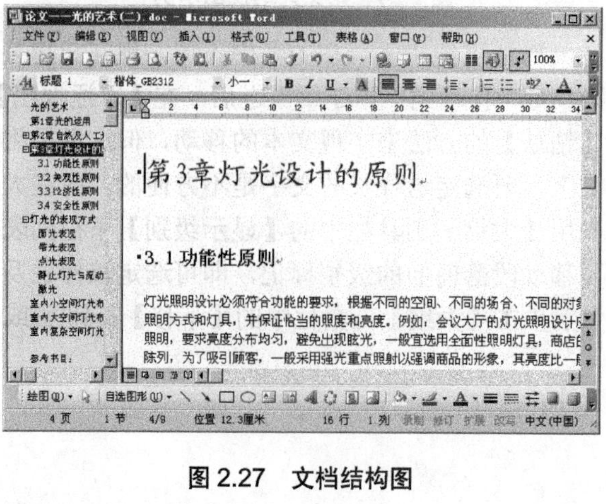

图2.27 文档结构图

2.3　表　　格

Word 可以快速创建规则表格，也可以直接用鼠标绘制表格，还可以灵活地编辑表格，并且可以对表格中的数据进行排序、计算。

2.3.1　制作表格的基础知识与操作技巧

1. 创建表格

在 Word 文档中，建立表格可以使用工具栏或菜单中插入表格命令，也可以手工绘制表格。下面分别介绍这几种方法。

1) 使用【常用】工具栏上【插入表格】按钮

首先将插入点移到要插入表格的位置，然后单击【常用】工具栏上【插入表格】按钮，打开如图 2.28 所示的表格样板，在样板上拖动鼠标选定需要的行数和列数，同时在样板下方也有表格“行×列”的提示，选定后松开鼠标即可。

2) 使用【插入表格】菜单

将插入点移到要插入表格的位置，选择【表格】|【插入】|【表格】命令，打开如图 2.29 所示【插入表格】对话框，在其中的【列数】和【行数】文本框中，分别输入表格的列数和行数，然后单击【确定】按钮即可。

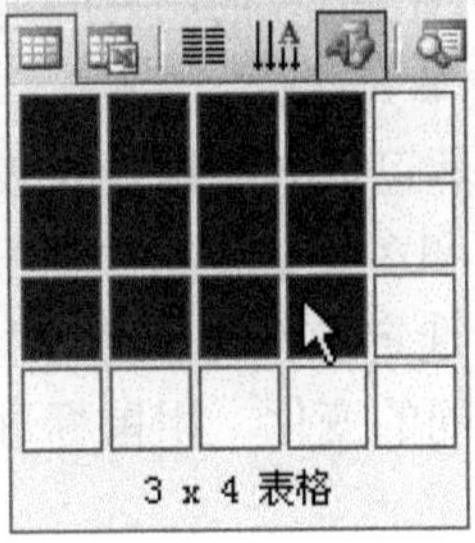

图 2.28　插入表格工具

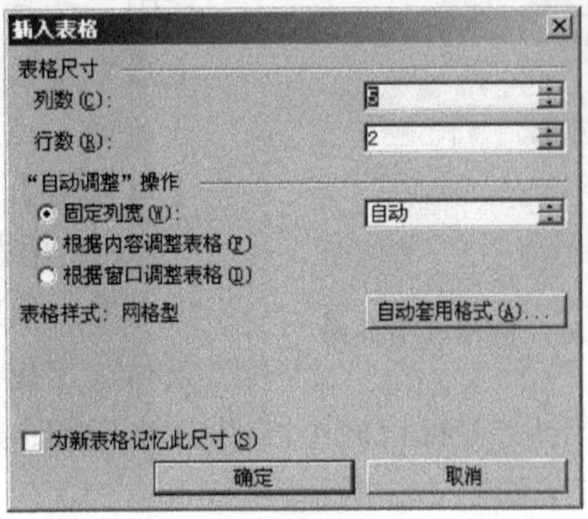

图 2.29　【插入表格】对话框

3) 绘制表格

选择【表格】|【绘制表格】命令，打开【表格和边框】工具栏，此时鼠标变成铅笔形状，根据需要，在工具栏的线型、粗细、颜色下拉列表中，选择适合的线型、线的粗细和颜色，然后按住鼠标左键在页面上拖动画出表格的外边框，再在边框中画横线、竖线和斜线。在绘制过程中，如果画错了线，可以单击【擦除】按钮，鼠标变成橡皮形状后，沿线条拖动可以擦除线。

【表格和边框】工具栏中各按钮的功能如表 2-4 所示。使用这些工具可以对表格进行编辑、修改。

表 2-4　【表格和边框】工具栏中各按钮及其功能

工具按钮	名称功能	工具按钮	名称功能
	绘制表格		擦除表格线
	表格线型	½ 磅	表格线粗细
	边框颜色		设置表格框线
	底纹颜色		插入表格、行、列等
	合并单元格		拆分单元格
	设置对齐方式		平均分布各行
	平均分布各列		自动套用表格样式
	显示/隐藏虚线		升序排列
	降序排列		自动求和

2. *表格的编辑与修改*

1) 选定表格的编辑

与对文本的操作一样，对表格操作也必须先选定操作的对象，然后再执行操作命令。被选定的单元格区域“反白”显示。

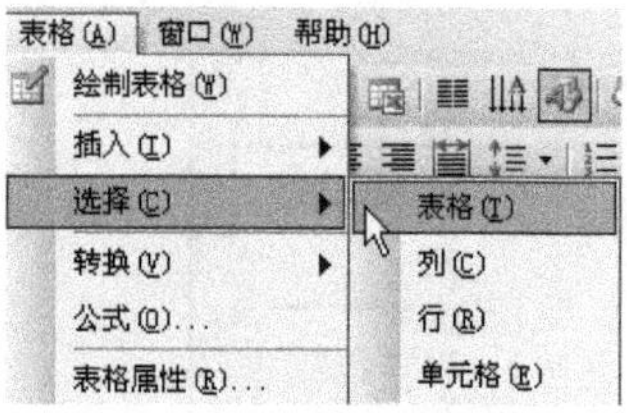

图 2.30　选择表格菜单

(1) 用菜单命令选定。将插入点移到表格中适当的单元格中，选择【表格】|【选择】命令，展开如图 2.30 所示的下级菜单。其中【表格】项表示选定整个表格；【列】表示选定插入点所在的一列；【行】表示选定插入点所在的一行；【单元格】表示选定插入点所在单元格。

(2) 用鼠标选定。用菜单虽然可以方便地选定表格的编辑对象，但对于选定多行、多列和多个单元格的情况，使用鼠标选定更便捷。在用鼠标进行选定操作时，需要根据选定区域的不同将鼠标指向不同的位置，此时鼠标指针也会发生不同的变化。用鼠标进行选定的操作方法如表 2-5 所示。

表 2-5　用鼠标选定表格

选定区域	鼠标形状	操作
单元格		鼠标指向单元格左侧的选定区，单击选定该单元格；拖动选定多个单元格
列		鼠标指向表格顶部线，单击选定箭头所指列，拖动选定多列
行		鼠标指向表格左端线外的选定区，单击选定箭头所指行，拖动选定多行
整个表格		鼠标指向表格左上角的属性按钮，单击可以选定整个表格
连续单元格		鼠标在单元格中拖动，鼠标经过区域的单元格被选定

2) 增加行和列

当表格的行数或列数少于需要的数目时，可以使用添加行或添加列的命令来增加表格的行或列。具体操作是：先选定与要添加新行或新列相邻的行或列，然后选择【表格】|【插

入】命令，如图 2.31 所示，在下级菜单中，根据需要选择【行在上方】、【行在下方】或【列在左侧】、【列在右侧】命令。

在选定时，如果选定了多行或多列，则可以一次插入多行或多列，其中插入的数目与所选的数目相同。

3) 删除行和列

先选定要删除的行或列，然后选择【表格】|【删除】命令，如图 2.32 所示，根据需要，在下级菜单中选择【行】或【列】命令。如果要删除整个表格，可以选择【表格】|【删除】|【表格】命令。

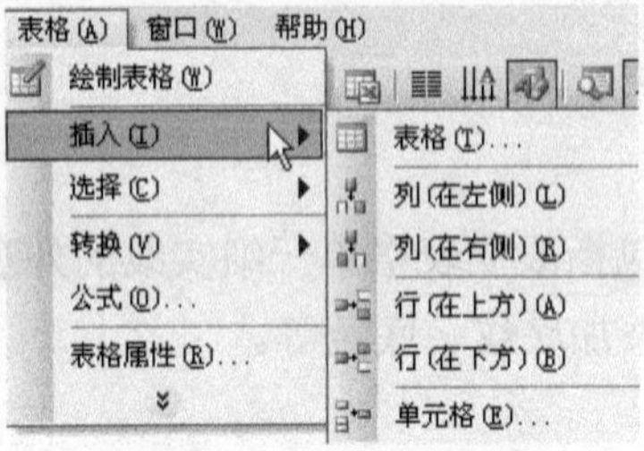

图 2.31　增加行列菜单

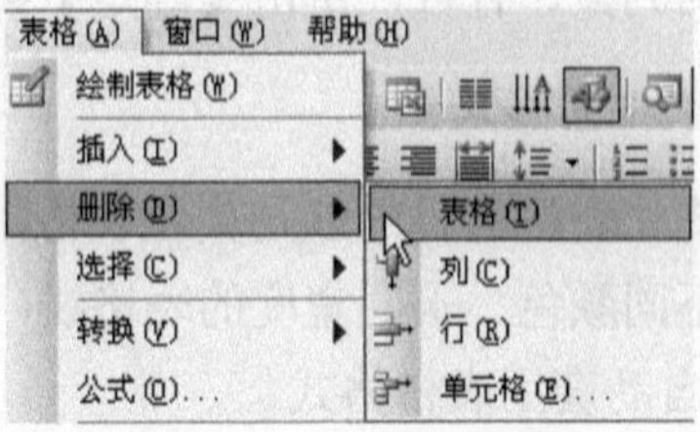

图 2.32　删除行列菜单

4) 调整行高和列宽

用工具栏或用菜单命令制作的表格是均等的，用户可以根据单元格中数据的多少自己调整其行高和列宽。调整行高和列宽常用的方法有如下几种。

(1) 用鼠标拖动表格线。调整行高，将鼠标指向水平线，鼠标指针变成 ；调整列宽，将鼠标指针指向垂直线，鼠标指针变成 ；然后按住鼠标左键拖动，此时看到有一条虚线在动，同时标尺中该线对应的标记也一起移动，将其移动到合适的位置松开鼠标即可。

(2) 用鼠标拖动标尺中表格线标记。当插入点在表格中时，水平标尺和垂直标尺中会显示各竖直线和水平线的线标记，将鼠标指向该标记拖动，即可以改变行高和列宽。

(3) 使用表格菜单。将插入点移到要改变行高或列宽的单元格，选择【表格】|【表格属性】命令，打开如图 2.33 所示【表格属性】对话框。单击【行】标签，在这里可以给出具体行高的数值，单击【上一行】或【下一行】按钮还可以设置其他行的行高，如图 2.33 左所示；单击【列】标签，在这里可以给出具体的列宽的数值，单击【前一列】或【后一列】按钮可以设置其他列的列宽，如图 2.33 右图所示。

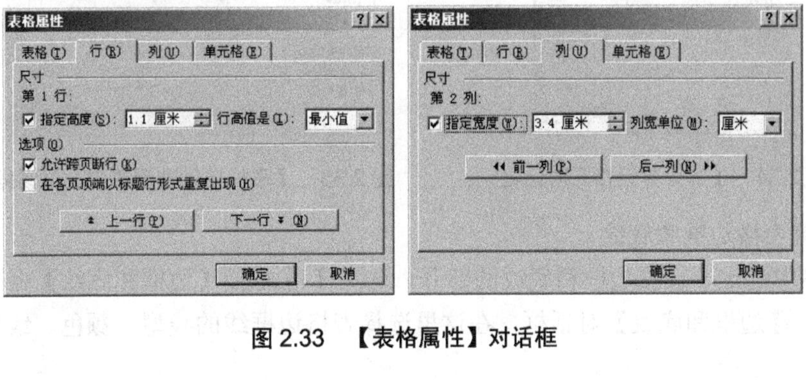

图 2.33　【表格属性】对话框

5) 合并单元格

当需要将多个连续单元格合并为一个单元格时，可以选定需要合并的单元格，然后选择【表格】|【合并单元格】命令，或单击【表格和边框】工具栏中的【合并单元格】按钮即可。

6) 拆分单元格

拆分单元格可以将一个或多个连续单元格分解成多个单元格。拆分单元格的操作是：选定要拆分的单元格，选择【表格】|【拆分单元格】命令，或单击【表格和边框】工具栏中的【拆分单元格】按钮，打开如图2.34所示的【拆分单元格】对话框。在对话框中输入拆分的列数、行数，单击【确定】按钮。

3. 表格的格式化

格式化表格的目的就是美化表格，其操作包括改变表格单一细实线的外观，使用不同线型、不同颜色、不同宽度的表格线，为表格添加底纹、底色等。

1) 自动套用表格格式

Word为了简化表格的格式化操作，预设了许多表格样式供用户选择使用，这就是【表格自动套用格式】，其使用方法如下。

将插入点移到表格中，选择【表格】|【表格自动套用格式】命令，打开如图2.35所示【表格自动套用格式】对话框，在类别和表格样式中，选择需要的表格样式，在预览区中查看设置效果，单击【修改】按钮，可以在该样式的基础上加以修改，在下部可以选择【特殊格式应用】的位置，最后单击【应用】按钮完成设置。

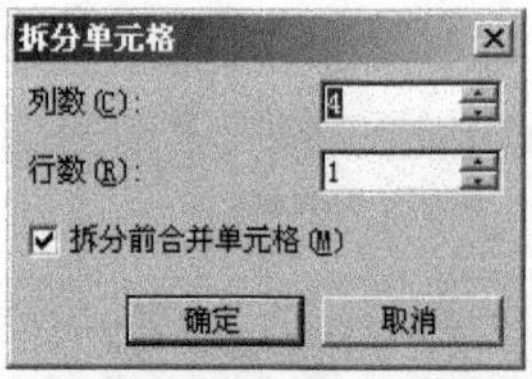

图2.34 【拆分单元格】对话框

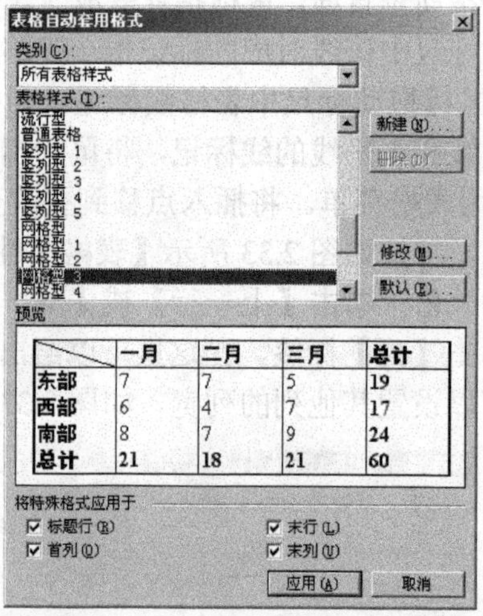

图2.35 【表格自动套用格式】对话框

2) 设置表格边框和底纹

在表格中选定要设置边框和底纹的部分，选择【格式】|【边框和底纹】命令，打开如图2.36所示【边框和底纹】对话框，在这里选择表格边框线的线型、颜色、线宽以及单元

格的底纹，设置完成后单击【确定】按钮。

3) 表格的属性

使用表格的属性可以设置表格和周围文字的关系。设置方法是：首先将插入点移到表格中，选择【表格】|【表格属性】命令，打开如图 2.37 所示的【表格属性】对话框。在【表格】选项卡中，利用【尺寸】栏可以设置表格的宽度；在【对齐方式】栏可选【左对齐】、【居中】和【右对齐】等对齐方式；在【文字环绕】栏可选【无】或【环绕】排版方式。

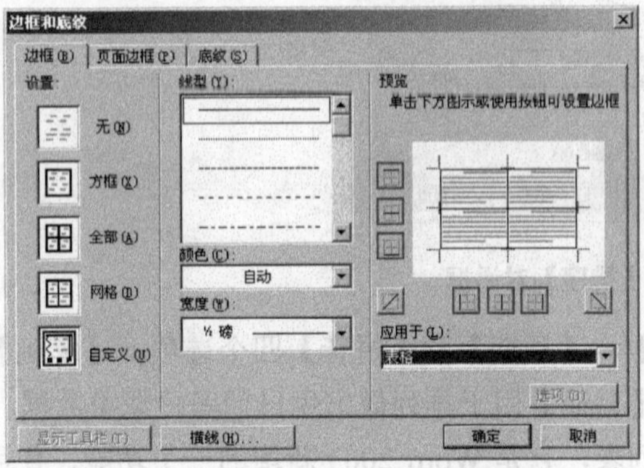

图 2.36　【边框和底纹】对话框

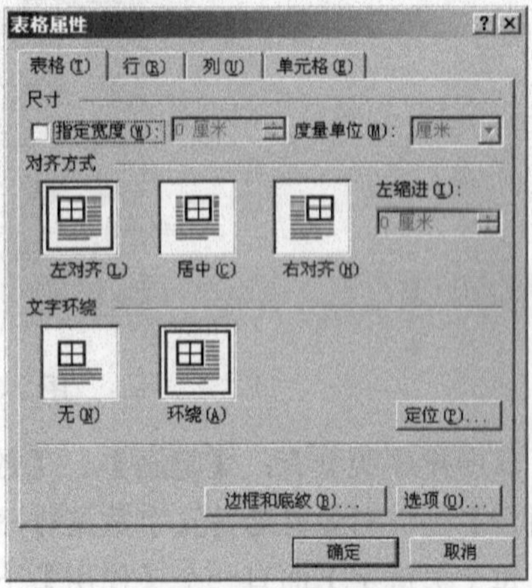

图 2.37　【表格属性】对话框

4. *表格数据处理*

在实际工作中，经常需要对表格的数据进行计算、排序等。下面以表 2-6 为例，介绍在 Word 中实现数据排序和计算的方法。

表 2-6　表格排序计算示例

姓名	数学	英语	C 语言	总分	平均分
张蕾	93	89	91		
郑小明	96	94	93		
林天南	88	97	85		
沈丽娟	93	90	92		

1) 数据排序

(1) 按某一列数据快速排序。如果要按数学成绩从高到低排序，首先将插入点移到数学列任意单元格，然后单击【表格和边框】工具栏上的【降序】按钮。

(2) 按多列数据排序。使用表格边框工具栏上的【升序】、【降序】按钮只能对一列数据排序。如果对数学成绩排序时，想进一步按照英语成绩区分排列数学成绩相同的同学，此时可以使用【排序】对话框。

首先将插入点移到表格中，选择【表格】|【排序】命令，打开如图 2.38 所示【排序】对话框。

先在【列表】栏中选中【有标题行】，表示表格的第 1 行是标题行，不参与排序，然后在【主要关键字】下拉列表中选【数学】，排序【类型】下拉列表选【数字】，选中【降序】；再在【次要关键字】下拉列表中选【英语】，排序【类型】下拉列表选【数字】，选中【降序】，最后单击【确定】按钮。

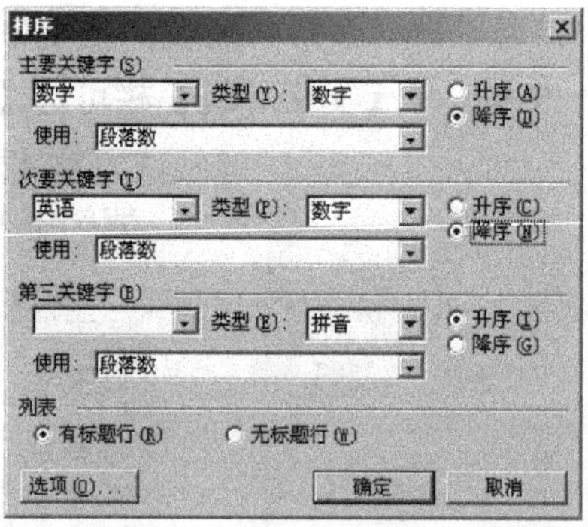

图 2.38　【排序】对话框

其中排序类型有：【笔画】、【数字】、【日期】和【拼音】四个选项；【笔画】和【拼音】是针对像姓名等汉字数据排序，【日期】用于排列像出生日期等日期类数据。

每个关键字下面有一个【使用】下拉列表，它是 Word 2003 新增的一个功能，使用它可以在一列数据中，按分隔符区分的不同部分排序。

2) 数据计算

在表 2-6 中，给出了各科的成绩，其中总分和平均分可以使用 Word 表格的计算功能自动填写，也就是在需要计算结果的单元格中插入计算公式。

Word 表格中的公式是以“=”号开头的一个计算表达式。其中，表达式是通过单元格的地址名称来引用其中的数据的。单元格的名称由其所在列名和所在行号组合而成。列名从左到右依次为 A、B、C…；行号从上到下依次为 1、2、3…。如果要表示由多个单元格组成的一个连续矩形区域，可以使用该区域的“左上角单元格名称：右下角单元格名称”来表示；如表示几个不连续的单元格可以逐一列出这些单元格的名称，名称之间用逗号分隔。

Word 以函数形式提供了 10 多种常用的计算公式，下面以表 2-7 为例计算张蕾同学的总分和平均分。

将插入点移到张蕾同学的总分单元格，选择【表格】|【公式】命令，打开如图 2.39 所示【公式】对话框，此时，公式文本框中自动填上=SUM(LEFT)，这是 Word 的智能功能在起作用，其中 SUM 表示求和，LEFT 表示求和的区域是左侧数字区。根据本例的实际意义，此处公式还可以写成=SUM(B2：D2)或=SUM(B2，C2，D2)。编辑好公式后，单击【确定】按钮，计算结果就自动出现

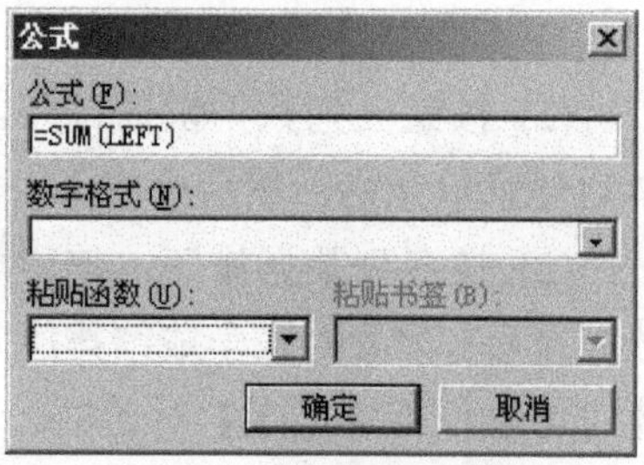

图 2.39　【公式】对话框

在总分单元格中。

将插入点移到张蕾同学的平均分单元格，选择【表格】|【公式】命令，打开如图 2.39 所示【公式】对话框，此时，公式文本框中依然是=SUM(LEFT)，因为现在要计算的是平均值，所以需删除 SUM(LEFT)，然后输入 AVERAGE(B2：D2)或 AVERAGE(B2，C2，D2)，然后单击【确定】按钮。

2.3.2　表格制作案例一：表格型求职简历

1. 案例分析

前面学习了文本型求职简历的制作方法，由于简历中短的条目比较多，使用文本排版的方法排列，其整齐不如用表格的方法好。下面以图 2.40 为例，学习制作表格型的求职简历。

毕业生个人简历			
姓名	吕小凡	性别	女
出生年月	1988 年 3 月 3 日	政治面貌	预备党员
毕业院校	北京 xx 职业技术学院	专业	工业企业管理
联系电话	13801234567	电子邮件	lvxiaofan@sina.com
通信地址	北京市东城区 xx 小区 x 号楼	邮政邮编	123456
英语水平	能熟练的进行听、说、读、写。并通过国家英语四级考试。尤其擅长撰写和回复英文商业信函，熟练运用网络查阅相关英文资料并能及时予以翻译。		
计算机水平	国家计算机等级考试二级，熟悉网络和电子商务。精通办公自动化，熟练操作 Office 办公套装软件。能独立操作并及时高效的完成日常办公文档的编辑工作。		
实习经历	2007 年 5 月某某化工网站电子商务实习。实习期间主要职责是：1、协助网站编辑在互联网查阅国内以及国外的化工信息。2、搜集、整理相关的中英文资料。3、整理和翻译英文资料。		
教育背景	2004 年 9 月——2007 年 7 月 北京 xx 职业技术学院 2001 年 9 月——2004 年 7 月 北京市第 x 中学		
主修课程	高等数学、运筹学、预测与决测、市场营销、西方经济学、国际贸易、推销与谈判、计算机销售管理、电子商务		
获奖情况	二次获得校二等奖学金，连续获得优秀学生干部		
自我评价	为人诚实、做事认真，遵守纪律，努力好学，善于合作。		

图 2.40　表格型的个人简历示例

2. 操作重点与难点

简历表是一个不规则的表格，制作这样的一个表格框架是本例的关键。我们可先制作一个形状基本相同的规则表，然后在此基础上进行修改。

(1) 建立表格。单击【常用】工具栏上的【插入表格】按钮或选择【表格】|【插入】|【表格】命令建立一个 13 行、4 列的表格。

(2) 合并单元格。选中表格的第 1 行，右击，在弹出的快捷菜单中选择【合并单元格】命令，如图 2.41 所示。

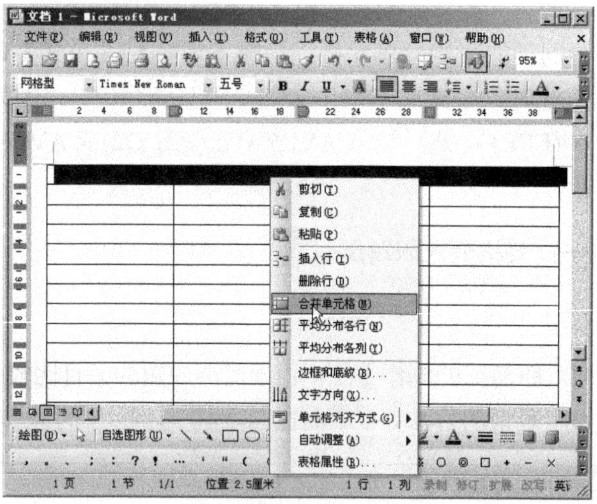

图 2.41　合并单元格

(3) 输入表格文字。将插入点移到要填写文字的单元格，输入相应的文字。录入后效果如图 2.42 所示。

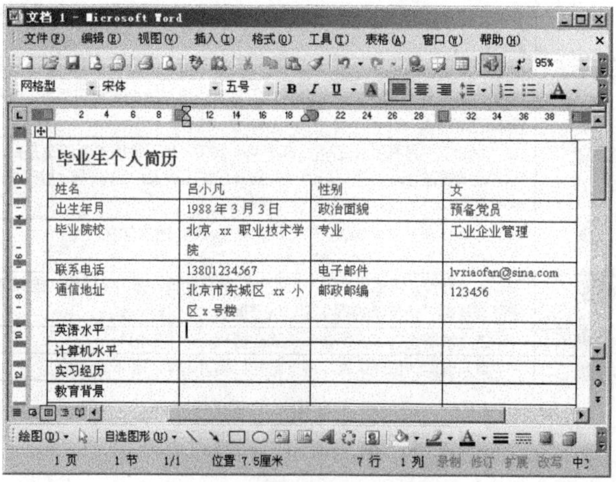

图 2.42　输入表格文字

(4) 合并单元格并输入文字。选中“英语水平”右侧的 3 个单元格，利用【合并单元格】命令将其合并，然后输入文字。采用同样的方法录入“计算机水平”、“实习经历”等单元格的内容。

(5) 设置文字格式。选中要设置格式的单元格，设置字体、字号、底纹、对齐方式等格式，其设置方法与给正文文字的设置方法是一样的。

(6) 调整单元格的大小。使用制表命令自动绘制的表格各单元格的大小是均等的，这样不符合实际需要。可以将鼠标指向表格竖线，当鼠标指针变成双向箭头时拖动，此时出现一条虚线，将虚线拖到适当的位置松开鼠标即可，如图 2.43 所示。

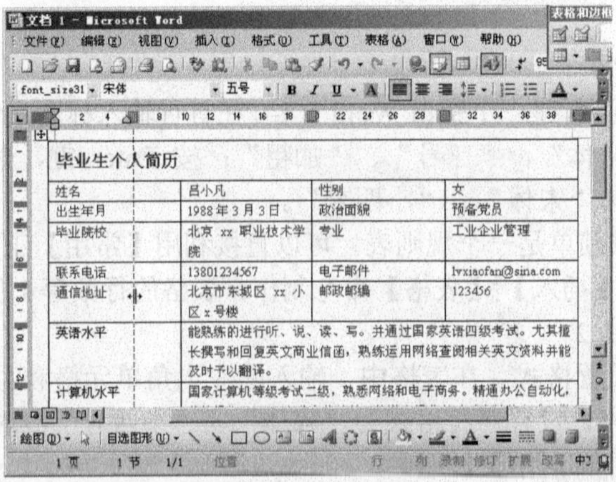

图 2.43　改变列宽

3. 操作技巧

制作完表格后，如果发现行数或列数与实际需求不一致，可以使用【插入行】、【插入列】或【删除行】、【删除列】命令来修改。对特殊的部位，可以使用【合并单元格】命令或【拆分单元格】命令来实现。此外，使用【表格和边框】工具栏中的【铅笔】和【橡皮】工具来添加或擦除表格线，也是一个很好的方法。

2.3.3　表格制作案例二：学生成绩登记表

1. 案例分析

学生成绩登记表是常见的教学文档资料，其中包括本学期各科成绩、总分等内容，如图 2.44 所示。本案例介绍如何快速制作出精美的成绩登记表。

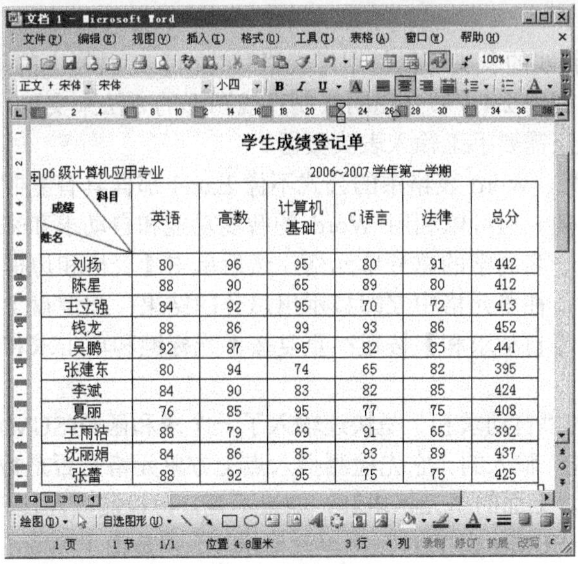

科目 成绩 姓名	英语	高数	计算机基础	C 语言	法律	总分
刘扬	80	96	95	80	91	442
陈星	88	90	65	89	80	412
王立强	84	92	95	70	72	413
钱龙	88	86	99	93	86	452
吴鹏	92	87	95	82	85	441
张建东	80	94	74	65	82	395
李斌	84	90	83	82	85	424
夏丽	76	85	95	77	75	408
王雨洁	88	79	69	91	65	392
沈丽娟	84	86	85	93	89	437
张蕾	88	92	95	75	75	425

图 2.44　成绩登记表示例

2. 操作重点与难点

(1) 制作表格标题。新建一个空白 Word 文档，在首行输入标题文字“学生成绩登记表”，将文字格式设置为“宋体”、“三号”、“加粗”；按 Enter 键，然后输入班级名称和学年数，再将文字设置为“宋体”、“小四号”。

(2) 制作表格。成绩单是一个规则表，可以直接利用【常用】工具栏上的【插入表格】按钮或选择【表格】|【插入】|【表格】命令制作。表格的行数等于班级人数加 1，表格的列数等于考试科目数加 2。

(3) 录入数据并设置格式。在表格中，输入除左上角单元格和总分数值以外的其他数据。然后选定整个表格，设置字符格式为“宋体”、“小四号”；对齐方式选用【表格和边框】工具栏上的【中部居中】按钮。

(4) 绘制斜线表头。选择【表格】|【绘制斜线表头】命令，打开如图 2.45 所示【插入斜线表头】对话框。在【表头样式】下拉列表中，选择表头样式，在预览区查看该样式的效果，在右侧文本框中输入表头必要的文字，设置文字的字号，然后单击【确定】按钮。

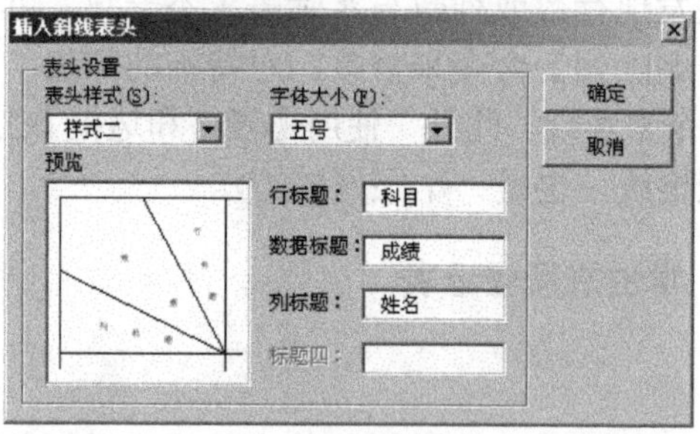

图 2.45 【插入斜线表头】对话框

3. 操作技巧

(1) 如果是单一斜线的表头可以使用【表格和边框】工具栏上的【绘制表格】来绘制；而多斜线表头还可以利用 2.4.1 节介绍的绘制直线图形的方法来实现。不过手工绘制斜线表头的缺点是画完后，还需要手工输入表头数据。

(2) 快速求和计算。Word 表格中的公式不像 Excel 那样具有复制功能，只能一个一个地填写公式，十分不便。但可以利用 Word 的智能功能和自动求和来快速填写总分。方法是将插入点移到最后一名同学的总分单元格，然后单击【表格和边框】工具栏中的【自动求和】按钮Σ，此时，在单元格中立即显示出总分的结果；按键盘上的↑光标键，将插入点上移一行，再单击【自动求和】按钮；重复按↑光标键和单击求和按钮，直到填写完第一名同学为止。

原理：Word 中的“自动求和”是快速输入了一个求和函数(SUM)公式，求和的区域是 Word 自动检测“智能”输入的。它先检测插入点上方单元格是否是数字，如果是，则输入公式=SUM(ABOVE)对上面的单元格求和；如果不是，再检测其左侧的单元格是否是数字，如果是，则输入公式=SUM(LEFT)对左侧单元格求和。正是由于 Word 的自动求和区域的检测是先上方后左侧，所以这里采用自下而上的填写方法，始终保持插入点上方的单元格无数字，让其自动将求和区域定义为需要的 LEFT 左侧。

2.4　图 文 混 排

在有些文档中，图片也是非常重要不可缺少的。在文档中适当地添加图形，可以使文档更加清晰、美观，主题更加突出。Word 提供了强大的图片处理功能，除了自带的剪辑图库，它还支持很多类型的图形，也可以在文档中绘制图形，从而制作出图文并茂的文档。

2.4.1　图文混排基础知识与操作技巧

要进行图文混排，首先是要在文档中插入图形，然后才能对图形进行编辑、排版等操作。

1. 插入剪贴画

为了方便用户，Word 中提供了一个【剪辑管理器】，其中存储了大量的图片。当用户需要在文档中插入【剪辑管理器】中的图片时，可以利用【剪辑管理器】的搜索功能，查到需要的图片，就可以轻松地插入到文档中。具体操作步骤如下。

(1) 将插入点移到要插入剪贴画的位置。

(2) 选择【插入】|【图片】|【剪贴画】命令，打开如图 2.46 所示的【剪贴画】任务窗格。

(3) 如果比较熟悉【剪辑管理器】的分类，可以直接在【搜索文字】文本框中输入图片的分类，然后单击【搜索】按钮，找到后将鼠标指向要插入的图片，此时图片右侧出现一个下拉按钮，再单击图片即插入到文档中。

(4) 如果不熟悉【剪辑管理器】的分类，单击【剪贴画】窗格下部的【管理剪辑】按钮，打开如图 2.47 所示的【剪辑管理器】窗口，在此窗口的左侧，选择图片分类，在右侧查看图片，将需要的图片拖动到文档中即可。

图 2.46　【剪贴画】任务窗格

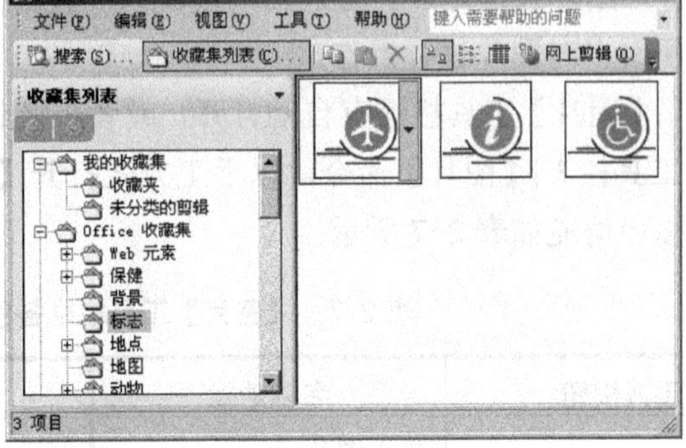

图 2.47　【剪辑管理器】窗口

2. 插入图形文件

Word 除了以剪贴画形式插入图片外，还可以直接将硬盘中的图形文件插入到文档中。支持扩展名为.jpg、.gif、.bmp、.emf 等图形文件。具体插入方法是：

(1) 将插入点移到需要插入图片的位置。

(2) 选择【插入】|【图片】|【来自文件】命令，打开如图 2.48 所示的【插入图片】对话框。

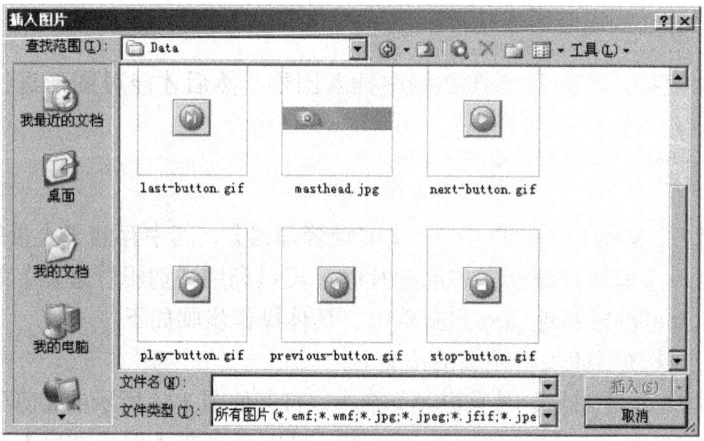

图 2.48 【插入图片】对话框

(3) 在对话框中找到需要的图形文件，然后单击【插入】按钮即可。

3. 编辑图形

在文档中插入图片后，其大小、版式等不一定令人满意，因此，需要对图片进行编辑。编辑图片就是对图片进行移动、缩放、裁剪等。

1) 选中图片与【图片】工具栏

与对文本的操作类似，对图片进行编辑也要先选定图片。选定图片的方法是，用鼠标单击图片，图片被选定后，会在四周出现八个控点，同时，Word 会自动打开【图片】工具栏，以便用户对图片进行操作。

如果【图片】工具栏没有自动打开，或者想要长期显示【图片】工具栏，可以选择【视图】|【工具栏】|【图片】命令，以手工方式打开【图片】工具栏。【图片】工具栏中各按钮的名称和功能如表 2-7 所示。

表 2-7 【图片】工具栏中各按钮的名称和功能

工具按钮	名称功能	工具按钮	名称功能
	插入图片		改变图片颜色
	增加对比度		降低对比度

续表

工具按钮	名称功能	工具按钮	名称功能
	增加亮度		降低亮度
	裁剪图片		向左旋转 90°
	图片边框线型		压缩图片
	文字环绕		设置图片格式
	设置透明色		重设图片

2) 缩放图片

改变文档中图片的大小有两种方法。

(1) 将鼠标指针指向图片的控点，当指针变成双向箭头时拖动，向内侧拖动图片变小，向外侧拖动图片变大。这种方法直观，缺点是不精确，而且当横向和纵向缩放比例不同时会造成图片变形。

(2) 单击【图片】工具栏上的【设置图片格式】按钮，打开【设置图片格式】对话框，单击【大小】选项卡，如图 2.49(a)所示，在该对话框的【尺寸和旋转】栏中的【高度】和【宽度】文本框中，输入图片的大小数值，或者在【缩放】栏的【高度】和【宽度】文本框中输入图片的缩放比例，最后单击【确定】按钮。

3) 裁剪图片

若仅需要插入图形中的一部分，可对插入的图形进行裁剪。单击【图片】工具栏上的【裁剪】按钮，当鼠标指针变成时，将其指向图片的控点，向内拖动，鼠标“走过”的区域即被裁剪掉。虽然非常直观，但不能实现精确裁剪。要想精确裁剪图片需要使用【设置图片格式】对话框，切换到【图片】选项卡，如图 2.49(b)所示，在【裁剪】栏中，分别输入左、右、上、下微调框中输入的裁剪尺寸，最后单击【确定】按钮。

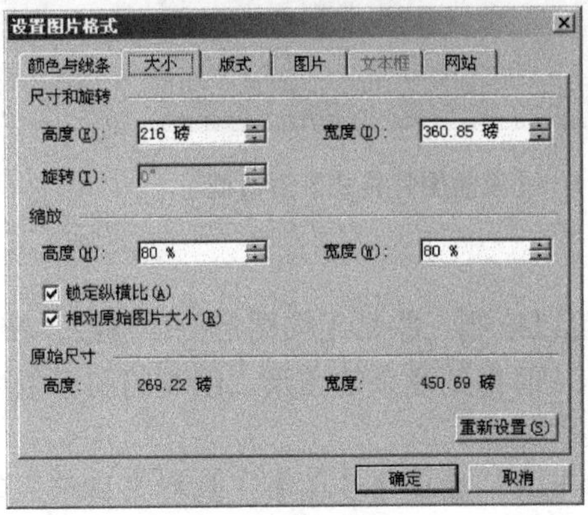

(a) 改变图片大小

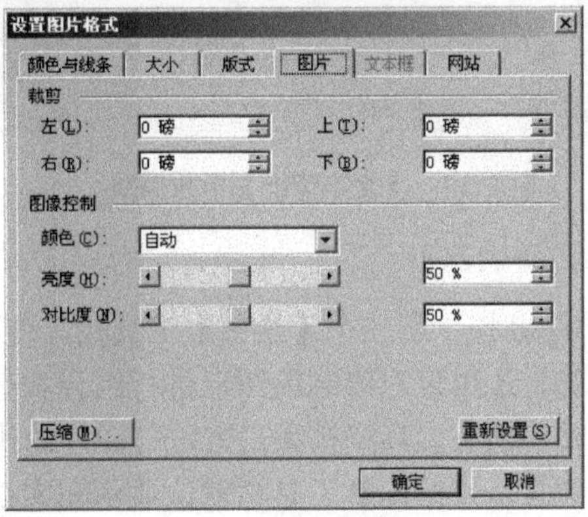

(b) 裁剪图片

图 2.49　【设置图片格式】对话框

4) 移动图片

要改变文档中图片的位置，可在选定图片后，用鼠标将其拖动到适当的位置，松开鼠标即可。

5) 复制图片

当文档中需要相同内容的图片时，可以利用复制来实现。选定图片后，按住 Ctrl 键将其拖动到目标位置即可；也可以利用剪贴板来完成复制操作，选定图片后，单击【常用】工具栏上的【复制】按钮，将插入点移动到目标位置后，再单击【常用】工具栏上的【粘贴】按钮。

6) 删除图片

选定图片，按 Del 键，即可删除该图片。

7) 文字环绕

要实现图文混排，让文字围绕图片排列，需要使用【文字环绕】功能。

用工具栏来实现。方法是，选定图片后，单击【图片】工具栏上的【文字环绕】按钮，打开如图 2.50 所示的菜单，在菜单中选取适当的环绕方式。

用对话框来实现。方法是，选定图片后，单击【图片】工具栏上的【设置图片格式】按钮，打开【设置图片格式】对话框，切换到【版式】选项卡，如图 2.51 所示，这里有各种环绕方式的图示。单击【高级】按钮可以设置更多、更详细的环绕选项，选择其中一种，然后单击【确定】按钮。

图 2.50 【文字环绕】下拉菜单

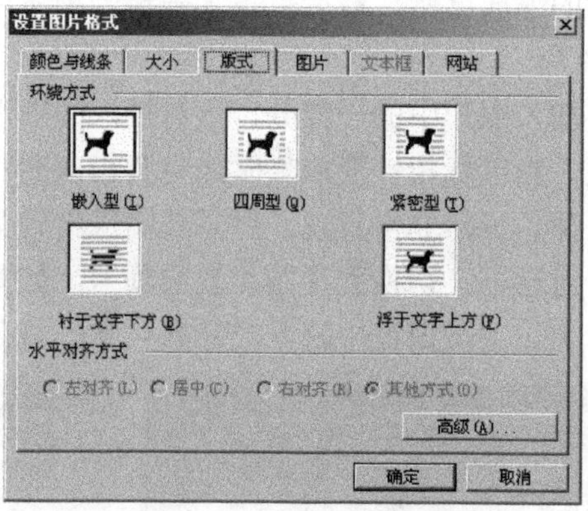

图 2.51 【设置图片格式】对话框

4. 绘制图形

Word 提供了一个【绘图】工具栏，使用它可以绘制一些常用的图形，如直线、箭头、矩形等。还可以对绘制的图形进行组合和叠加，从而得到复杂的图形。绘制的图形也可以被移动、缩放、环绕排版，方法与图片的排版操作类似。

通常，【绘图】工具栏默认显示在文档窗口下方，如果【绘图】工具栏未显示，可以单击【常用】工具栏上的【绘图】按钮，即可打开【绘图】工具栏，如图 2.52 所示。

图 2.52 【绘图】工具栏

1) 绘制图形

单击【绘图】工具栏上的【自选图形】按钮，在弹出的列表中选择要绘制的图形类别，如图 2.53 所示，再在该类图形的列表中选择所要绘制的图形，此时鼠标指针变成“+”号，在文档中拖动就可绘制出所选图形。

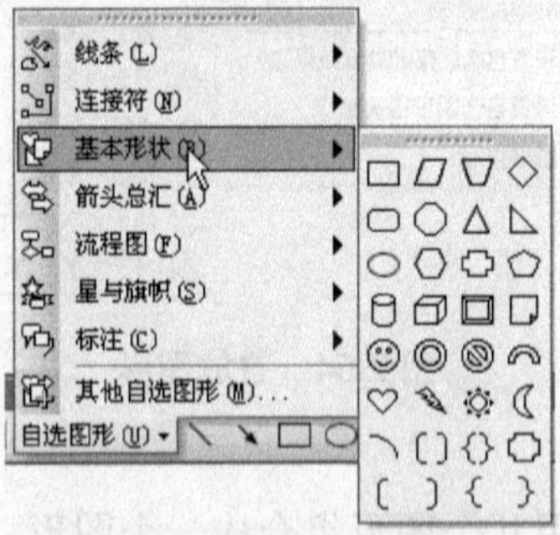

图 2.53　选择要绘制的图形类别

2) 在图形中添加文字

如果绘制的图形是封闭的，则可以在图形中添加文字。方法是，右击要添加文字的图形，在弹出的快捷菜单中，选择【添加文字】命令，此时插入点会自动移到图形中，然后输入文字即可。对图形中的文字也可以设置字体、字号等文字格式，方法与设置正文的文字格式相同。

3) 设置自选图形的格式

通常，绘制的图形线条是黑色的，中间则用白色填充。为了美化图形，可以对图形进行填充、线条、阴影和三维效果的设置。设置方法是，选定图形后，再单击【绘图】工具栏上相应的按钮，在其列表中选择需要的图形效果。【绘图】工具栏上的工具按钮名称及功能如表 2-8 所示。

表 2-8　【绘图】工具栏上的工具按钮名称及功能

工具按钮	名称功能	工具按钮	名称功能
	填充颜色		线条颜色
	字体颜色		线型
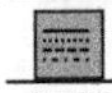	虚线线型		箭头样式
	阴影样式		三维效果样式

4) 叠放图形

在 Word 中，若干个图形可以叠放在一起，叠放在上面的图形会遮挡住下面的图形。图形叠放次序一般是先绘制的在下面，后绘制的在上面。如果要改变某个图形的叠放次序，可以先选定它并右击，从弹出的快捷菜单中选择【叠放次序】命令，然后再根据需要在其下级菜单中选择【置于顶层】、【置于底层】、【上移一层】、【下移一层】命令，如图 2.54 所示。

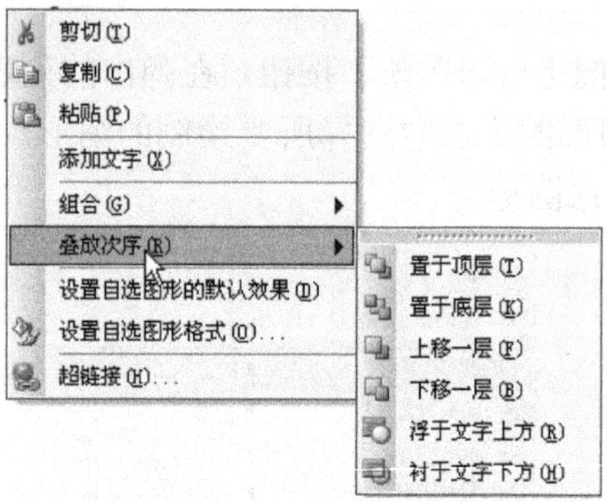

图 2.54 叠放图形

5) 图形的组合

在绘制图形时，可能需要用几个图形组合成一个图形，为了保持图形各组成部分的相对位置关系不变，可以使用 Word 的组合图形功能，将其组合成一个整体，从而把它当作一个图形对象来处理。

组合图形的方法是：按住 Shift 键，然后依次单击需要组合的多个图形，再单击【绘图】工具栏最左边的【绘图】按钮，在菜单中选择【组合】命令即可。如果要取消组合，只要选定图形，再从【绘图】菜单中选择【取消组合】命令。

5. 制作艺术字

在 Word 文档中，可以以图形对象形式插入艺术字，用其来制作封面文字或标题文字。

1) 插入艺术字

插入艺术字的方法是，将插入点移到要插入艺术字的位置，单击【绘图】工具栏上的【插入艺术字】按钮，或选择【插入】|【图片】|【艺术字】命令，打开如图 2.55 所示的【艺术字库】对话框，选择其中一种艺术字样式，然后单击【确定】按钮。

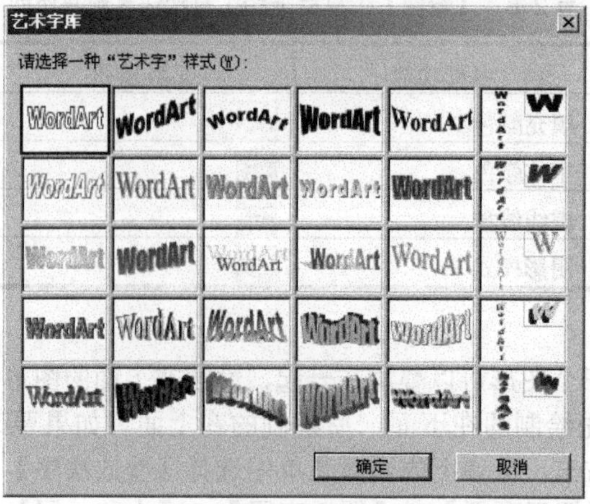

图 2.55 【艺术字库】对话框

2) 编辑艺术字

(1) 打开如图 2.56 所示【编辑“艺术字”文字】对话框，在该对话框中输入文字，然后为输入的文字设置字体、字号、字形等，单击【确定】按钮。

(2) 在艺术字上单击即可选定艺术字，同时自动打开【艺术字】工具栏，如图 2.57 所示。

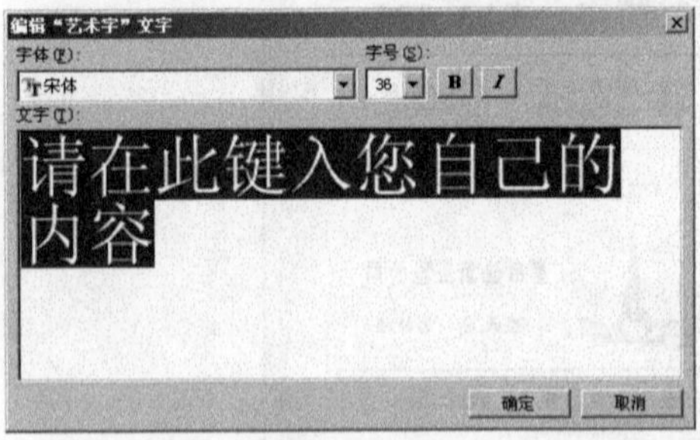

图 2.56　【编辑“艺术字”】对话框

图 2.57　【艺术字】工具栏

工具栏上的按钮从左向右依次是【插入艺术字】、【编辑文字】、【艺术字库】、【设置艺术字格式】、【艺术字形状】、【文字环绕】、【艺术字字母高度相同】、【艺术字竖排文字】、【艺术字对齐方式】、【艺术字字符间距】。

根据需要，可在工具栏中选择相应的按钮对艺术字进行编辑处理。

6. 插入文本框

文本框是一种可以包含文字、表格、图形的特殊图形对象。由于文本框具有图形的特性，所以它可以像图形一样进行填充、修改边线、实现环绕排版等。当文档中某个局部文字需要特殊格式版面时，如竖排文档标题，就可以使用文本框来实现。

1) 插入文本框

单击【绘图】工具栏上的【文本框】按钮或【竖排文本框】按钮，或者选择【插入】|【文本框】命令，在下级菜单中选择【横排】或【竖排】命令，此时鼠标指针变成“+”号，在文档区适当的位置拖动画出一个大小合适的矩形，松开鼠标便可看到插入点已在文本框中闪烁，这样就可以在文本框中输入文字了。

2) 设置文本框格式

文本框是一个图形对象，所以对其的操作与对图形的操作类似。可以通过拖动控点来改变其大小、拖动边线移动位置；可以利用【绘图】工具栏上的【填充颜色】、【线条颜色】、【线型】等工具按钮来改变文本框的颜色、线条样式；也可以设置阴影或三维效果。

2.4.2　图文混排案例一：名片的设计

1. 案例分析

名片是用于社交活动中给他人留下联系方式的一种卡片，卡片上面一般列出了自己的工作单位、姓名和联系方式等。下面以图 2.58 为例，介绍制作名片的方法。

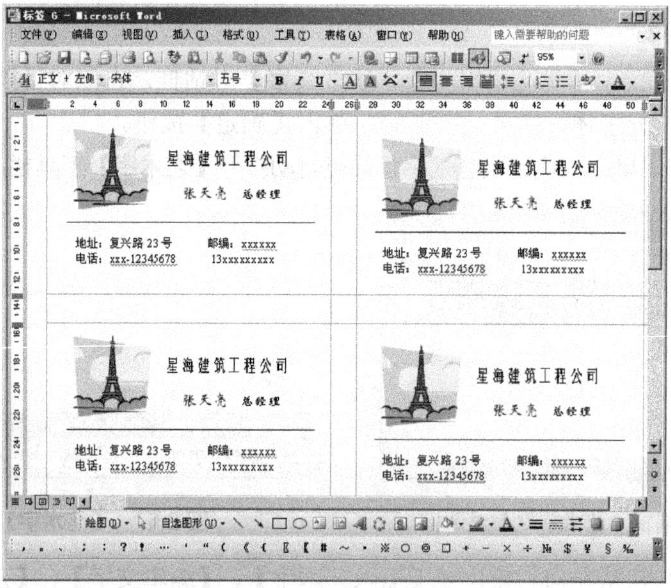

图 2.58 名片示例

2. 操作重点与难点

1) 设计名片的纸张和版式

一般情况下，名片的大小是 5.5cm×9cm，一张名片纸可以容纳 4×2 或 5×2 个名片。要制作名片，最好先制作出具有和名片一样大小的单元格。这里我们使用了【标签】功能。

选择【工具】|【信函与邮件】|【信封和标签】命令，打开【信封和标签】对话框，如图 2.59(a)所示，选择【标签】选项卡，单击【选项】按钮，打开如图 2.59(b)所示的【标签选项】对话框，在【产品编号】列表中选择“C91149-名片”，单击【确定】按钮，回到【信封和标签】对话框，再单击【新建文档】按钮，就建立了一个具有名片布局表的文档，如图 2.60 所示。

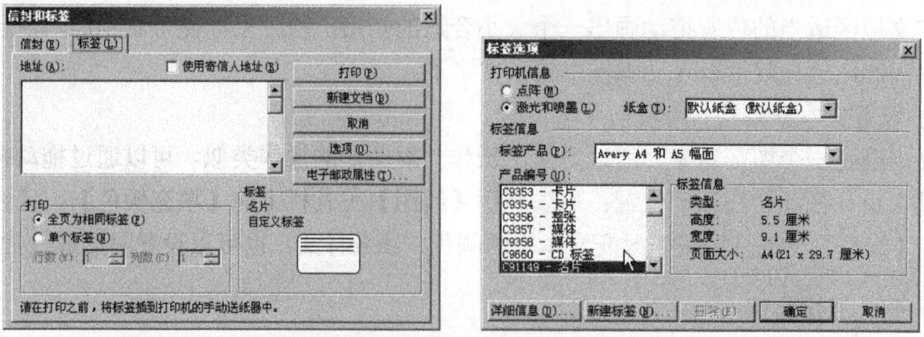

(a)【信封和标签】对话框　　　(b)【标签选项】对话框

图 2.59 设计名片的纸张和版式

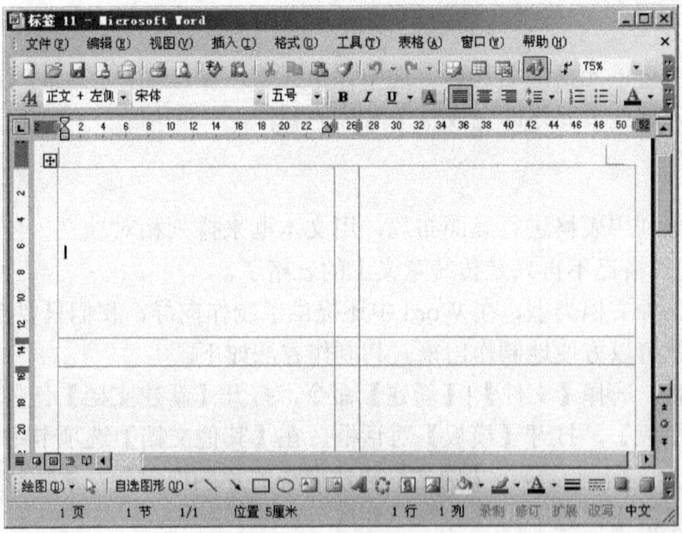

图 2.60　标签制作效果

2) 插入图片

在名片上可以插入本单位的徽标图案，为了讲解方便，这里插入了 Word 的一个剪贴画。先在左上角单元格中插入一个文本框，然后选择【插入】|【图片】|【剪贴画】命令，在文本框中插入选择的图片，调整好大小、位置，效果如图 2.61(a)所示。然后在图片下方用绘制【自选图形】的方法绘制一条水平直线。

3) 输入文字

在单元格的右上部插入一个横排文本框，输入单位名称和姓名，设置文字格式，对齐方式为居中。将其拖动到适当的位置，效果如图 2.61(b)所示。

在单元格的下部插入一个横排文本框，输入联系地址和联系电话等，设置文字格式。将其拖动到适当的位置，效果如图 2.61(c)所示。

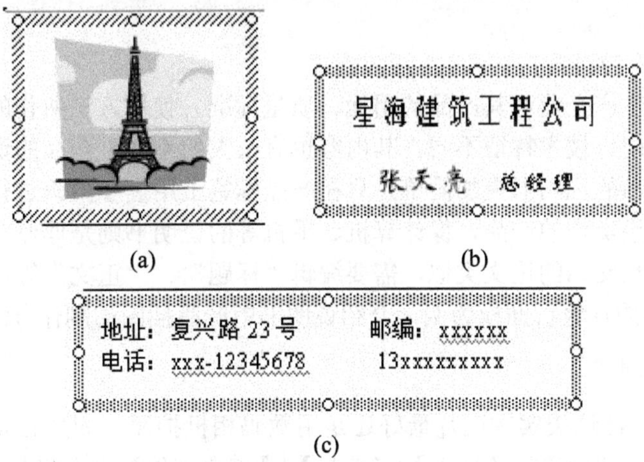

图 2.61　名片各部分制作效果

4) 复制生成名片

在制作好左上角单元格的名片后，选中该单元格，单击工具栏上的【复制】按钮；然后将其【粘贴】到其他单元格即完成整个名片的制作。

3. 操作技巧

本案例实际是利用表格进行版面布局，用文本框来排列相对独立、分散的内容。由此看来，Word 中的表格已不再只是传统意义上的表格了。

对于像名片这种文档类型，在 Word 中还提供了制作向导，我们只要在向导的指引下，输入必要的信息就可以方便地制作出来。其制作方法如下。

启动 Word 后，选择【文件】|【新建】命令，打开【新建文档】任务窗格，在窗格中选择【本机上的模板】，打开【模板】对话框，在【其他文档】选项卡中，选中【名片制作向导】，如图 2.62 所示，单击【确定】按钮启动名片制作向导，然后按照向导的提示进行操作即可。这里就不详述了。

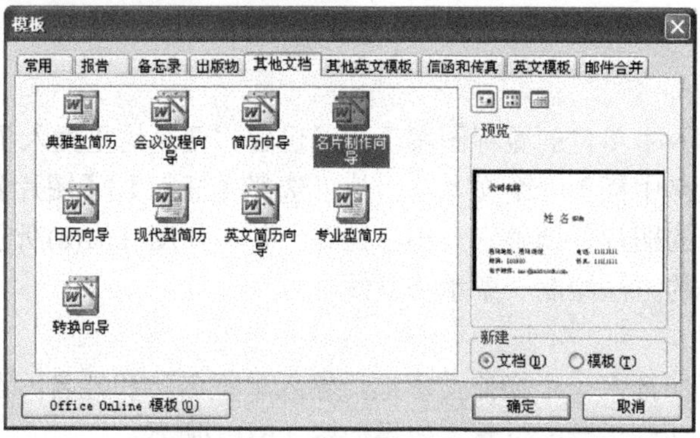

图 2.62 【模板】对话框

2.4.3 图文混排案例二：产品说明书

1. 案例分析

产品说明书是生产企业对其产品的用途、质量标准、使用方法所作的详细说明。根据产品的使用对象不同、技术特征不同，其内容也有很大的不同。药品的说明书通常是简单的一张纸；一些食品的说明书更加简单，只在产品标签上用寥寥数语进行说明。而对于一些需要用户自己动手操作的产品，像计算机、手机等的说明书则是厚厚的一个小册子，这类说明书的制作与长文档的论文类似，需要编辑“标题”、“正文”等，还需制作目录。这里以图 2.63 所示的计算机面板为例，介绍说明书中产品插图的制作方法。

2. 操作重点与难点

(1) 图的来源。像这类实物图片最好还是用数码相机拍照，如果必要也可用专用图片处理软件进行加工，然后选择【插入】|【图片】|【来自文件】命令将其插入到 Word 文档中，拖动其控点，将图片调整为适当的大小。

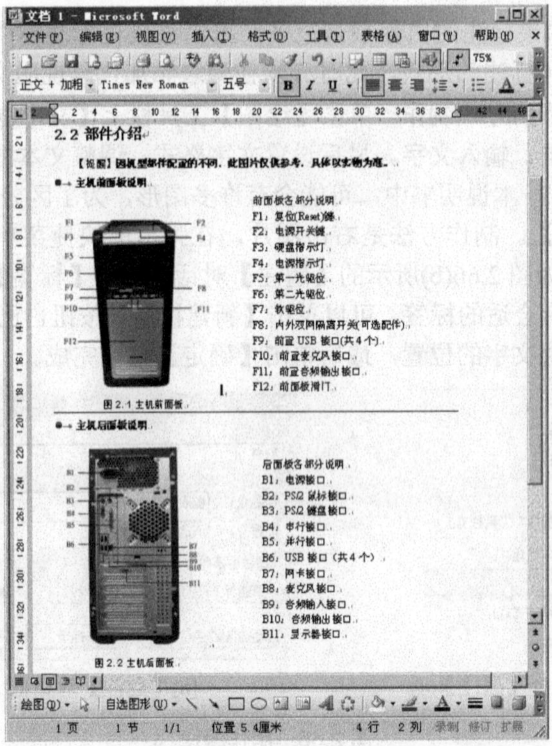

图 2.63　产品说明书示例

(2) 各部件的标注。计算机中各种按钮、指示灯、接口等很多，在实物图片中要逐一标注出来，以便用户识别和使用。标注方法可以使用 Word 自选图形中的标注图形，具体操作如下：

单击【绘图】工具栏上的【自选图形】按钮，在自选图形列表中选择【标注图形】，在其下级列表中选无边框线形标注，如图 2.64 所示。此时鼠标指针变成“+”号，将其对准要标注的部位向外侧拖动画出一条直线，松开鼠标后在直线的旁边出现一个文本框，最后在文本框中输入要标注的文字，如图 2.65 所示。

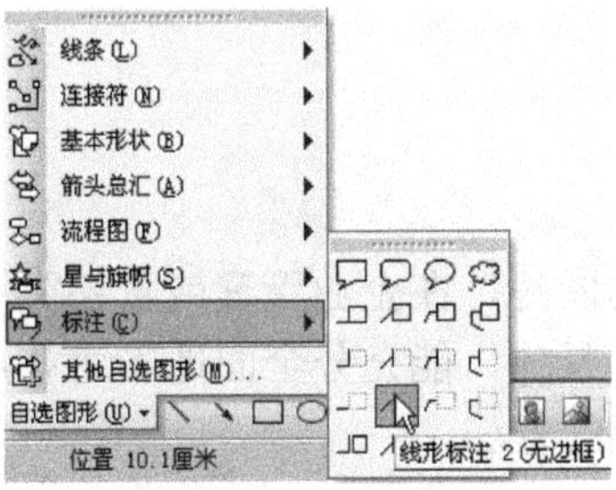

图 2.64　选择【标注】图形

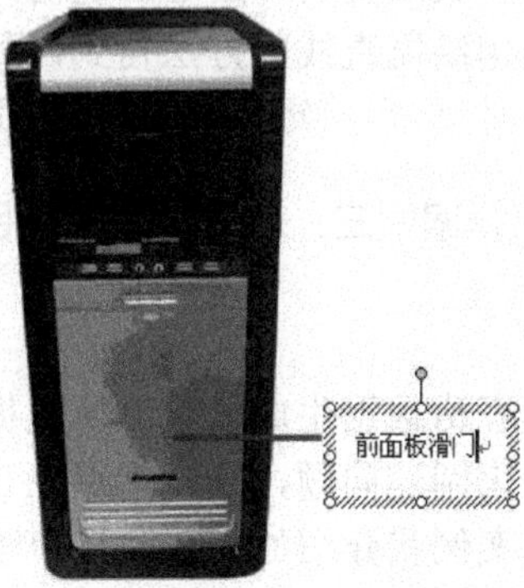

图 2.65　制作标注过程

(3) 说明文字。如果标注的内容不是很多，可以直接在标注框中输入文字，本例的标注内容较多，采用代码标注的形式，此时必须在旁边添加代码说明文字。为了方便调整其位置，这里采用文本框的方式制作。单击【绘图】工具栏上【文本框】按钮，在版面上适当的位置画出文本框，输入文字。最后设置文字格式，调整文本框的大小、位置。

(4) 给图加题注。一本说明书中，可能会有许多图形，为了区分和在文本中指示它们，需要给图添加【题注】。制作方法是右击图片，在弹出的快捷菜单中选择【题注】，如图 2.66(a)所示，打开如图 2.66(b)所示的【题注】对话框，在【标签】下拉列表中，选择图的标签文字，如果没有合适的标签，可以单击【新建标签】按钮自己建立标签，在【位置】下拉列表中，选择题注文字的位置，最后单击【确定】按钮完成。

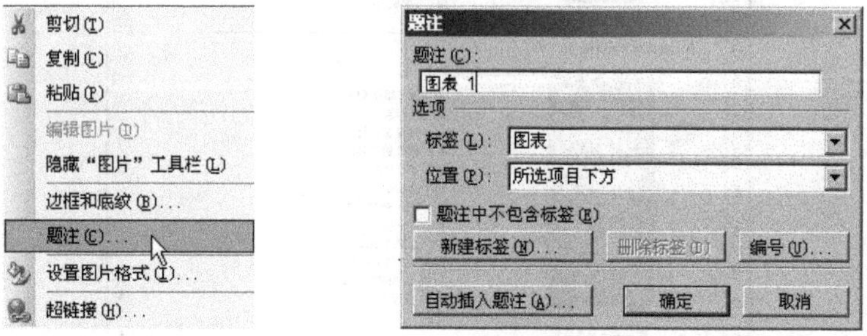

(a) 选择【题注】　　(b)【题注】对话框

图 2.66　制作题注

3. 操作技巧

当标注项目较多时，如果要改变标注文字的字体、字号等格式，逐一修改，是很麻烦的，此时，可以按住 Shift 键逐一单击标注，即可同时选定这些标注，然后再进行设置，可以一次性完成，而且保证所有标注的文字格式统一。为了方便以后操作，也可在选定后将其组合起来。右击同时选定的所有标注，在弹出的快捷菜单中，选择【组合】|【组合】命令。

标注是指示图片中某一特定位置的，然而在排版时，有时需要改变一下图片的位置，操作稍有不慎就会造成图片与标注的错位，此时最好的方法是将图片与标注也组合在一起。

本例中同一页面有两个图形的说明，为了更加清晰地区分它们，采用了分隔线的方法。分隔线可以使用绘制直线的方法得到，如果要制作贯穿整个页面的直线，更简便的方法是连续按 3 次减号“-”，然后按 Enter 键即可。

2.4.4　图文混排案例三：毕业论文中的图表

1. 案例分析

图表是由表格数据生成的，反映数据内容的图片，在企业管理或营销类毕业论文中，如果使用图表来阐述问题，既生动形象，又准确具体，能充分全面地表达观点，可以胜过万语千言。本案例就介绍如何在文档中添加图表的方法。

2. 操作重点与难点

(1) 插入图表。将插入点移到要插入图表的位置，选择【插入】|【图片】|【图表】命

令，在文档中自动插入一个如图 2.67 所示的范例图表和数据表。这时只要将数据表中的数据修改成需要的数据，就可以得到对应的图表。修改完成后单击图表外文档区，数据表自动消失，在文档中只留下图表。

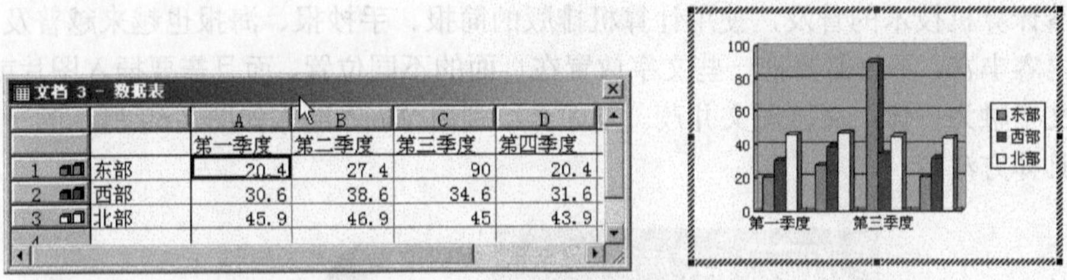

图 2.67　范例图表和数据表

(2) 修改图表格式。如图 2.68 所示，为了便于区分，我们将图表中不同的区域设置为不同颜色。整个图表从外向里依次是图表区域、图例和绘图区，绘图区中有数值轴和背景墙，背景墙上是数据系列。在编辑状态下，在每个不同的区域右击鼠标都会打开一个快捷菜单，在其中选择相应的命令可以设置其格式。

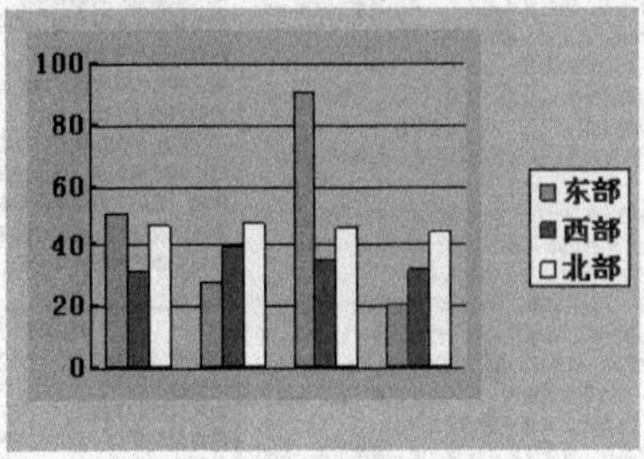

图 2.68　图表区域

此外，图表具有图片的属性，所以可以像图片一样，改变其大小、位置、环绕方式等。

3. 操作技巧

只要双击图表即可打开数据表，进入图表的编辑状态；同时为了方便操作，在【常用】工具栏上自动增加了一些针对图表操作的工具按钮。增加的按钮其功能名称如表 2-9 所示。利用这些工具按钮可以制作不同样式的图表。

表 2-9　图表工具按钮及功能

工具按钮	名称功能	工具按钮	名称功能
图表区域	选定图表对象		设置图表对象的格式
	打开关闭数据表		按行产生数据系列
	按列产生数据系列		图表数据表开关
	改变图表的类型		分类轴网格线
	数值轴网格线		图例显示开关

2.4.5 图文混排案例四：校刊编排

1. 案例分析

随着计算机技术的普及，使用计算机排版的简报、手抄报、海报也越来越普及。要使刊物的内容丰富，不仅需要把一些文字放置在页面的不同位置，而且需要插入图片或图形，使之与文字融为一体，文档图文并茂。下面介绍利用 Word 制作如图 2.69 所示的一份校内刊物的具体方法。

风帆

2007年5月7日星期一　第一期　06计算机班主办

ABC　学习英文要诀

一、学英文时须学全句，勿专念单字。学时须把全句语法、语音及腔调整个读出来。
二、学时不可以识字为足。识之必然兼用之。凡遇新字，必至少学得该字之一种正确用法。以后见有多种用法，便多记住。
三、识字不可强记。得其句中用法，自然容易记得。
四、读英文时须耳目口手并到。耳闻、目见、口讲、手抄，缺一不可。四者备，字句自然记得。
五、"四到"中以口到为主要。英语便是英国话，如果不肯开口，如何学得说话？
六、口讲必须重叠练习，凡习一字一句必须反复习诵十数次至数十次，到口音纯熟为止。学外国语与学古文同一道理，须以背诵为入门捷径。每课取一二句背诵之。日久必有大进。
七、口讲练习有二忌。(一)忌怕羞。学者在课堂上怕羞，则他处更无练习机会。(二)忌想分数。一想到分数，便怕说错，怕说错，便开口不得。最后的胜利者，还是不怕羞、不怕错、充分练习的学生。若得教员随时指正，自然可由多错而少错，由少错而纯正，由纯正而流利，甚至由流利而精通。此是先苦后甘之法。
八、读书要精。读音拼写，皆须注意。马马虎虎，糊涂了事，不但英文学不好，任何学问也学不好。

用好鼠标　保卫健康　小知识

鼠标是我们操作电脑时最主要的工具，其灵活性和方便性是无可替代的。Windows XP 操作系统对鼠标功能进行了增强，其中最引人瞩目的是"单击锁定"。这个功能不仅能够给我们的操作带来极大的方便，而且还对我们的健康有益。因为未开启此功能时，我们若要将某个文件拖曳到其他文件夹中，中途往往需要按住鼠标左键不放。浏览网页和文档也需要一直按住鼠标左键拖动滚动条来浏览全部内容。另外要一次选中多个文件夹时，也需要按住鼠标键进行选择。如此一来，手指频繁地点击鼠标而对手腕造成了极大地伤害。而开启"单击锁定"功能后，我们对要进行拖曳、滚动、框选的目标按下鼠标左键，等待1秒后再松开，目标就会粘连在鼠标指针上，此时可随意移动鼠标，不需一直按住鼠标左键了。按下鼠标左键就能关闭该功能。

开启"单击锁定"功能的步骤并不繁琐，双击鼠标属性项，选择设置窗口的"鼠标键"标签，选中"启动单击锁定"复选框就行了。点击"设置"按钮可对按下鼠标左键单击锁定按钮生效的时间进行设置。

雨后忆昔

又是雨后夕阳天，	忆那时情形，
太阳独西边，	夕阳仍是那夕阳，
余晖只照山半腰，	只是少伊人陪伴，
树更显青翠，	再看照片中照片，
看照片，	美人笑依然。

健身瑜伽

【初级瑜伽】是以传统哈达瑜伽为基础，借着体位法、呼吸法和冥想法的练习，能锻炼身体两极相等的灵活性和力量，使身体和心灵进入到一种平衡的状态，能有效消除疲劳，伸展四肢，净化神经，集中精神。学员能由浅入深掌握瑜伽的学习方法。

【护脊瑜伽】你是否长时间伏案工作，加上坐姿及站姿不正确，驼背含胸、腰酸背痛、脊柱侧弯、鼠标手、坐骨神经痛困扰？本课程综合瑜伽精华，配合骨科的整脊技术，通过伸展、弯曲、扭转的瑜伽体位，放松脊柱，滋养神经系统，缓解脊椎病的疼痛、痹不适，纠正错误姿势，塑造优美的体型，促进脊椎健康。

【纤体瑜伽】综合肌肉耐力锻炼及瑜伽伸展的特色，针对手臂、大腿、臀部、腹部及腰侧等塑形重点部位，给予最强的锻炼，能美化身体曲线，配合强力的腹式呼吸，滋养按摩腹部器官，净化血液，改善体内机能，加速排毒，调和消化不良，达到美臂、瘦腿、细腰、翘臀的纤形效果，是追求形体优美及运动爱好者的首选。

步骤一

步骤二

图 2.69　校内刊物示例

2. 操作重点与难点

在制作的过程中，首先考虑版面安排的问题。校刊不同于简历、论文等，在排版上既有常用的横排，也有不太常用的竖排，还会使用大量的图片、图形。所以在制作校刊时，版面的安排是重点，也是个难点。首先要拟定一个版面设计，将版面大致分成若干板块，确定各个板块的内容，然后用无边框的表格进行板块布局，再逐个板块的制作。具体操作方法如下。

(1) 新建一个空白 Word 文档，选择【文件】|【页面设置】命令，在打开的【页面设置】

对话框中，将纸张大小设为 A4，页边距上、下、左、右都设为 1 厘米。

(2) 选择【视图】|【工具栏】|【表格和边框】命令，打开【表格和边框】工具栏。将【线型】选择为【无边框】，然后在页面上制作出如图 2.70 所示的版面布局表。这只是一个大概布局，具体制作到每一部分时还可以调整。为了后面制作时叙述的方便，这里将每个板块都用数字作了标记。

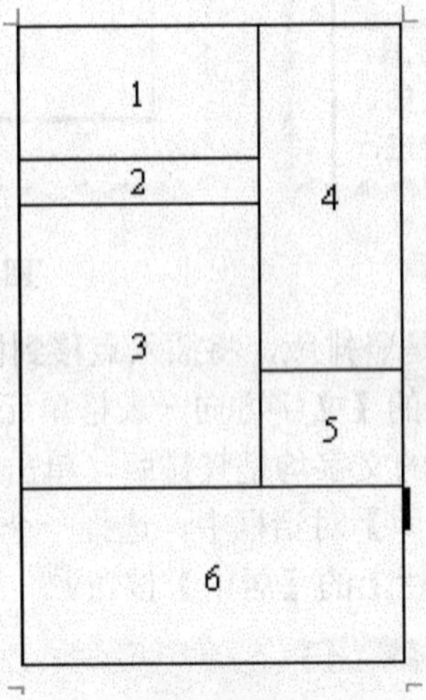

图 2.70　版面布局表

(3) 板块 1 的制作。第 1 板块是刊物名称，使用了剪贴画叠加艺术字的方法制作。将插入点移到版块 1 中，选择【插入】|【图片】|【剪贴画】命令，在【剪辑管理器】中找到【运输】类【水上】中的帆船图片，将其插入，再拖动其控点调整到充满整个单元格。将插入点移到任意单元格，单击【绘图】工具栏上的【插入艺术字】按钮，打开【艺术字库】对话框，选第 1 个格式，单击【确定】按钮，在【编辑“艺术字”文字】对话框中输入“风帆”，文字格式选“幼圆”、“80”号、“斜体”。制作完成后，将其格式设置为【浮于文字上方】，并拖动它到图片上适当的位置。

(4) 板块 2 的制作。将插入点移到板块 2 中，输入制作日期、期号、制作班级，中间用空格隔开，然后设置文字格式，添加灰色底纹。

(5) 板块 3 的制作。将插入点移到板块 3 中，同样用【插入艺术字】的方法制作“ABC”。然后单击【绘图】工具栏上的【自选图形】，在弹出的列表中选择【星与旗帜】下的【横卷形】，用鼠标在“ABC”右侧拖动画出自选图形，右击，选择【添加文字】，输入“学习英文要诀”，将文字格式设为“华文新魏”、“小二”号。然后在下面输入其他文字。

(6) 板块 4 的制作。板块 4 的上部比较复杂，这时再用【表格和边框】中的【绘制表格】按钮画一横线、二竖线，将其上部变成如图 2.71 所示的 3 个单元格。在左边单元格中输入文字；在中间单元格中，选择【插入】|【图片】|【来自文件】命令插入一个鼠标图片；右边单元格中，用艺术字制作“小知识”三字；在下侧单元格中输入文字。最后选中板块 4 中所有单元格，选择【格式】|【边框和底纹】命令设置外边框为【点划线】。

(7) 板块 5 的制作。板块 5 是一段诗，同样可用【表格和边框】中的【绘制表格】按钮将其分为如图 2.72 所示的三部分，上部输入标题，下面左右对称的输入诗句。

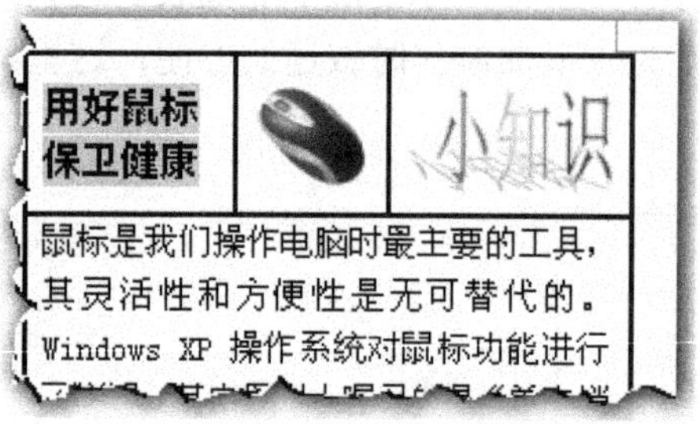

图 2.71　板块 4 局部示意

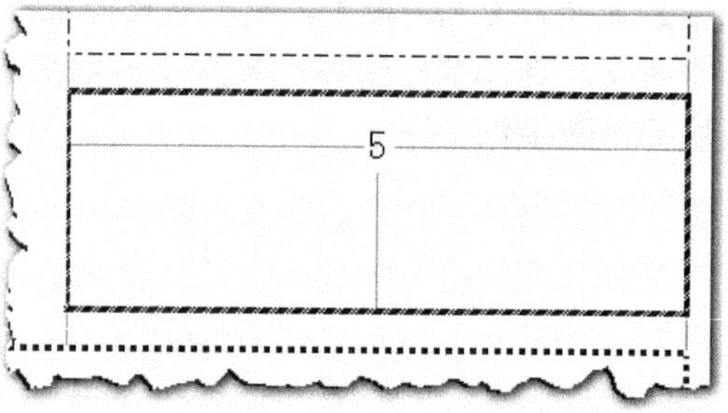

图 2.72　板块 5 示意

(8) 板块 6 的制作。板块 6 是竖排版，将插入点移到板块 6 中，选择【格式】|【文字方向】命令，打开如图 2.73 所示的【文字方向一表格单元格】对话框，选择竖排方式，单击【确定】按钮，此时该板块内的文字均是竖排版。单击【绘图】工具栏上的【插入艺术字】按钮，在打开的【艺术字库】对话框中，选择一个竖排样式，制作该版的标题。完成后选中它，单击【格式】工具栏上的【居中】按钮。最后在其左侧输入文字。

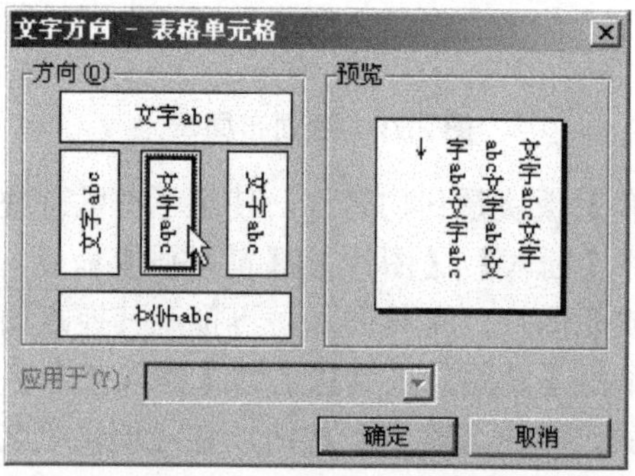

图 2.73　【文字方向-表格单元格】对话框

3. 操作技巧

(1) 在制作版面布局表格时要注意保证虚线可见。如果看不到表格的虚线，可以选择【表格】|【显示虚框】命令，让它显示出来；当整个校刊制作完成后，为了美观可以隐藏虚线，方法是，选择【表格】|【隐藏虚框】命令。无论虚线是否显示，它都不会被打印出来。

(2) 制作校刊需要大量的文字资料，多数同学可能会到网上去查找，这是一个好方法，但是从网上下载或复制下来的文字多带有未知格式，如果直接将其粘贴到刊物中，会造成刊物格式的混乱，且不易调整，最好先将其粘贴到记事本中，过滤掉原有的格式。

(3) 本案例以表格布局来实现校刊的编排，其实在处理类似版面的制作时，也可以使用文本框或用表格加文本框的方式来完成。

2.5　Word 高级编辑技巧

在学习了 Word 的基础知识和基本操作的基础后，这里再通过几个综合实例为大家介绍一些比较典型的高级编辑技巧。

2.5.1　高级编辑案例一：批量制作期末成绩通知单

1. 案例分析

每学期末，教师都要依据期末成绩制作成“成绩通知单”，寄发给每位同学。如果是手工操作，众多的同学、大量的数据，十分繁琐，而且也容易出错。其实 Word 已经为解决这类群发邮件问题准备了方法，它就是邮件合并功能。下面就以制作“成绩通知单”为例，讲解邮件合并的使用方法。

在进行操作之前，先介绍两个将要使用到的名词。

(1) 主文档。对本案例而言，主文档就是要制作的“成绩通知单”。如图 2.74 所示，其中姓名、成绩等是要利用邮件合并功能自动填写的。

成绩通知单

……同学，本学期你的各科成绩如下，请假期安排好复习工作。

学号	英语	高数	计算机基础	C 语言	法律

数务科

二〇〇七年一月二十日

图 2.74　主文档示例

(2) 数据源。是填写主文档的源数据文件。可以是 Excel 表、Access 数据库等表格式数据，本案例使用的是事先已准备好的一个 Word 表格文档，如图 2.75 所示。

学号	姓名	英语	高数	计算机基础	C 语言	法律	总分
0702001	刘扬	80	96	95	80	91	442
0702002	陈星	88	90	65	89	80	412
0702003	王立强	84	92	95	70	72	413
0702004	钱龙	88	86	99	93	86	452
0702005	吴鹏	92	87	95	82	85	441
0702006	张建东	80	94	74	65	82	395
0702007	李斌	84	90	83	82	85	424
0702008	夏丽	76	85	95	77	75	408
0702009	王雨洁	88	79	69	91	65	392
0702010	沈丽娟	84	86	85	93	89	437
0702011	张蕾	88	92	95	75	75	425

图 2.75　数据源示例

2. 操作重点与难点

(1) 启动 Word，建立一个新文档，按图 2.74 所示制作主文档。

(2) 选择【工具】|【信函与邮件】|【邮件合并】命令，打开【邮件合并】任务窗格。

(3) 如图 2.76 所示，在【选择文档类型】区中选择【信函】单选框，单击【下一步：正在启动文档】链接。

(4) 如图 2.77 所示，在【选择开始文档】中选择【使用当前文档】单选框。也就是使用刚建立的文档作为主文档。单击【下一步：选取收件人】链接。

(5) 如图 2.78 所示，在【选择收件人】中选【使用现有列表】单选框，然后单击【浏览】链接，打开如图 2.79 所示的【选取数据源】对话框，在此选择已经准备好的“成绩单”；再单击【打开】按钮，打开如图 2.80 所示【邮件合并收件人】对话框，单击【全选】按钮，然后再单击【确定】按钮返回邮件合并向导。单击【下一步：撰写信函】链接。

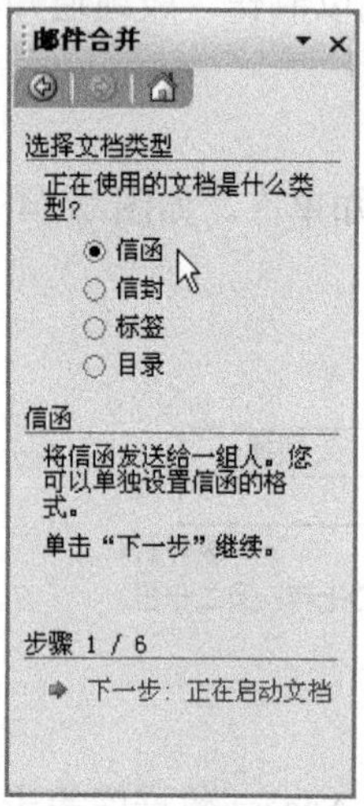

图 2.76 【邮件合并】之一

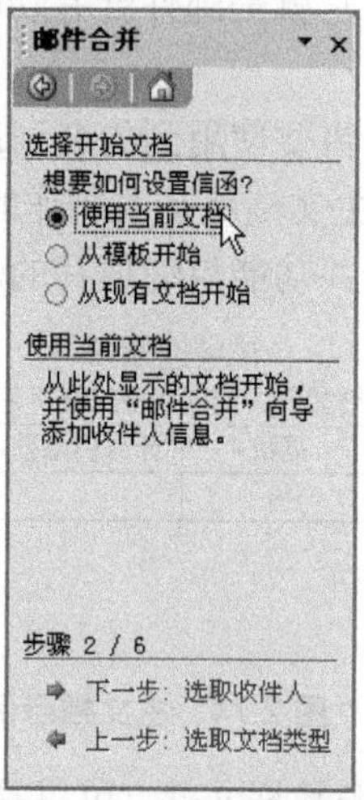

图 2.77 【邮件合并】之二

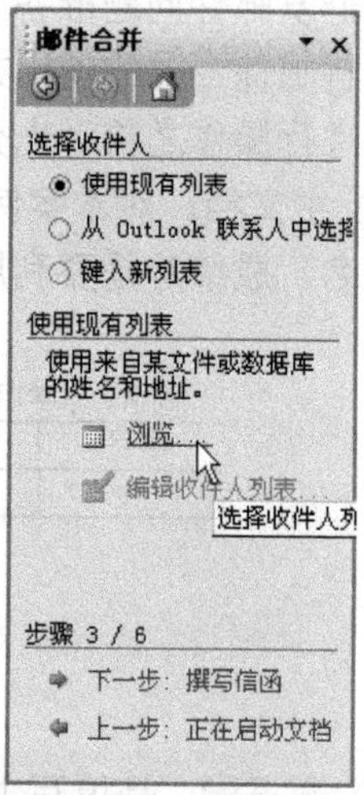

图 2.78 【邮件合并】之三

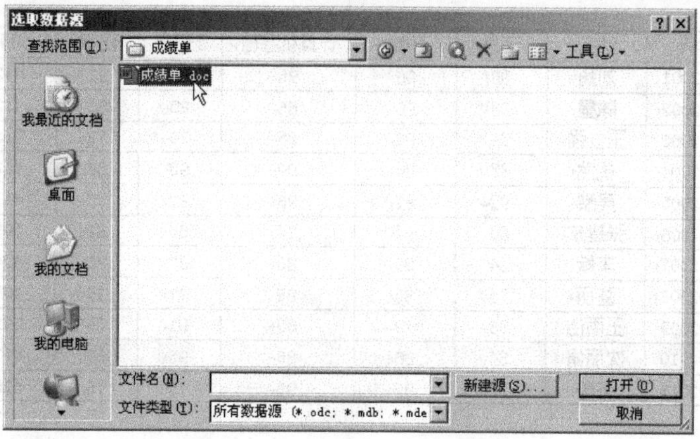

图 2.79 【选择数据源】对话框

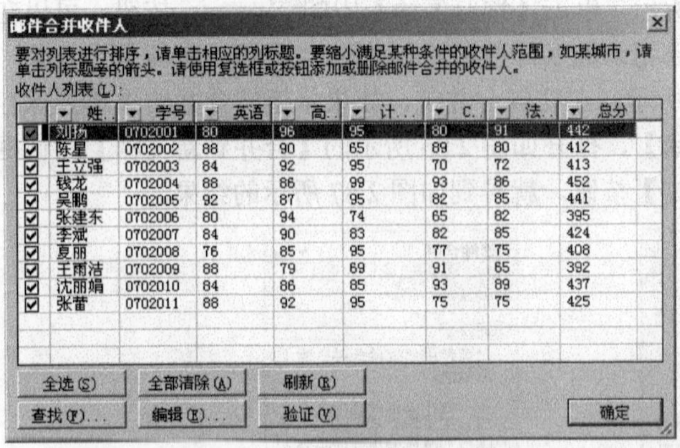

图 2.80　【邮件合并收件人】对话框

(6) 打开【邮件合并】向导之四，如图 2.81 所示。将插入点移到主文档中要填写数据的位置，单击【其他项目】，打开如图 2.82 所示的【插入合并域】对话框，选择对应的域，然后单击【插入】按钮；如此逐一完成“姓名”、“学号”等填写工作。完成后的主文档如图 2.83 所示，凡是需要从数据源填写的内容都用“《》”标记的域填充。单击【下一步：预览信函】，可以在主文档中看到域已被实际数据替代。

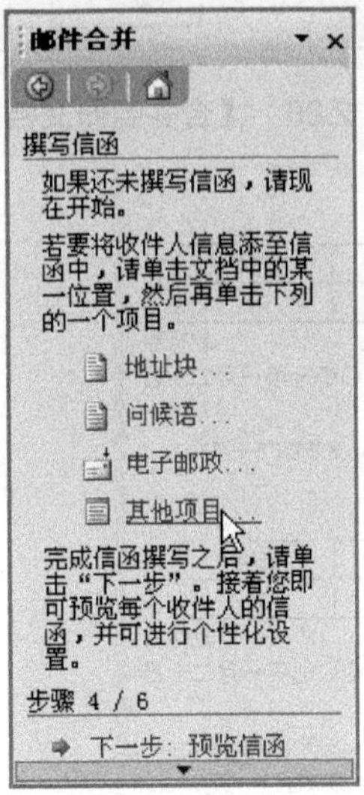

图 2.81　【邮件合并】之四

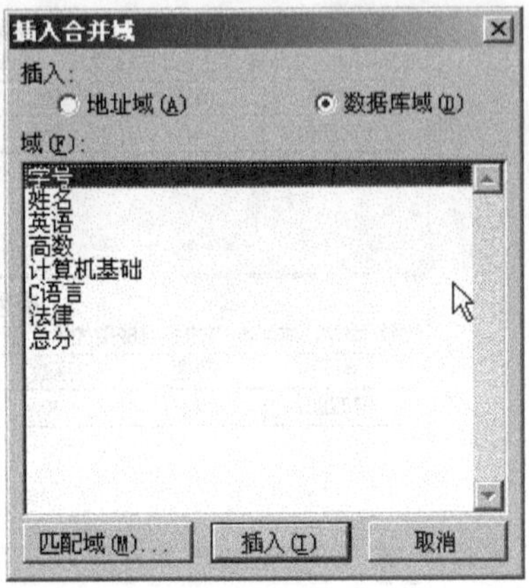

图 2.82　【插入合并域】对话框

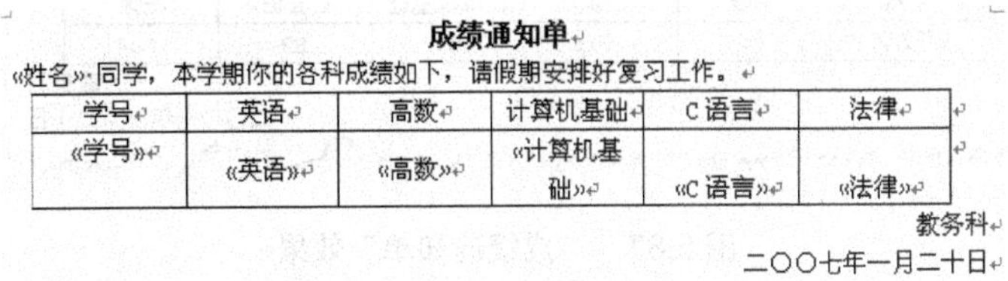
成绩通知单

«姓名» 同学，本学期你的各科成绩如下，请假期安排好复习工作。

学号	英语	高数	计算机基础	C 语言	法律
«学号»	«英语»	«高数»	«计算机基础»	«C 语言»	«法律»

教务科

二〇〇七年一月二十日

图 2.83　完成后的主文档

(7) 如图 2.84 所示，单击【预览信函】中的 << 、 >> 按钮，可以在主文档中预览数据表中上一条、下一条记录的实际效果。预览满意后可以单击【下一步：完成合并】。

(8) 如图 2.85 所示，在完成合并中，如果希望将合并结果单独保存为一个文件，可以单击【编辑个人信函】，打开如图 2.86 所示的【合并到新文档】对话框，选择要合并的记录，然后单击【确定】按钮，就得到如图 2.87 所示的结果。

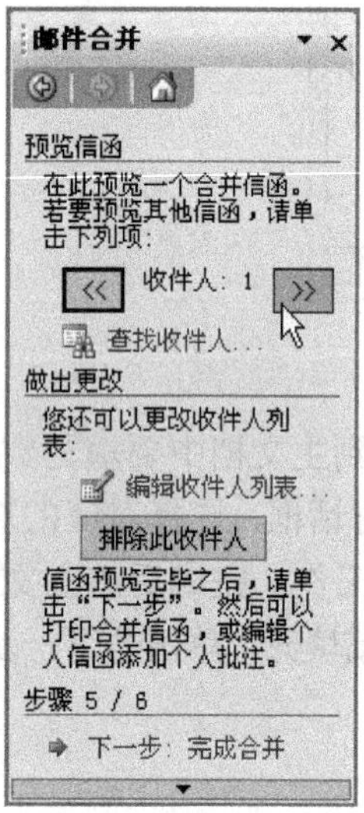

图 2.84 【邮件合并】之五

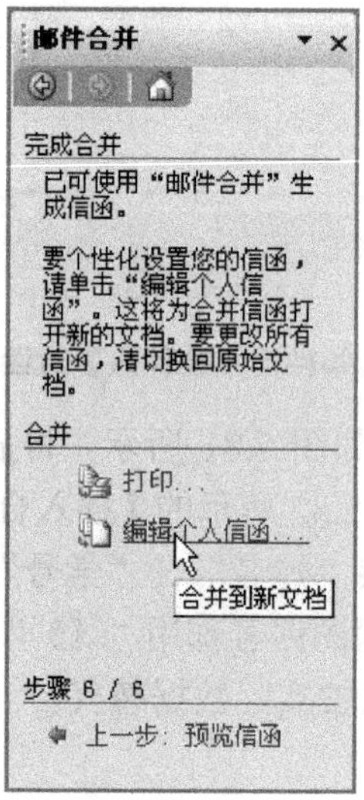

图 2.85 【邮件合并】之六

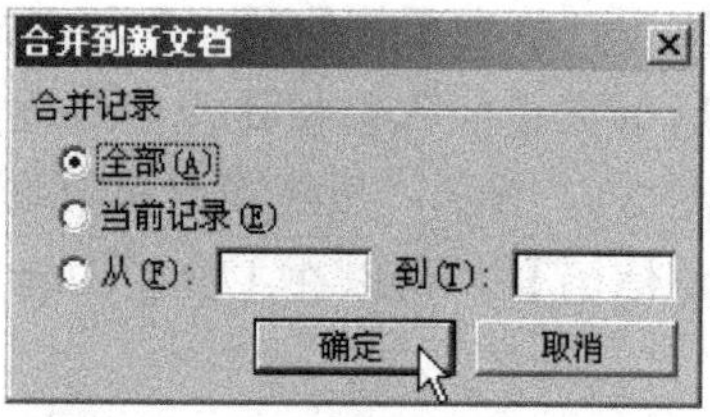

图 2.86 【合并到新文档】对话框

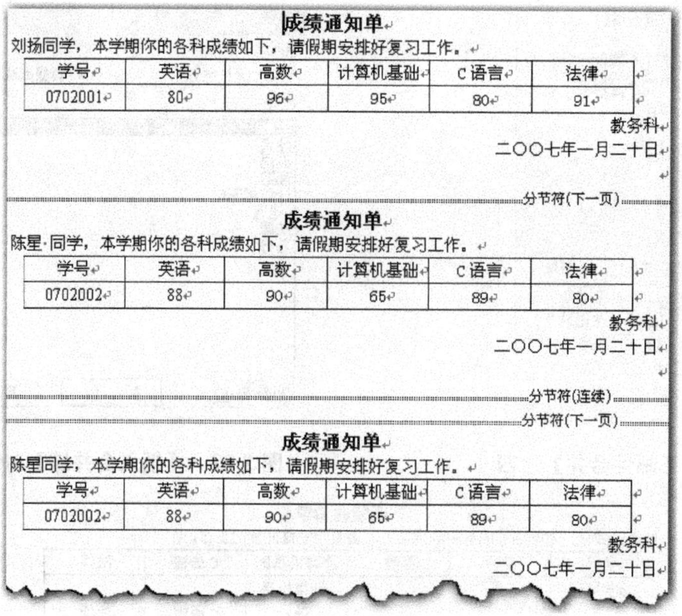

成绩通知单

刘扬同学，本学期你的各科成绩如下，请假期安排好复习工作。

学号	英语	高数	计算机基础	C语言	法律
0702001	80	96	95	80	91

教务科

二〇〇七年一月二十日

分节符(下一页)

成绩通知单

陈星 同学，本学期你的各科成绩如下，请假期安排好复习工作。

学号	英语	高数	计算机基础	C语言	法律
0702002	88	90	65	89	80

教务科

二〇〇七年一月二十日

分节符(连续)

分节符(下一页)

成绩通知单

陈星同学，本学期你的各科成绩如下，请假期安排好复习工作。

学号	英语	高数	计算机基础	C语言	法律
0702002	88	90	65	89	80

教务科

二〇〇七年一月二十日

图 2.87 “成绩通知单”效果

3. 操作技巧

利用邮件合并功能处理邮件时，多数情况下的邮件都很短，通常只有几行字的内容。如果直接打印，会在一张纸上打印一封信函，这样既浪费纸张，又浪费时间，打印速度慢。造成这种结果的原因是在邮件合并时，每一个信函中间自动添加了【分节符】。如果手工删除这些【分节符】也很麻烦，这里可以使用 Word 的【替换】功能，把【分节符】替换为段落标记，方法是，选择【编辑】|【替换】命令，打开【查找和替换】对话框后，在【查找内容】处输入【特殊字符—分节符】，在【替换为】处输入【特殊字符—段落标记】如图 2.88 所示。然后单击【全部替换】即可。

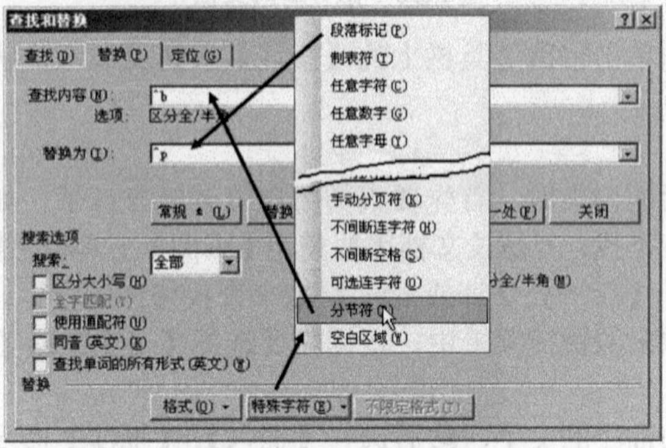

图 2.88　替换特殊字符

在处理大量信函时，使用【邮件合并】功能可以大大提高办公效率，因此，这是办公人员应该掌握的基本技术之一。

2.5.2　高级编辑案例二：毕业论文的修订、批注与目录

1. 案例分析

论文编辑好之后，可以交给有关专家进行审阅，Word 提供了文档审阅的功能，专家利用该功能对论文提出自己的修改意见，并返还给论文作者，作者根据专家提供的修改意见，利用 Word 的文档审阅功能，可以很快找到要修改的地方，根据需要接受或拒绝论文内容的修改，提高修改效率。

一般情况下，对于简单的修改，可以直接使用修订功能给出自己的审阅意见，对比较复杂的修改则通过批注说明自己的修改意见。

论文的主要内容完成后，最后可以利用 Word 提供的【目录和索引】功能制作目录。

本案例就是向大家介绍实现上述功能的操作方法。

2. 操作重点与难点

1) 修订文档

选择【工具】|【修订】命令，进入修订状态，此时自动打开【审阅】工具栏，此时对文档进行的操作，无论是添加文字、删除文字、设置格式等都是修订，如图 2.89 所示，在被修订的行前会出现一个竖线标记，同时文字用不同颜色加下划线方式突出显示，如果是

删除了文字，还会用批注方式在旁边注明被删除的文字。将鼠标指针指向这些文字时会弹出一个气泡提示说明是谁在什么时间做了哪些修改。

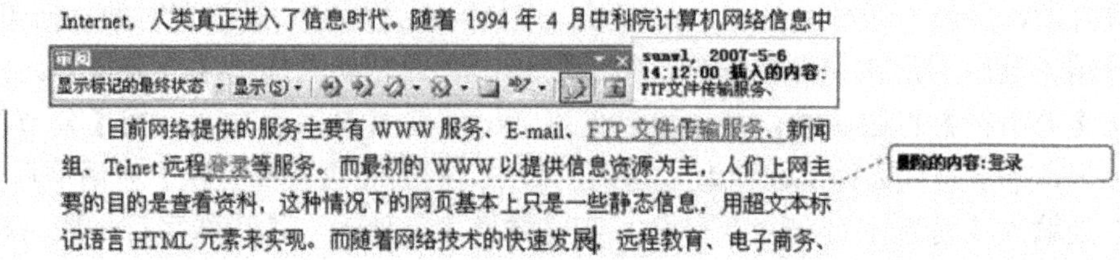

图 2.89　修订后的文档

修订结束后，必须单击审阅工具栏上的【修订】按钮或双击状态栏上的【修订】退出修订状态。

2) 应答修订

当拿回别人修订后的论文时，首先要查阅哪些位置被修订了。如果是短文章可以用上面介绍的修订标记直接查找，若是长文档需要使用【审阅】工具栏上提供的查找工具：【前一处修订或批注】、【后一处修订或批注】来查找修订的位置。找到修订位置后，要右击修订的文字，在弹出的快捷菜单中，根据需要选择【接受】或【拒绝】命令。

3) 插入批注

在文章中选定要加批注的文字，然后选择【插入】|【批注】命令，此时在文章的一侧出现批注框，在框中输入批注的内容。单击文档其他区域退出批注状态。

4) 批注的编辑

要编辑批注首先要找到批注。查找批注的方法和查找修订的方法相同，只要单击【审阅】工具栏上的【前一处修订或批注】、【后一处修订或批注】按钮即可，找到批注后，插入点会出现在批注框中，此时可以对批注的内容进行修改。若要删除批注，只要右击批注，在弹出的快捷菜单中选择【删除批注】即可。

5) 制作目录

将插入点移到要插入目录的位置，选择【插入】|【引用】|【索引和目录】命令，打开【索引和目录】对话框，如图 2.90 所示。

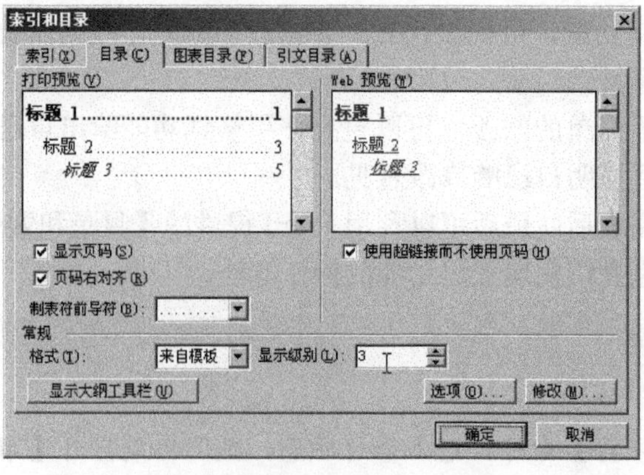

图 2.90　【索引和目录】对话框

在【目录】选项卡中，选择目录显示的级别，以及页码显示的方式和是否需要前导符等，设置完毕后，单击【确定】按钮，就得到如图 2.91 所示的目录。

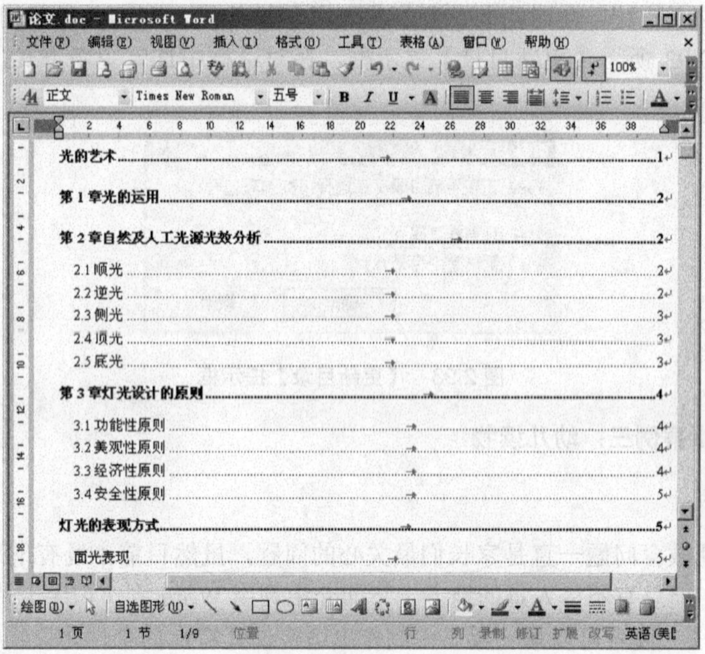

图 2.91　制作的论文目录示例

3. 操作技巧

(1) 如何一次接受所有修订。当论文被专家进行了多处修订后，可以在【审阅】工具栏的【接受所选修订】下拉列表中，选择【接受对文档所做的所有修订】命令，一次接受所有修订。同样，在工具栏上的【拒绝所选修订】下拉列表中，也有相反的【拒绝对文档所做的所有修订】命令。

(2) 审阅窗格。单击【审阅】工具栏上的【审阅窗格】按钮，可以在 Word 窗口的下部打开如图 2.92 所示的审阅窗格。

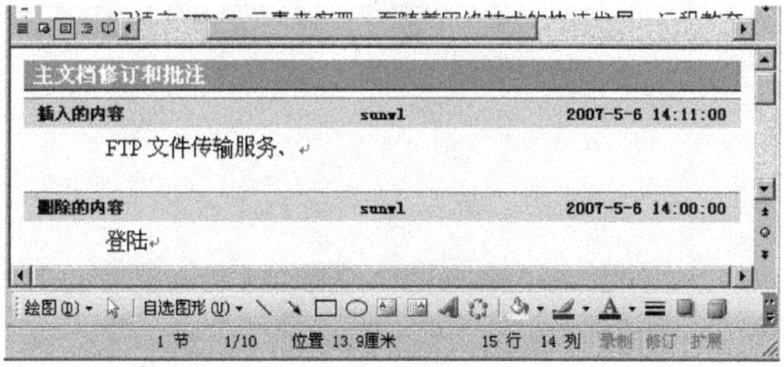

图 2.92　审阅窗格

在该窗格中，可以浏览文档中所有的修订和批注，单击其中的修订或批注，在文档区立即显示该修订或批注的段落；右击其中的修订或批注，在弹出的快捷菜单中可以选择需要的操作命令。

(3) 目录更新。当制作完目录后又对论文的内容进行了修改，由此造成了当前的文本内容与原目录的不匹配，此时需要更新目录。具体操作是，将插入点移到目录上，按 F9 键，弹出如图 2.93 所示【更新目录】提示框，在对话框中选定更新方式，然后单击【确定】按钮。

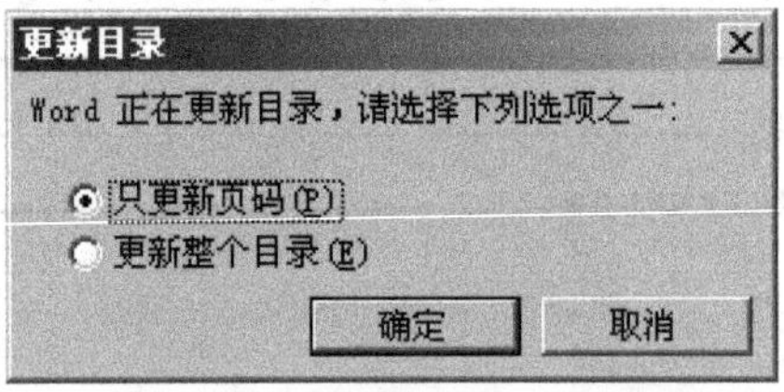

图 2.93　【更新目录】提示框

2.5.3　高级编辑案例三：幼儿读物

1. 案例分析

幼儿的早期教育问题一直是家长们最关心的问题，虽然目前市场有琳琅满目、种类繁多的幼儿读物，但总有不尽人意的地方。下面介绍利用 Word 制作识字卡片(效果如图 2.94 所示)的基本方法，读者可以举一反三，制作出适合幼儿特点的个性化读物。

图 2.94　幼儿读物示例

2. 操作重点与难点

(1) 插入图片。选择【插入】|【图片】|【来自文件】命令，打开如图 2.95 所示【插入图片】对话框，在对话框中选中要插入的图片，单击【插入】按钮。

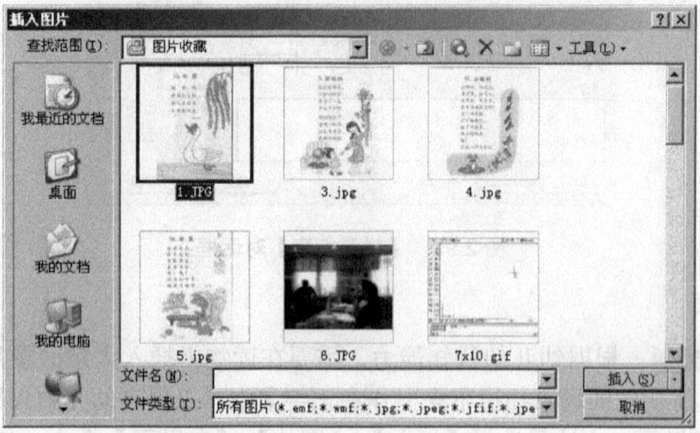

图 2.95　【插入图片】对话框

(2) 叠加文字。单击【绘图】工具栏上的【文本框】按钮，将鼠标移到图片上适当的位置拖动绘制出一个文本框，然后在文本框中输入文字。

(3) 设置格式。选定文本框中的文字，为其设置字体、字号、颜色等。一般情况下，文本框默认有一个黑边框，不美观；选定文本框后，右击其边线，在弹出的菜单中选择【设置文本框格式】命令，打开如图 2.96 所示的【设置文本框格式】对话框，在【颜色与线条】选项卡中将【线条】的颜色调整为【无线条颜色】，这样就可以去除边框线。

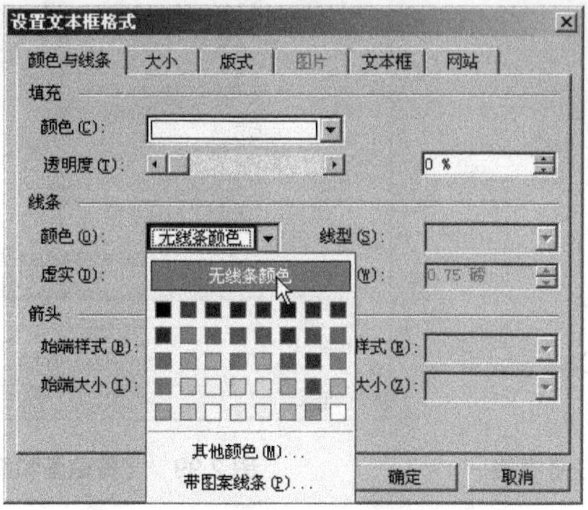

图 2.96　【设置文本框格式】对话框

(4) 添加拼音。在文本框中，选定要添加拼音的文字，选择【格式】|【中文版式】|【拼音指南】命令，打开如图 2.97 所示的【拼音指南】对话框，在这里可以设置拼音与文字的对齐方式及拼音与文字的间距等。

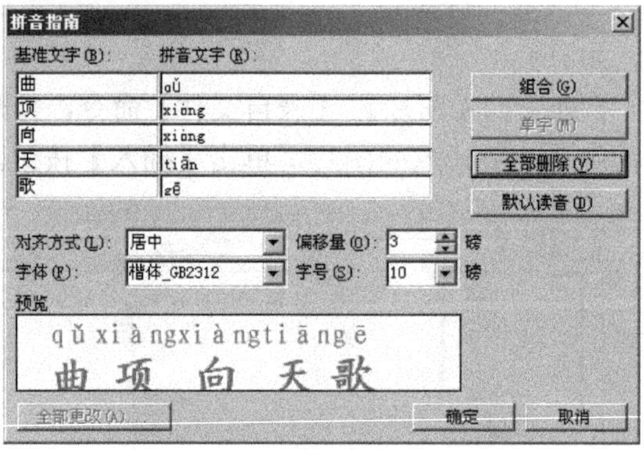

图 2.97　【拼音指南】对话框

3. 操作技巧

(1) 图片的来源。根据幼儿的认知能力，需要在读物中插入大量的图片，图片可以用数码相机将幼儿游玩时的场景拍摄下来制作在识字卡中，以提高幼儿的兴趣。另外也可以使用 Office 的剪贴画，方法是选择【插入】|【图片】|【剪贴画】命令，打开如图 2.98 所示【剪贴画】任务窗格，单击【Office 网上剪辑】链接，打开如图 2.99 所示的【剪贴画和媒体主页】页面，在这里可以检索、下载媒体资料。

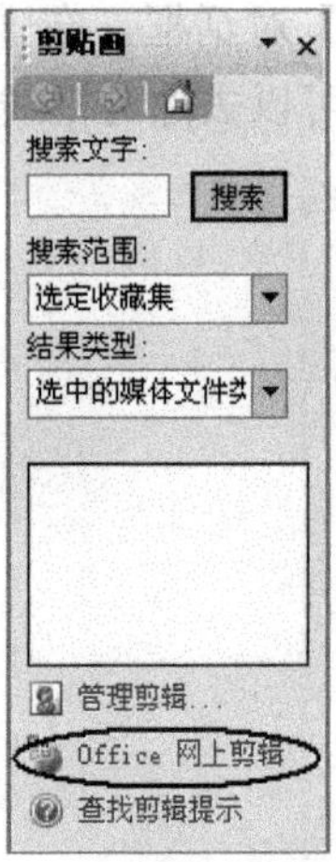

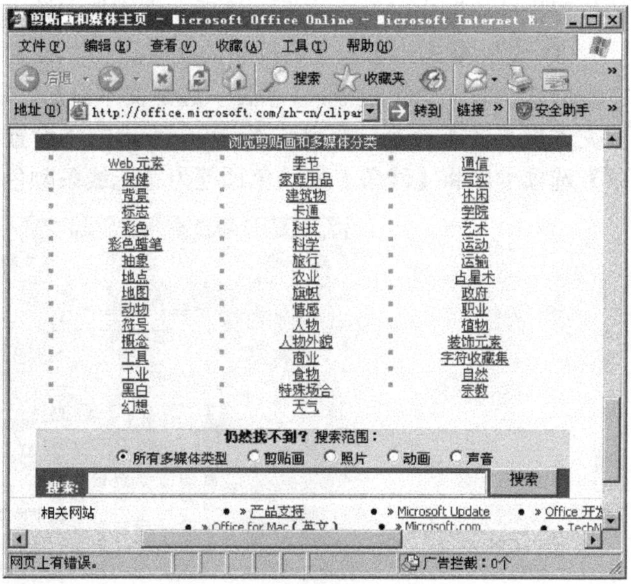

图 2.98　【剪贴画】任务窗格　　　　图 2.99　【剪贴画和媒体主页】页面

(2) 文字与图片的遮挡。我们用在图片上叠加文本框的方法输入文字，文本框默认填充白色，这样文本框就遮挡了它下方的图片；可以移动文本框的位置，去遮挡住图形中不需要的部分。当不希望它遮挡时，可以改变文本框的填充颜色，选定文本框后，单击【绘图】工具栏上的【填充颜色】按钮，选择【无填充颜色】，使文本框透明，如图 2.100 所示。制作后的效果如图 2.101 所示。

(3) 增加练字功能。如果在识字的同时还增加练字功能，可以将文字的格式设为“楷体”、“空心”，如图 2.102 所示，以便于在空心的笔画间隙中描写。

图 2.100　选择【无填充颜色】

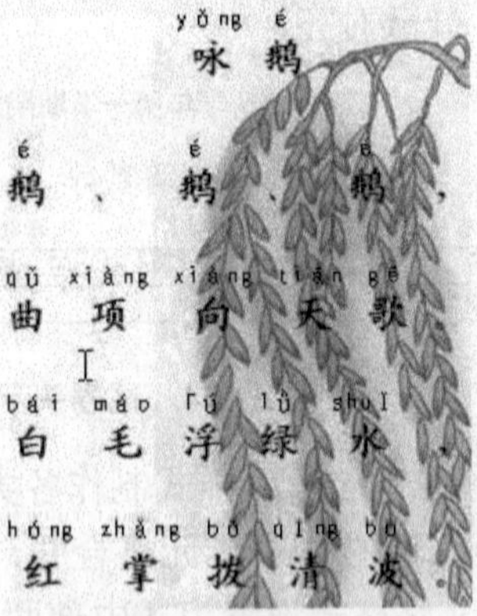

图 2.101　制作后的效果

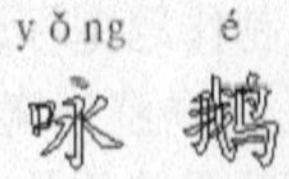

图 2.102　空心文字

2.5.4　高级编辑案例四：数学试卷

1. 案例分析

试卷是教学活动中必不可少的文档类型，对同学们来讲也是一种非常熟悉的文档，但很少有同学去制作试卷。本案例以制作一份数学试卷为例，重点介绍试卷的制作方法和数学符号的输入方法。

2. 操作重点与难点

(1) 纸张的设置。新建一个 Word 文档，选择【文件】|【页面设置】命令，打开如图 2.103 所示的【页面设置】对话框，其中，左图为【纸张】选项卡，右图为【页边距】选项卡。在【纸张】选项卡中，将纸张设为 B5；在【页边距】选项卡中，设置页边距均为 2 厘米。单击【确定】按钮退出。

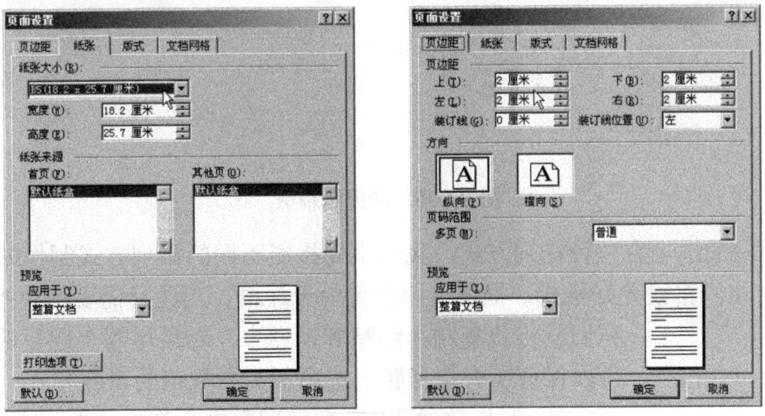

图 2.103　【页面设置】对话框

(2) 制作卷头。按图 2.104 所示样式录入文字、制作计分表格。各行格式分别是：第 1 行，黑体、小四号、居中；第 2 行，宋体、小三号、居中；第 3 行，宋体、五号、居中；表格内文字，宋体、五号、分散对齐。

2006～2007 学年第一学期期末考试卷

高等数学

专业：　　　　班级：　　　　学号：　　　　姓名：

题号	第一题	第二题	第三题	第四题	总分
分数					

图 2.104　试卷头示例

(3) 制作题型标题。按图 2.105 所示样式制作各大题的题型标题。制作一个 3 列 2 行的表格，适当调整列宽；将最右侧的 2 个单元格合并，利用【边框和底纹】命令将其右边的 3 条边框线设为无边框，将文字格式设置为【中部两端对齐】。

批卷人	分数	一、单项选择题（每小题 2 分，共计 10 分）

图 2.105　题型标题示例

后面其他的“填空题”、“计算题”等，只要将该表复制过去，然后修改其中的文字即可。

(4) 制作选择题。选择题一般给出 4 个可供选择的选项，不同题目的选项文字长短不一，如何对齐它们？是一个关键问题，这里同样利用了表格，如图 2.106 所示。

题目区			
A、选项 1	B、选项 2	C、选项 3	D、选项 4

题目区	
A、选项 1	B、选项 2
C、选项 3	D、选项 4

题目区
A、选项 1
B、选项 2
C、选项 3
D、选项 4

图 2.106　选择题模板

一般选择题的选项有三种排列方式，我们事先按照不同的排列方式制作如图 107 所示的 3 个表格，将表格设置好格式，框线一律设置为无边框。当题目需要哪种排列方式时，我们就将其复制、粘贴到试卷中，然后填写上题目的文字。这样可以保证所有选择题的选项都具有规范的对齐方式。

$$S_{ij}=\sum_{k=1}^{n}\alpha_{ik}\times\beta_{kj}$$

图 2.107　数学公式示例

(5) 制作数学公式。数学试卷中有许多数学公式，这是怎么输入的呢？公式编辑器是最好的帮手。下面以图 2.107 的式子为例，说明它是怎样输入的，希望通过这个例子，用户能举一反三，学会编辑更复杂的公式。

将插入点移到要插入公式的位置，选择【插入】|【对象】命令，打开如图 2.108 所示【对象】对话框，在【新建】选项卡中选【Microsoft 公式 3.0】，然后单击【确定】按钮，就可以调出如图 2.109 所示【公式】工具栏，同时显示公式输入框，光标在框中闪烁，就可以在里面输入各种字符或公式符号。

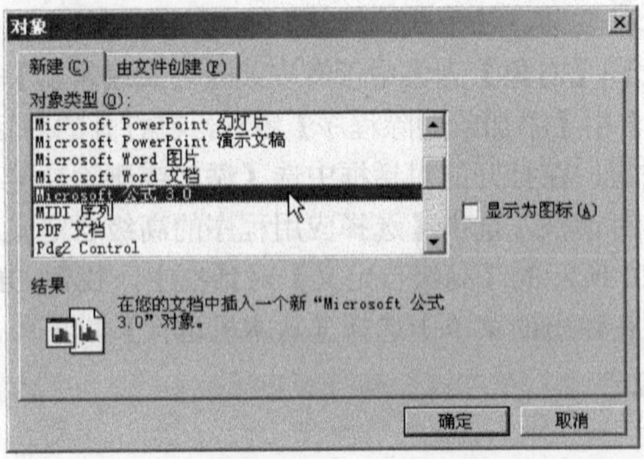

图 2.108　【对象】对话框

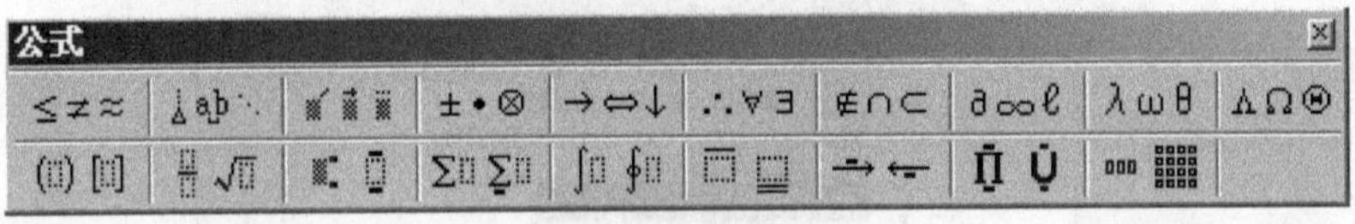

图 2.109　【公式】工具栏

输入时，输入框随着输入公式长短而发生变化，整个表达式都被放置在编辑框中。【公式】工具栏浮动在文本中，其中囊括了几乎所有数学符号，例如：关系符号、运算符号、修饰符号、逻辑符号、各种集合符号以及希腊字母等。

选在输入框中输入 S，然后在【上标和下标模板】中，选取带下标的按钮，这时 S 的右侧就出现下标框，输入“ij”；用鼠标左键单击公式右侧结束处，将光标定位到公式右侧位置(也可以直接按向右的方向键)，然后输入=。在工具栏中单击【求和模板】，在打开的面板中选择上下带虚框的求和符号，将光标置于求和号上方的框中输入 n，在求和号下方的框中输入 k=1，然后使光标置于右侧，单击工具栏上的【希腊字母】按钮，在 α 上单击一下，然后再按前面的方法输入下标 ik，接下来要输入乘号，单击【运算符号】按钮，从中选取乘号。同样，再插入 β 及其下标，公式就输完了。单击公式编辑器外的任意位置，就退出了公式编辑环境，返回到 Word 文档中。

如果需要修改刚才输入的公式，只需双击该公式就可以进入编辑状态，再用鼠标移动插入点到要修改的位置进行编辑。

3. 操作技巧

(1) 纸张的说明。现在试卷一般采用 8 开纸，但一般办公用的激光打印机不能直接打印这样大的纸张，本案例采用与 8 开纸一半大小相近的 B5 纸型，制作完成后，2 张拼接制版印刷。

(2) 题目序号的自动设置。题目序号是一个有序的编号，可以使用【项目符号和编号】来自动设置，这样当增、删题目时，编号自动跟随变化，比较方便。具体操作是选中第 1 题后，单击【编号】按钮或选择【格式】|【项目符号和编号】命令进行设置，完成后，在选定该题目的状态下双击【格式刷】按钮，当鼠标变成小刷子时，依次刷后面的各题。选择题中的选项标记“A、”“B、”等也可以使用【项目符号和编号】制作。

(3)【公式编辑器】的安装。【公式编辑器】不是 Office 的默认安装选项，如果当初是典型安装，则在【插入】|【对象】列表中没有安装【公式编辑器】，此时需要添加它。方法是，双击【控制面板】中【添加或删除程序】图标，在打开的对话框中选定 Office 一项，单击右侧的【更改】按钮，在打开的对话框中选【添加或删除功能】，单击【下一步】按钮进入【自定义安装】对话框，选中【选择应用程序的高级自定义】复选框，单击【下一步】按钮，在如图 2.110 所示的【高级自定义】对话框中，找到 Office 工具下的【公式编辑器】，单击其图标，在弹出的菜单中选择【从本机运行】，再单击【更新】按钮即可。

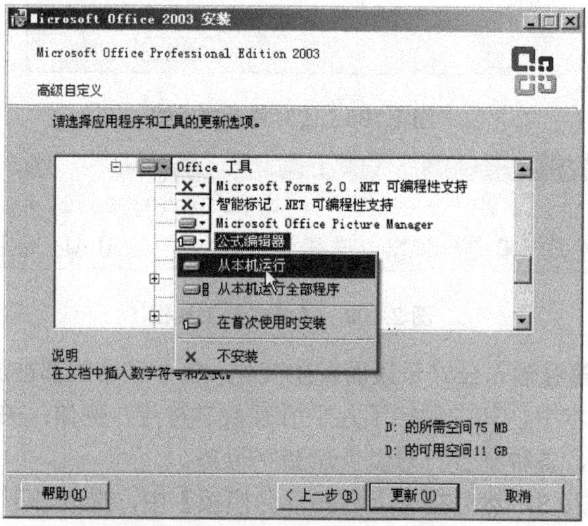

图 2.110 【高级自定义】对话框

(4) 用【公式编辑器】录入的公式具有图形属性，用户可以像对图形一样操作，例如，改变大小、移动位置、环绕排版等。

小 结

本章主要讲解了以下内容：

(1) Word 的基本功能、窗口的界面；文件的新建、打开、保存等操作；基本编辑命令、查找和替换操作。

(2) 字符格式、段落格式、项目符号、边框底纹等格式设置的方法。

(3) 表格的制作方法、表格的编辑、格式设置、数据排序和计算。

(4) 在文档中插入图片的方法、图片的基本操作、绘制图形、插入艺术字、制作文本框。

在每部分内容后面，穿插了多个相关内容的案例，案例是本章的重点，它不仅仅是对前面基础知识的综合运用，而且补充了很多基础知识中没有讲到的操作技巧，有的案例还提供多种制作方法。通过案例分析讲述了 Word 的高级编辑技巧。

习　题　二

1. 选择题

(1) 在 Word 文档中需要录入“☆”时，应该选用下列(　　)命令。

A. 插入　　B. 编辑　　C. 格式　　D. 工具

(2) 在 Word 中，当插入点在“学习”二字的中间时，按 Del 键(　　)。

A. 删除“学”字　　B. 删除“习”字

C. 删除“学习”二字　　D. 删除这一行

(3) 当鼠标位于 Word 文档文字的左边空白处，变为指向右上方的箭头时，双击鼠标，此时(　　)。

A. 选中鼠标所指的一行文字　　B. 选中鼠标所指的一段文字

C. 选中全文　　D. 选中鼠标所指行的第一个文字

(4) 要将当前编辑的 Word 文档的纸张设为 B5 纸，应该选择(　　)菜单下的命令。

A. 文件　　B. 编辑　　C. 视图　　D. 工具

(5) 将 Word 文档中的一部分内容复制到别处，先要进行的操作是(　　)。

A. 粘贴　　B. 复制　　C. 选中　　D. 剪切

(6) 在 Word 中，不属于段落格式的是(　　)。

A. 段落对齐方式　　B. 字间距　　C. 段落缩进　　D. 段间距

(7) 打印 Word 文档时(　　)。

A. 一次可以只打印一页　　B. 一次可以打印不连续页的多页

C. 一次可以打印连续的多页　　D. 以上三者全对

(8) Word 的段落对齐命令中提供了几种对齐方式(　　)。

A. 2　　B. 3　　C. 4　　D. 5

(9) 在 Word 中录入英文单词时，系统有时会在单词下添加一条红、绿的波浪线，表明：(　　)。

A. 为了美观　　B. 英文的一种书写格式

C. 表示有拼写或语法错误　　D. 打印设置

(10) 当 Word 的标题栏显示文档名为“文档 1”时，用户单击【保存】按钮：(　　)。

A. 当前文档被保存到“文档 1”中

B. 弹出【另存为】对话框

C. 当前文档被保存到默认文件名中

D. 弹出错误信息

2. 填空题

(1) 在 Word 中，只有在文本的一个自然段结束后，需要另起一行开始新的段落时，才需要按________键。

(2) 当前 Word 文档只有“好好学习”四个字，选中其中“好学”二字后，在键盘上录入“练”字，此时整个文档的内容是________。

(3) 在 Word 中，当进行了某种操作而对结果不满意，要恢复到该操作之前的状态，此时可以单击【常用】工具栏中的________按钮。

(4) 在 Word 中，【常用】工具栏中提供了一个复制字符格式的工具按钮，它的名称是________。

(5) 在 Word 中，要打印第 1、第 4、第 7 页，应该在打印范围中填写________。

(6) Word 提供了许多工具栏，要显示或隐藏这些工具栏，可以从________菜单中选择【工具栏】命令。

第 3 章 电子表格软件 Excel

本章综述：

Excel 2003 是 Office 2003 的重要组件之一，是 Microsoft(微软)公司推出的优秀电子表格处理软件。与以前的版本相比，Excel 2003 有了非常明显的改进。使用 Excel 2003，不仅可以制作图表，还能完成复杂的数据运算，进行数据的分析与预测。

本章主要介绍制作电子表格的一些基本方法和技巧，同时介绍 Excel 数据处理的基本操作方法。

3.1 Excel 概述

Excel 是 Microsoft 公司的 Office 系列办公软件中的一个组件，它是一个电子表格处理软件，可以用来制作电子表格，完成复杂的数据运算，进行数据的分析与预测。

3.1.1 认识 Excel

每当启动 Excel 之后，程序会自动创建一个新的空白工作簿，默认命名为 Book1 工作簿。工作簿窗口由工作表组成，工作表由单元格组成，如图 3.1 所示。

对窗口中各组成部分名称及功能介绍如下。

(1) 标题栏：显示当前编辑的工作簿名。

(2) 菜单栏：用于选择执行 Excel 2003 的命令。

(3) 工具栏：其中【常用】工具栏是 Excel 2003 编辑过程中最常用的工具集，【格式】工具栏是 Excel 2003 中最常用的编排工具集。

(4) 编辑栏：选中某单元格后，在其中可输入或编辑当前活动单元格中的数据或公式。

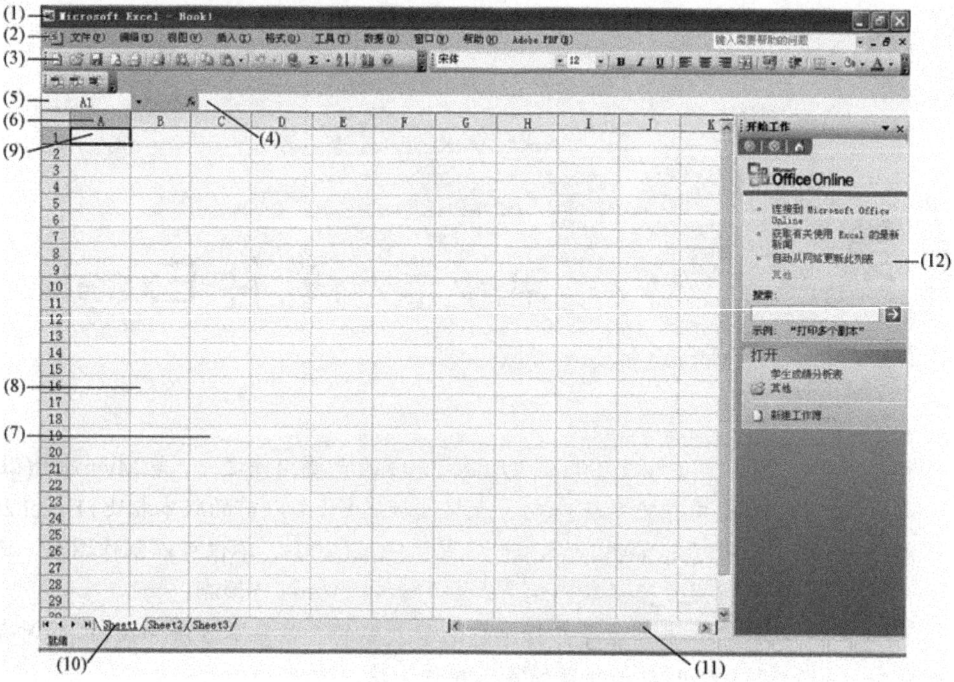

图 3.1　Excel 2003 窗口

(5) 名称栏：位于编辑栏的左侧，用来显示当前活动单元格或区域的位置。在此栏中输入要编辑的单元格编号(如 B150)，即可将该单元格调整至屏幕范围之内，并成为当前活动单元格。

(6) 行、列标题：用于定位单元格。列号为 A、B、C、…、Z、AA、AB、…、IV，共 256 列；行号为 1～65536，共 65536 行。

(7) 工作表区：用来记录数据的区域。

(8) 单元格：每一个单元格的位置由交叉的行标和列标表示，如 A5、B6 及 C3，每个单元格可以存放多达 3200 个字符的信息。单元格是表格的最小单位。

(9) 活动单元格：当前正在操作的单元格，被黑线框住。

(10) 工作表标签：默认为 Sheet1～Sheet3，用于显示工作表的名称，当前活动的工作表是白色的，其余为灰色。利用标签，可切换显示工作表。

(11) 状态栏：位于窗口的底部，可显示操作信息。

(12) 任务窗格：Excel 2003 提供常用命令的窗口。选择任务窗格中的【开始工作】命令，可以打开【任务窗格】的下拉菜单。

3.1.2　Excel 的基本操作

1. 新建工作簿

每当启动 Excel 之后，程序会自动创建一个新的空白工作簿，取默认状态下，命名为“Book1”。在未关闭 Book1 之前，再新建工作簿时，系统会自动命名为 Book2，Book3，…

工作簿是 Excel 的普通文档或文件类型，工作簿文件的扩展名是.xls。新建工作簿有如下几种方法。

(1) 启动 Excel 时自动新建工作簿 Book1.xls。

(2) 选择【文件】|【新建】命令。

(3) 在任务格窗口的下拉菜单中，选择【新建工作簿】命令，切换到【新建工作簿】任务窗格，在此窗格中单击【空白工作簿】链接。

2. 保存工作表

保存工作表的方法有两种。

(1) 选择【文件】|【保存】命令若是已保存过的文件，再次保存到原文件中，不会弹出对话框。若是从未保存过的文件，将弹出【另存为】对话框。在该对话框中可选择保存设置，输入文件名，如图 3.2 所示。

(2) 选择【文件】|【另存为】命令。对已保存过的文件，再保存一个副本。

3. 工作表的插入、删除和重命名

右击某工作表标签，出现如图 3.3 所示的快捷菜单，选择【插入】命令，即可在所选工作表之前插入一个新的工作表。选择【删除】命令，即可删除所选工作表，选择【重命名】命令，即可给所选工作表重新命名。

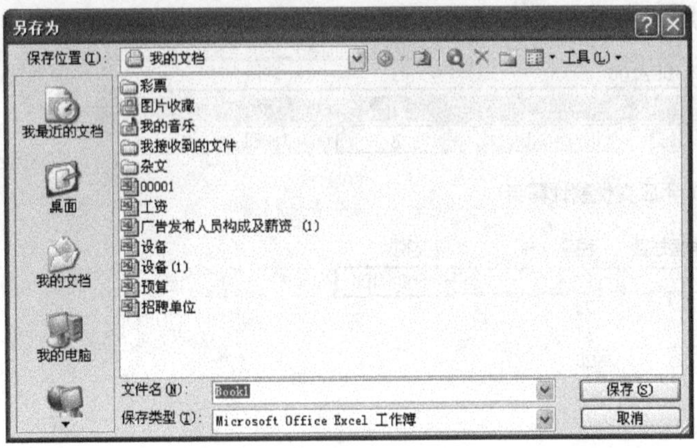

图 3.2　【另存为】对话框

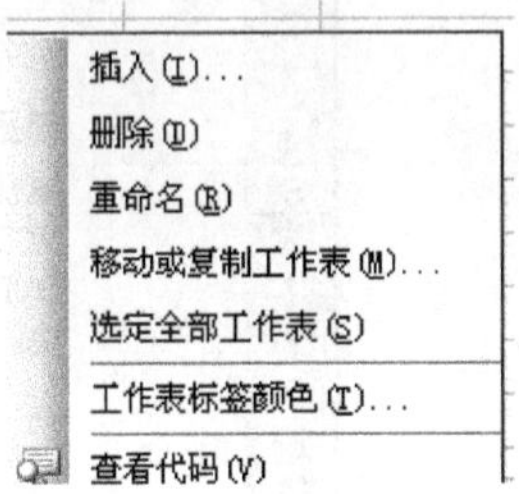

图 3.3　工作表快捷菜单

3.2　Excel 的编辑操作

利用 Excel 可以轻松制作电子表格，并在表格中输入和编辑数据。

3.2.1　Excel 基本编辑操作与技巧

1. 输入数据

单击要输入数据的单元格，输入所需数据，常见的数据有以下 4 种。

(1) 文本类型。选定单元格后，可以直接输入文本数据。

(2) 数值类型。数字数据可以直接输入。

(3) 逻辑类型。只有两个值，True 和 False。

(4) 出错值。单元格中显示#DIV/0！出错值。

2. 数据自动填充

要在一组单元格中输入相同的数据，可以使用 Excel 提供的自动填充功能，在 A1 单元格中输入“数学”，用鼠标指针指向单元格 A1 的右下角，当鼠指针变成“＋”形时，按住鼠标左键拖动到要输入数据的单元格，单元格中就会出现相同的内容。

Excel 还提供了自动输入数据序列，使用方法如下：首先选中单元格，在单元格 A1 中输入数据，如“1001”，再在单元格 A2 中输入“1002”，选中 A1 和 A2，用鼠标指针指向单元格 A2 的右下角，当鼠标变成“＋”形时，按住鼠标拖动到要输入数据的单元格，所经过的单元格就会自动输入“1003”、“1004”等数据。

3. 使用公式和函数

Excel 可以使用公式和函数进行数据处理。

公式可以直接输入，操作方法如下：选择要输入公式的单元格，在编辑栏或单元格中输入“=”，接着输入运算表达式。在公式中要引用单元格时，可以直接输入单元格的行号和列号，也可以用鼠标选择要引用的单元格，如图 3.4 所示。

图 3.4　公式的使用

函数的输入方法有两种，即直接输入和粘贴函数。直接输入就是在单元格中直接输入要使用的函数，格式如下：FUNCTION(参数 1，参数 2，…)，其中 FUNCTION 表示函数名。粘贴函数的操作方法为：选择【插入】|【函数】命令，打开如图 3.5 所示的【插入函数】对话框，根据需要可以选择相应的函数，最后单击【确定】按钮，函数就会粘贴在选中的单元格上。

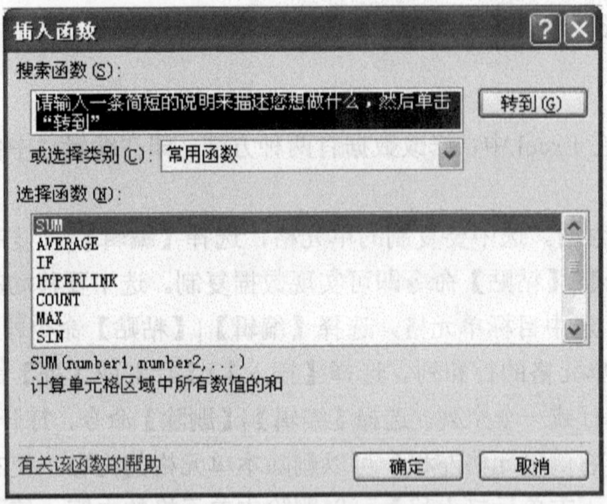

图 3.5　【插入函数】对话框

Excel 中的函数有：财务函数、日期与时间函数、数学与三角函数、统计函数、查找与引用函数、数据库函数、文本函数、逻辑函数和信息函数 9 类。其中常用的函数如下。

1) SUM 函数

SUM 函数用于计算多个参数之和。

用法为：SUM(参数表)，可以有 1 到 30 个参数，例如 SUM(3，5)=8。

2) AVERAGE 函数

AVERAGE 函数是对所有参数求算术平均。

用法为：AVERAGE(参数表)，与 SUM 函数类似。

注意：对单元格的数值求算术平均值时，空单元格不计算在内，零值单元格要计算零值。

3) COUNT 函数

COUNT 函数用于计算数字的个数。

用法为：COUNT(参数表)。

4) MAX 函数

MAX 函数是求参数中的最大值。

用法为：MAX(参数表)，从中找出最大值的 1 到 30 个数字参数。

5) MIN 函数

MIN 函数是求参数中的最小值。

用法为：MIN(参数表)，从中找出最小值的 1 到 30 个数字参数。

6) IF 函数

用法为：IF(X1，X2，X3)

其中 X1 为逻辑表达式，当 X1 为真时，函数值为 X2 的值，当 X1 为假时，函数为 X3 的值。

IF函数还可以嵌套，最多可嵌套7层。

4. 数据编辑

(1) 修改数据。在Excel中，修改数据有两种方法，即在编辑栏中修改和直接在单元格中修改。

(2) 复制和移动数据。选中要复制的单元格，选择【编辑】|【复制】命令，选中目标单元格，选择【编辑】|【粘贴】命令即可实现数据复制。选中要移动的单元格，选择【编辑】|【剪切】命令，选中目标单元格，选择【编辑】|【粘贴】命令即可实现数据的移动。

(3) 插入和删除单元格的行和列。选择【插入】|【行】或【列】命令，可以在选中的单元格前插入一个空行或一个空列。选择【编辑】|【删除】命令，打开如图3.6所示的【删除】对话框，选择【右侧单元格左移】可以删除本单元格的内容，使右侧单元格的内容进入本单元格；选择【下方单元格上移】可以删除本单元格的内容，使下方单元格的内容进入本单元格；选择【整行】可以删除本行的内容，选择【整列】可以删除本列的内容。

(4) 合并单元格。选中要合并的单元格，选择【格式】|【单元格】命令，打开如图3.7所示的【单元格格式】对话框，选择【文本控制】中的【合并单元格】复选框，再单击【确定】按钮，就可以合并选中的单元格。

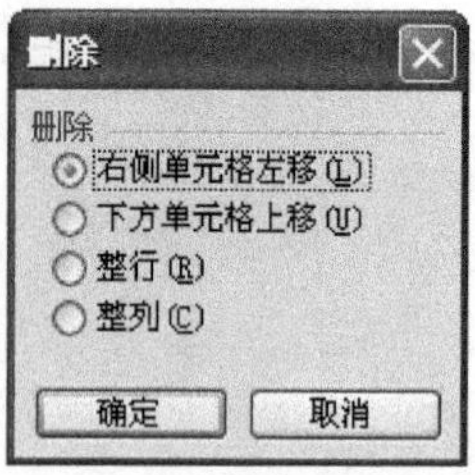

图3.6 【删除】对话框

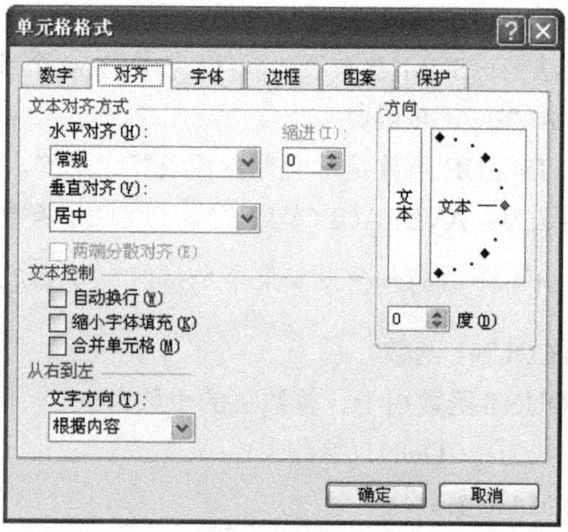

图3.7 【单元格格式】对话框

3.2.2 Excel基本编辑案例一：期末成绩分析

【例3.1】 建立如图3.8所示的学生成绩表，然后以SL1.XLS命名。

要求：

(1) 该表格为工作簿中的第一个工作表。

(2) 统计出各个分数段的人数。

(3) “李思思”批注为“班长”。

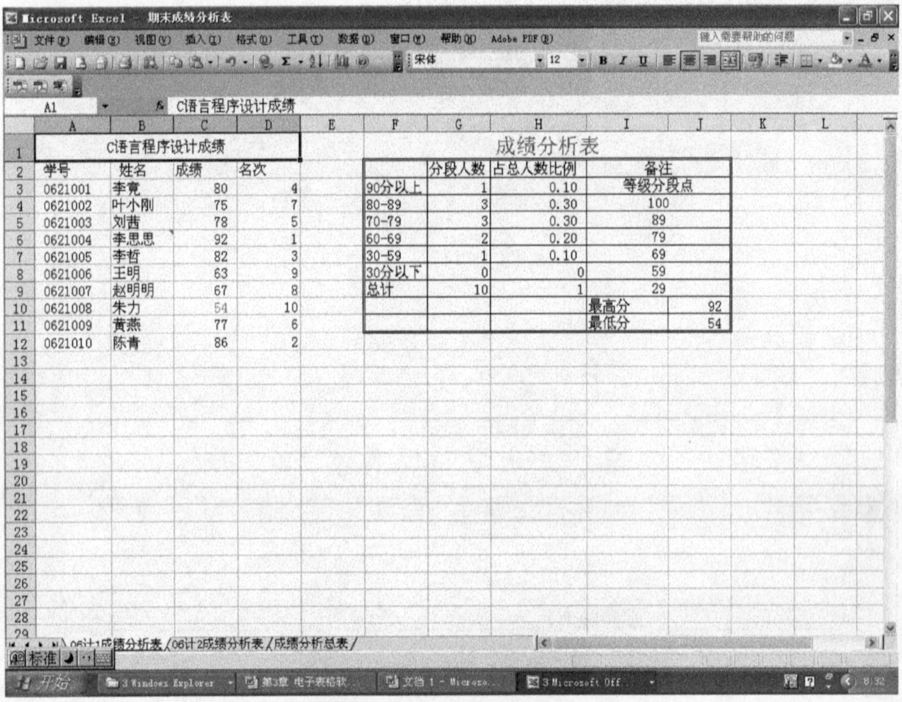

图 3.8　期末成绩分析表

1. 案例分析

根据题目要求，首先要建立一个新的工作簿，然后输入数据，最后要进行数值计算与分析。

2. 操作重点与难点

1) 创建一个工作簿

启动 Excel，系统自动创建一个文件名为“Book1”的工作簿。

2) 输入资料

在 A1 单元格输入“C 语言程序设计成绩”，选中 A1 到 D1 单元格，选择【格式】|【单元格】命令，打开【单元格格式】对话框，切换到【对齐】选项卡，在【文本对齐方式】的【水平对齐】下拉列表中选择【居中】，在【文本控制】中选择【合并单元格】复选框，最后单击【确定】按钮，将 A1 到 D1 所有单元格合并为一个单元格，并使标题居中。

在 A2:D2 区域中的各个单元格中分别输入“学号”、“姓名”、“成绩”、“名次”，如图 3.9 所示。

在 H1 单元格内输入“成绩分析表”，在 G2、H2 和 I2 单元格分别输入“分段人数”、“占总人数比例”和“备注”。在 F3:F9 单元格中输入如图 3.10 所示的分数段及“总计”，在 I10 及 I11 两个单元格中输入“最高分”和“最低分”。

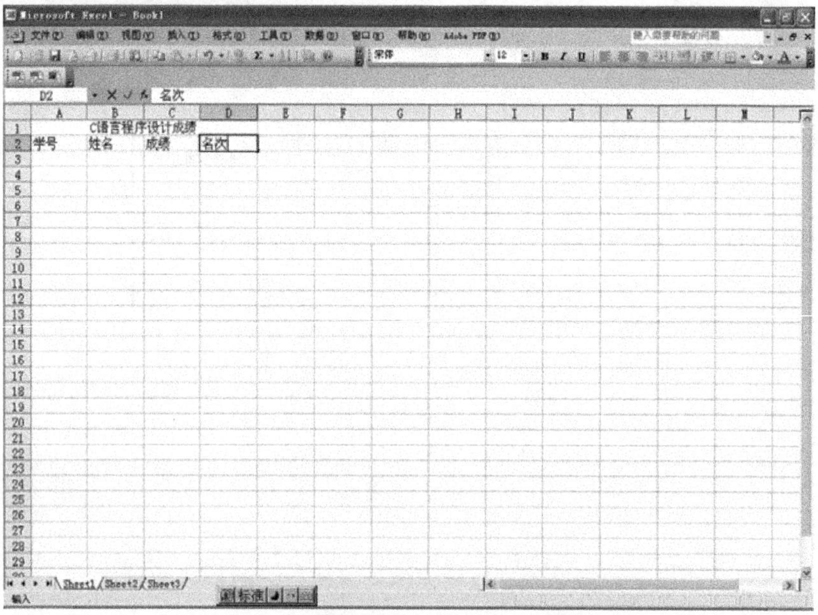

图 3.9　输入表头

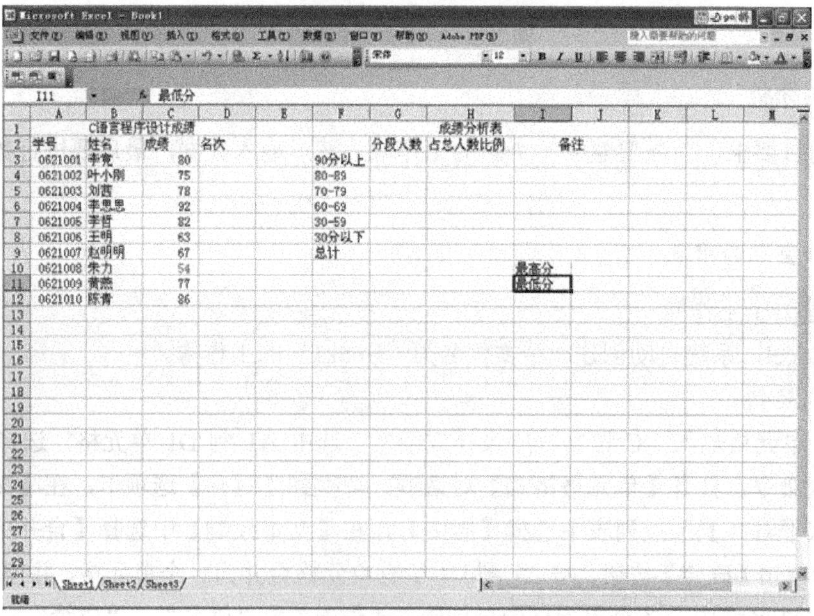

图 3.10　输入成绩分析表内容

3) 插入批注

选定要插入批注的单元格，选择【插入】|【批注】命令，在该单元格右上角出现一个批注框。在该批注框中输入批注文本，注明“李思思”为班长。此时该单元格右上角多了一个红色小三角符号，如图 3.11 所示。

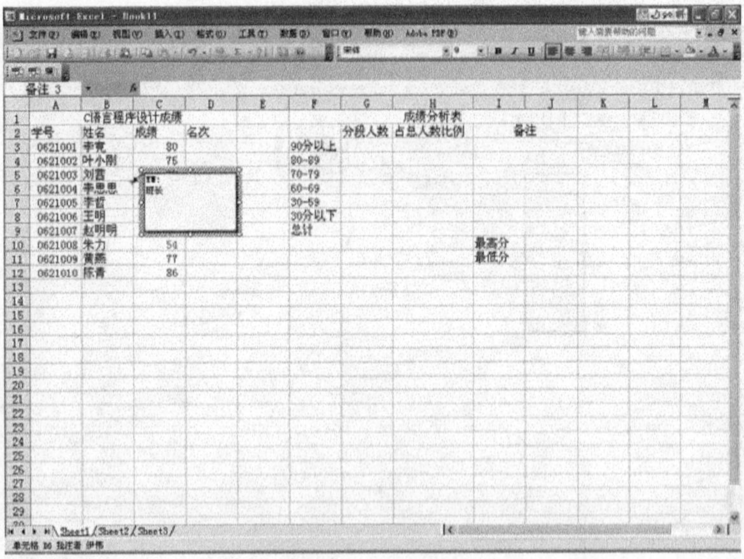

图 3.11　插入批注

用同样的方法，输入 06 计 1 成绩分析表数据。

4) 计算分析值

计算是数据处理的一个重要内容。Excel 中计算是以公式的形式进行的，公式以“＝”号开头，由常数、单元格引用、函数和运算符组成。公式可以直接在单元格内输入，也可以在编辑栏中输入。

(1) 求名次。在 D3 单元格中输入排位函数“=RANK(C3，$C$3:$C$12，0)”，D3 单元格显示“李竟”的名次，如图 3.12 所示。拖动 D3 单元格的填充柄到 D12 单元格，将 D3 单元格中的公式复制到 D4:D12 单元格中，求出其余学生的名次，如图 3.13 所示。

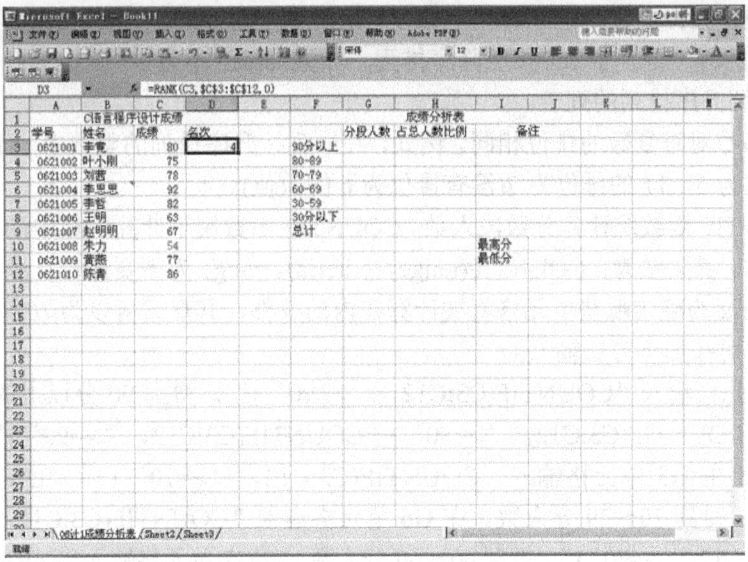

图 3.12　使用 RANK 函数

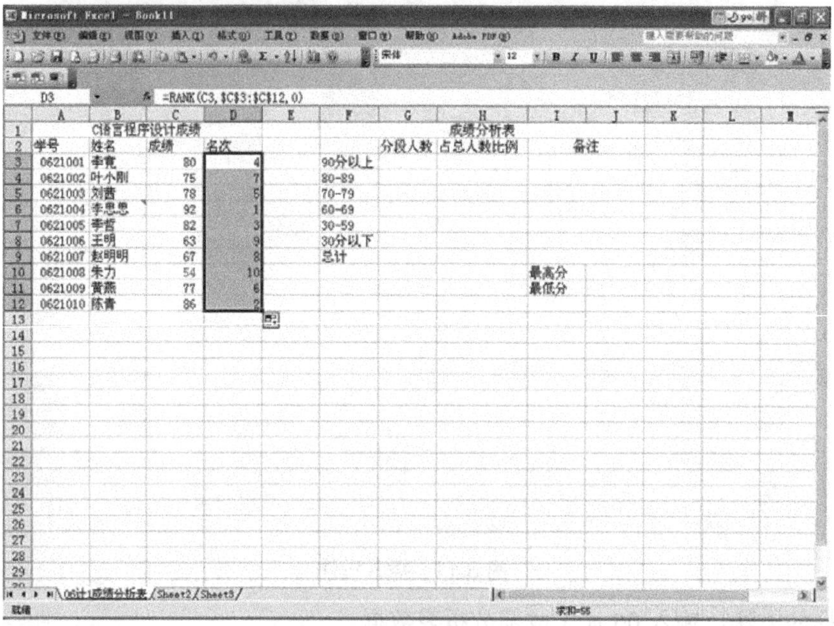

图 3.13　公式的复制

RANK 函数返回一个数字在数字列表中的排位。数字的排位是其大小与列表中其他值的比值(如果列表已排过序，则数字的排位就是它当前的位置)。

语法：

```
RANK(number, ref, order)
```

numbe 为需要排位的数字（单元格）。ref 为数字列表数组或对数字列表的引用，ref 中的非数值型参数将被忽略。order 为一数字，指明排位的方式。如果 order 为 0(零)或省略，Excel 对数字的排位是基于 ref 按照降序排列。如果 order 不为零，Excel 对数字的排位是基于 ref 并按照升序排列的列表。

RANK 函数对重复数的排位相同。例如，在一列按升序排列的整数中，如果 10 出现两次，且其排位为 5，11 的排位为 7(没有排位为 6 的数值)。

用 COUNTIF 函数统计各分数段人数。COUNTIF 函数用于计算区域中满足给定条件的单元格的个数。其语法为：COUNTIF(range，criteria)。range 为需要计算且满足条件的单元格区域。criteria 为确定哪些单元格将被计算在内的条件，其形式可以为数字、表达式或文本。在本例中可按如下方法输入。

在 G3 单元格输入“COUNTIF(C3:C12，‘>=90’)”，得到 90 分以上的人数。在 G4 单元格输入“COUNTIF(C3:C12，‘>=80’)－COUNTIF(C3:C12，‘>=90’)”，得到 80～89 分的人数。在 G5 单元格输入“COUNTIF(C3:C12，‘>=70’)－COUNTIF(C3:C12，‘>=80’)”，得到 70～79 分人数。在 G6 单元格输入“COUNTIF(C3:C12，‘>=60’)－COUNTIF(C3:C12，‘>=70’)”，得到 60～69 分人数。在 G7 单元格输入“COUNTIF(C3:C12，‘>=30’)－COUNTIF(C3:C12，‘>=60’)”，得到 30～59 分人数。在 G8 单元格输入

“COUNTIF(C3:C12，‘<30’)”，得到 30 分以下的人数。

用 FREQUENCY 函数统计各分数段人数。FREQUENCY 函数以一列垂直数组返回某个区域中数据的频率分布。例如，使用函数 FREQUENCY 可以计算在给定的分数范围内测验分数的个数。由于函数 FREQUENCY 返回一个数组，所以必须以数组公式的形式输入。其语法为：FREQUENCY(data_array，bins_array)，其中 data_array 为一数组或对一组数值的引用，用来计算频率。如果 data_array 中不包含任何数值，则函数 FREQUENCY 返回零数组。bins_array 为间隔的数组或对间隔的引用，该间隔用于对 data_array 中的数值进行分组。如果 bins_array 中不包含任何数值，函数 FREQUENCY 返回 data_array 中元素的个数。在本例中可按如下方法输入。

在单元格 I3 中输入“等级分段点”，在 I4:I9 单元格依次输入数据 100、89、79、69、59、29 作为等级分段点，选定 G3:G8 单元格，单击编辑栏，输入公式“{=FREQUENCY(C3:C12，$I$4:$I$8)}”，按 Ctrl+Shift+Enter 组合键，单元格 G3:G8 中即显示计算结果。这时编辑栏中的公式外侧自动添加一个大括号，如图 3.14 所示。

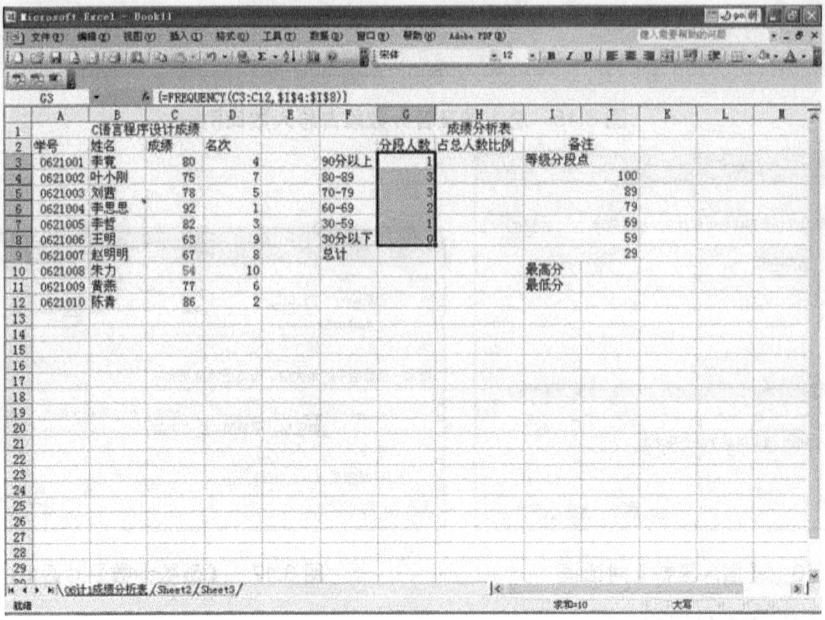

图 3.14　分段人数结果

(2) 求总人数及各分数段占总人数比例。选定 G3:G9 单元格，单击【常用】工具栏中的【自动求和】按钮，G9 显示总人数为 10，在 H3 单元格输入公式“＝G3/$G$9”，按 Enter 键确认后，拖动 H3 的填充柄到 H8，即完成各分数段占总人数比例的计算，如图 3.15 所示。

(3) 求最高分和最低分。选定 J10 单元格，选择【插入】|【函数】命令，打开【插入函数】对话框，如图 3.16 所示。在【或选择类别】下拉列表框中选择【常用函数】类别，在【选择函数】列表框中，选择函数“MAX”。单击【确定】按钮，打开【函数参数】对话框，如图 3.17 所示。在 Number1 编辑框中，输入“C3:C12”，单击【确定】按钮，J10 单元格就会显示最高分。用同样的方法，在 J11 单元格插入最小值函数 MIN，求出最低分。

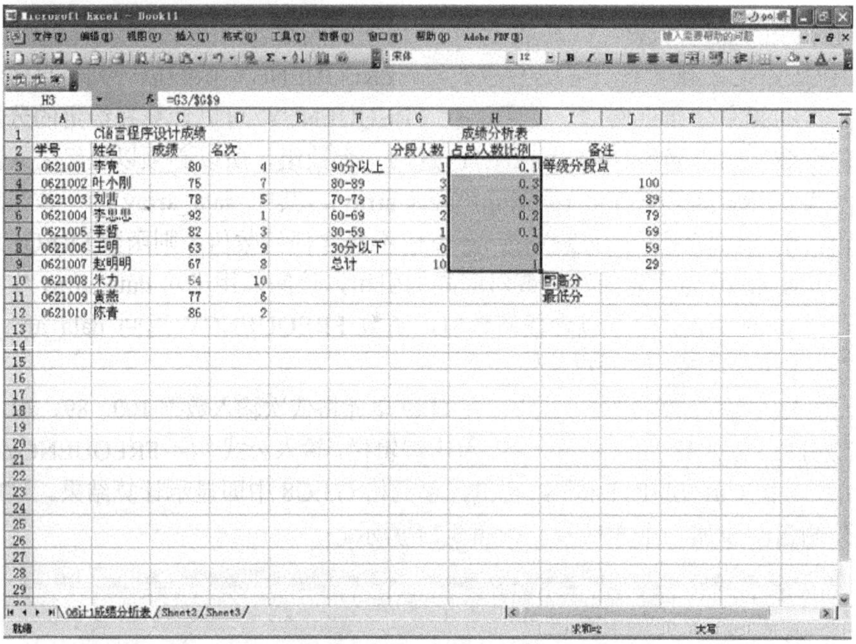

图 3.15　总人数及各分数段占总人数比例

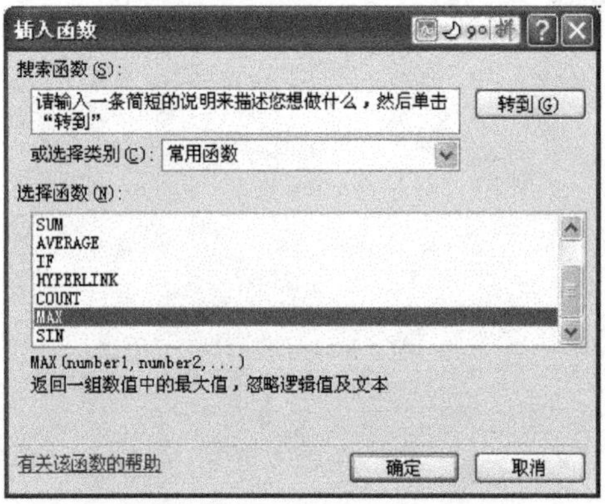

图 3.16　【插入函数】对话框

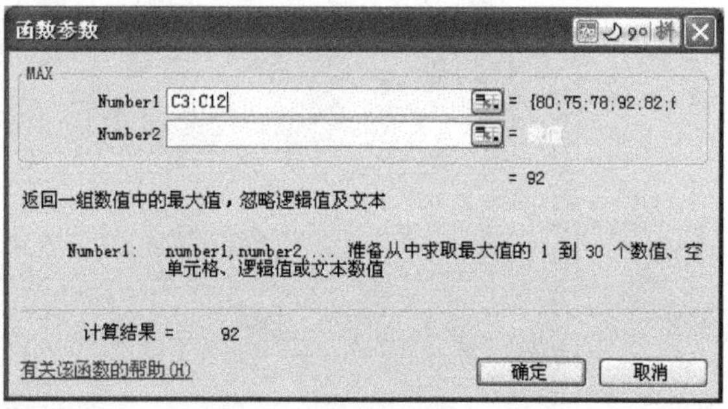

图 3.17　【函数参数】对话框

5) 格式化成绩分析表

选定 F1:J1 单元格，单击【格式】工具栏中的【合并及居中】按钮，将标题“成绩分析表”跨列居中。单击打开工具栏中的【字体】下拉列表，选择字体为“华文琥珀”，单击【字号】列表框，选择“18”，单击“字体颜色”，选择“梅红”。依次合并并居中 I2:J2，I3:J3，…，I9:J9。选定区域 F2:J11，单击【边框】列表框，选择“所有框线”，再选择“粗匣框线”。最后效果如图 3.18 所示。

用同样的方法建立 06 计 2 成绩分析表。

6) 建立成绩分析总表

成绩分析总表如图 3.19 所示。

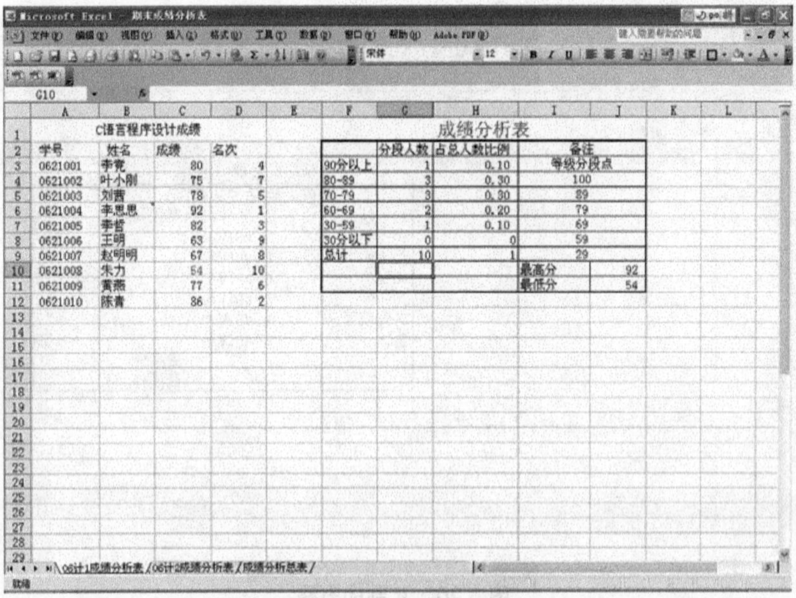

图 3.18　06 计 1 成绩分析表

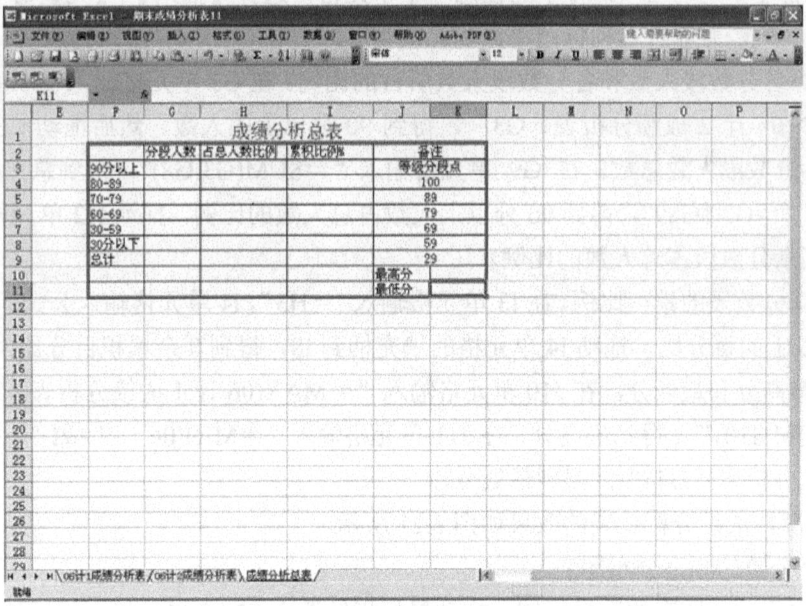

图 3.19　成绩分析总表

建立过程如下。

(1) 选定“06 计 1 成绩分析表”的 F1:J11 区域，单击【常用】工具栏中的【复制】按钮，单击“成绩分析总表”表标签，选定 F1 单元格，单击【常用】工具栏中的【粘贴】按钮，就得到如图 3.20 所示的表格，表中“分段人数”列的值为 0，“占总人数比例”列是公式引用出错信息，这是由于将原表格中的公式复制到新位置后，相应位置没有数据引起的，只要将 G3:H9 删除即可。

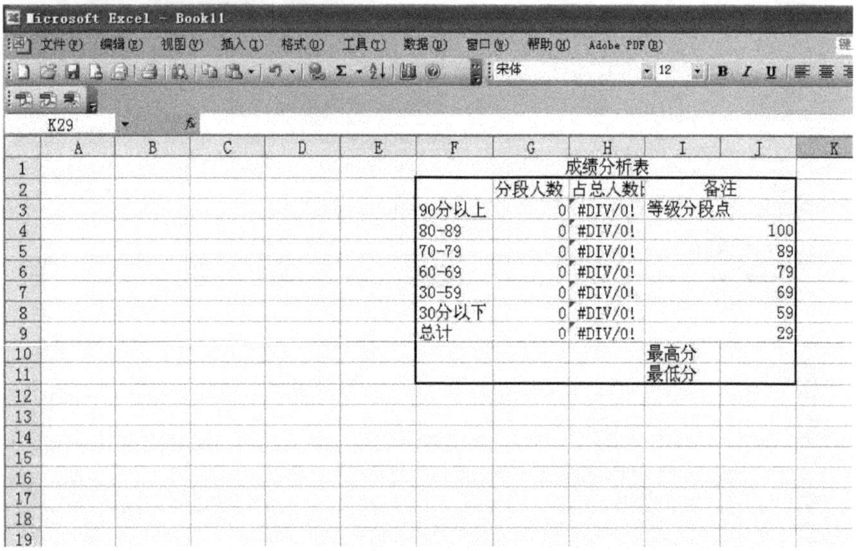

图 3.20　复制的表格

选定“备注”列的 3～9 行中的任意一个单元格，选择【插入】|【列】命令，在“备注”前插入一列，并输入本列标题“累积比例%”。

(2) 计算各分数段人数和各分数段人数所占的比例。在 G3 单元格输入“＝06 计 1 成绩分析表！G3+06 计 2 成绩分析表！G3”，得到 90 分以上的人数。然后拖动 G3 填充柄到 G8，计算各分数段人数总数。在 G9 单元格输入“＝SUM(G3:G8)”，得到总人数。在 H2 单元格输入“＝G3/$G$9”，得到 90 分以上人数占总人数的比例，拖动 H2 单元格填充柄到 H8，得到其余分数段占总人数的比例。

(3) 计算分数段的累积比例。在 I3 单元格输入“＝H3”，I4 单元格输入公式“＝I3+H4”，得到 80 分以上的百分比。拖动 I4 单元格的填充柄到 I8，得到其余累积百分比。

(4) 求最高分和最低分。在 J10 单元格输入“＝MAX(06 计 1 成绩分析表！J10，06 计 2 成绩分析表！J10)”，得到最高分，在 J11 单元格输入“＝MIN(06 计 1 成绩分析表！J11，06 计 2 成绩分析表！J11)”，得到最低分。

通过计算，成绩分析总表的效果如图 3.21 所示。

7) 建立分数的频率分布图表

(1) 选定要制作图表的数据区域。拖动鼠标指针选定 F2:F8 单元格，然后按住 Ctrl 键，选定 H2:H8 和 I2:I8 单元格。

(2) 选择图表类型。选择【插入】|【图表】命令，打开【图表向导－4 步骤之 1－图表类型】对话框，选择【自定义类型】选项卡。在【图表类型】列表框中选择【两轴线－柱图】选项，如图 3.22 所示。

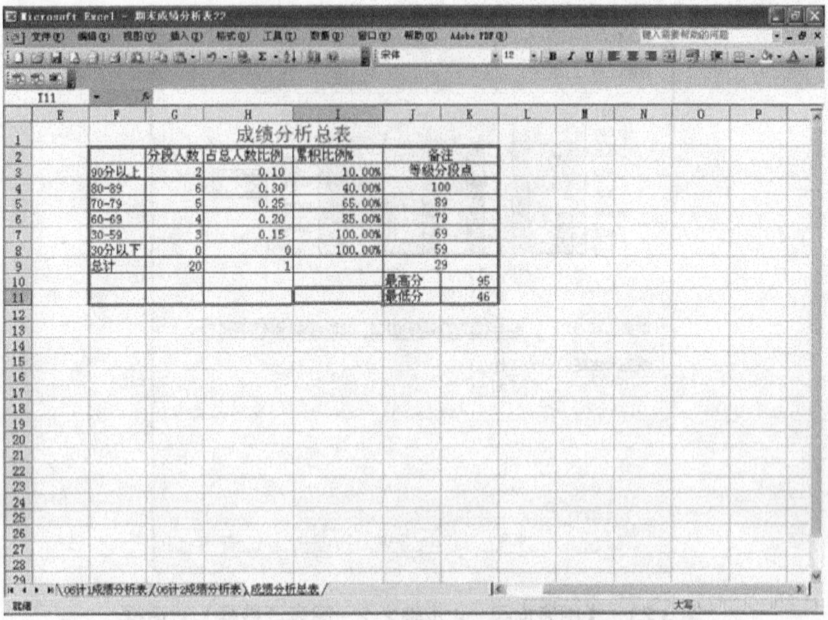

图 3.21　成绩分析总表

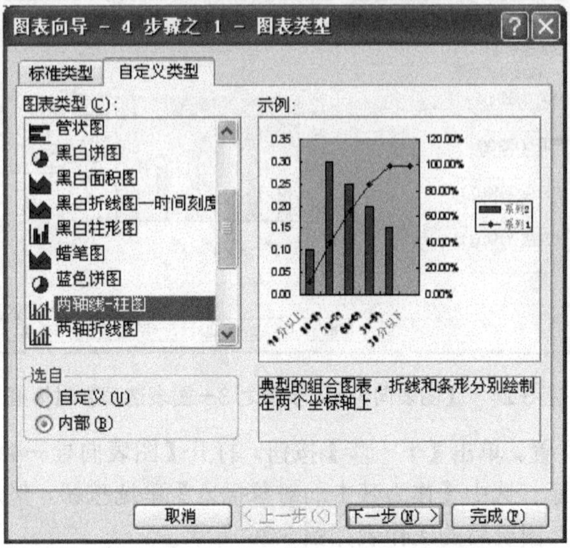

图 3.22　【图表向导－4 步骤之 1－图表类型】对话框

(3) 确定数据源。单击【下一步】按钮，打开【图表向导－4 步骤之 2－图表源数据】对话框，如图 3.23 所示。此时，【数据区域】文本框中自动填上图表的数据源区域。【系列产生在】选项为【列】。

(4) 选择图表选项。单击【下一步】按钮，打开【图表向导－4 步骤之 3－图表选项】对话框，如图 3.24 所示。在【标题】选项卡中的【图表标题】文本框中输入“成绩分析总图”。

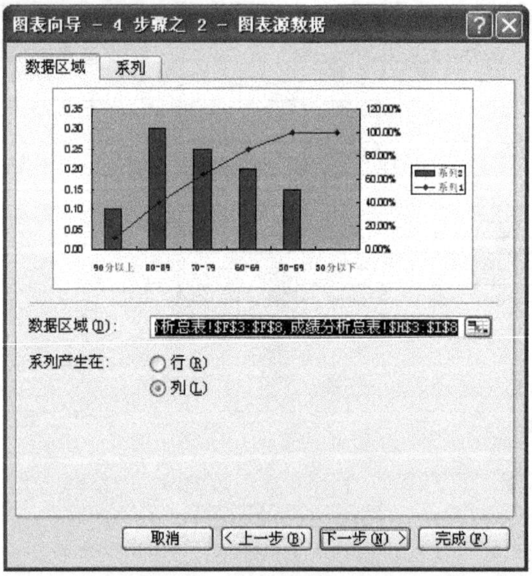

图 3.23 【图表向导－4 步骤之 2－图表源数据】对话框

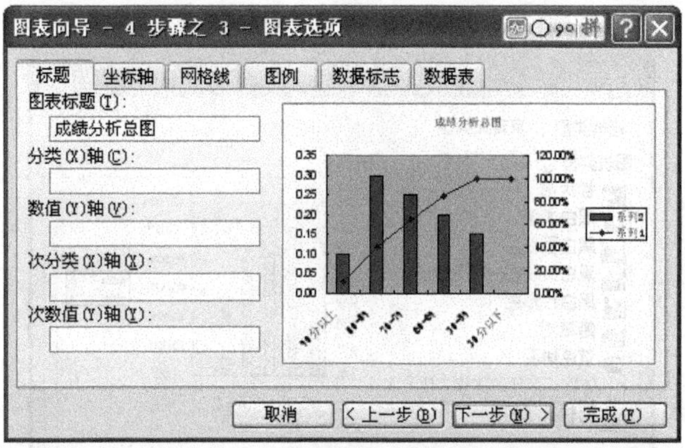

图 3.24 【图表向导－4 步骤之 3－图表选项】对话框

(5) 确定图表的位置。单击【下一步】按钮，打开【图表向导－4 步骤之 4－图表位置】对话框，如图 3.25 所示。选中【作为其中的对象插入】单选按钮，然后单击【完成】按钮，完成图表的建立。插入图表后的工作表如图 3.26 所示。

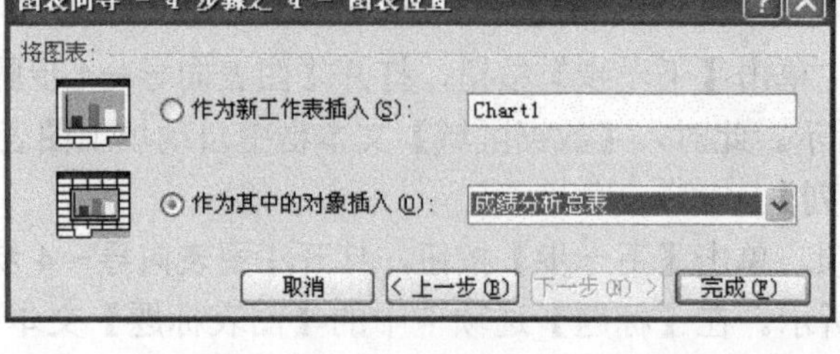

图 3.25 【图表向导－4 步骤之 4－图表位置】对话框

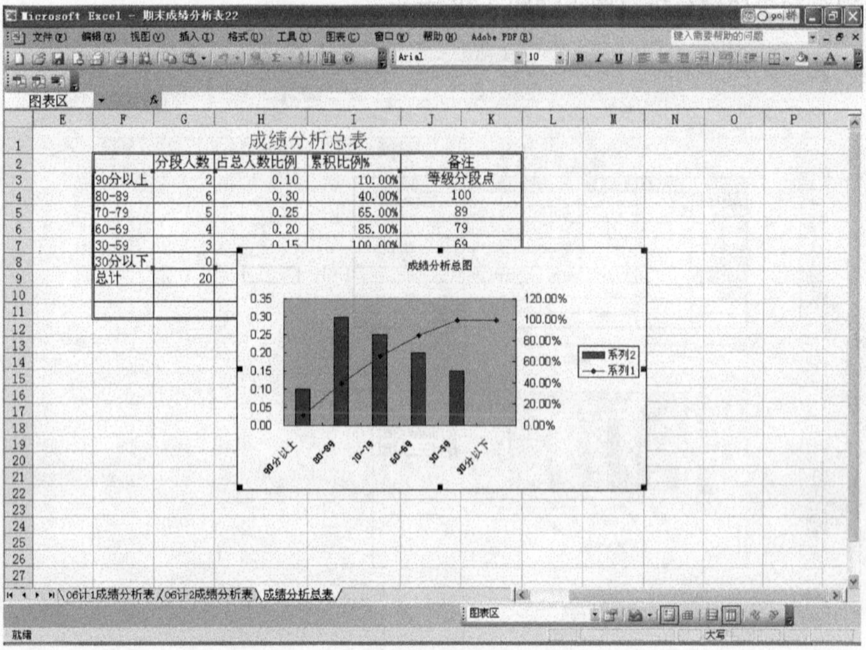

图 3.26　插入图表后的工作表

8) 编辑分数的频率分布图表

(1) 移动图表。单击图表边界，图表边界出现 8 个控制点，用鼠标指针指向图表边界，拖动图表到 F13 开始的单元格区域。

(2) 调整图表大小。选中图表，在控制点拖动鼠标指针，使图表在单元格区域 F13:K24。

(3) 设置分类(X)轴和数值(Y)轴的标题。选中图表，选择【图表】|【图表选项】命令，打开【图表选项】对话框。在【分类(X)轴】的文本框中输入“分数段”，在【数值(Y)轴】的文本框中输入“各分数段人数比例”；在【次数值(Y)轴】文本框中输入“累积比例”，如图 3.27 所示。单击【确定】按钮，完成设置。

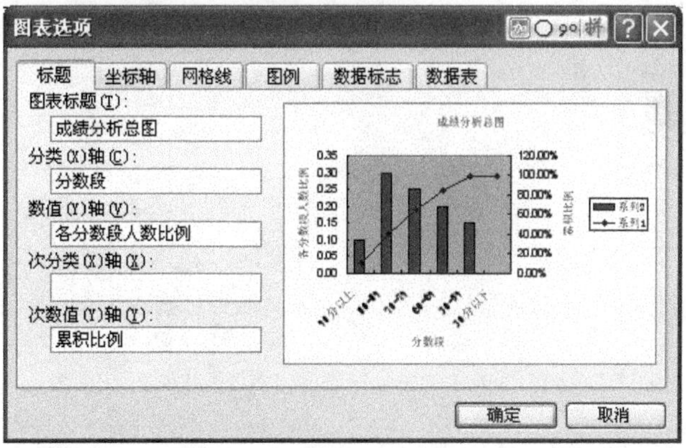

图 3.27　【图表选项】对话框

最后得到效果成绩分析总图表如图3.28所示。

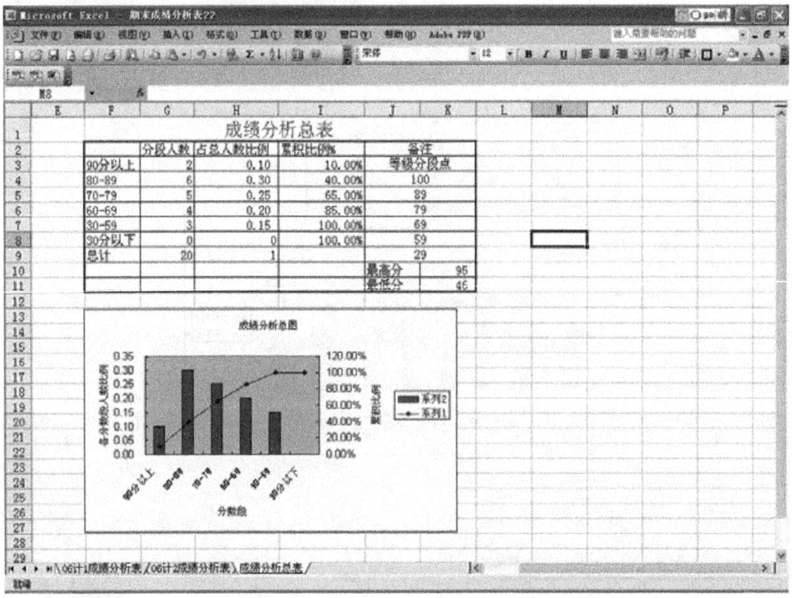

图3.28　成绩分析总图表

3. 操作技巧

1) 自动填充

利用自动填充功能输入学号，将该列前两个单元格数据填好，选中这两个单元格，拖动自动填充柄建立序列，在B2:C12区域中分别输入相应内容，如图3.29所示。

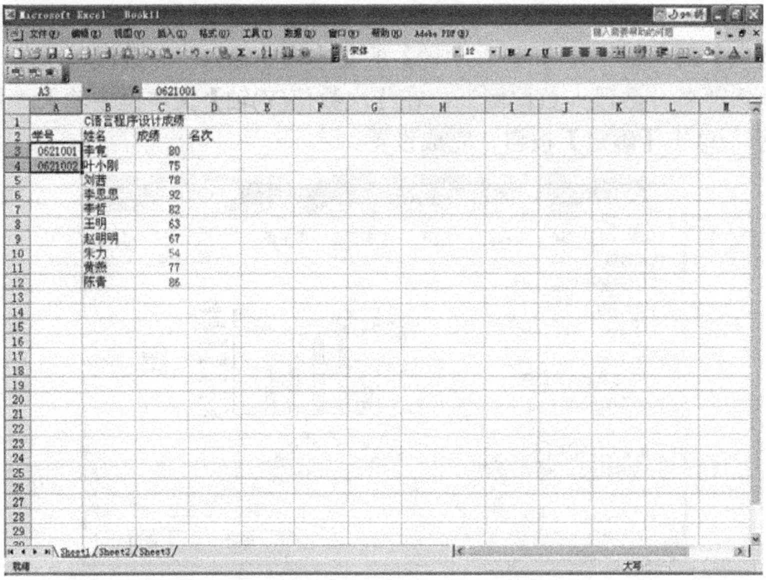

图3.29　利用自动填充功能输入学号

2) 为工作表改名

在默认情况，所有工作表被命名为 Sheet，编号从 1 开始，Excel 允许用户重新命名工作表。工作表的名称中可有空格，但长度不超过 31 个字符。重命名工作表步骤如下。

(1) 双击或右击需更名的工作表 Sheet1 标签，从菜单中选择【重命名】命令，工作表标签变成黑色。

(2) 输入标签的新名称“06 计 1 成绩分析表”，按 Enter 键，结果如图 3.30 所示。

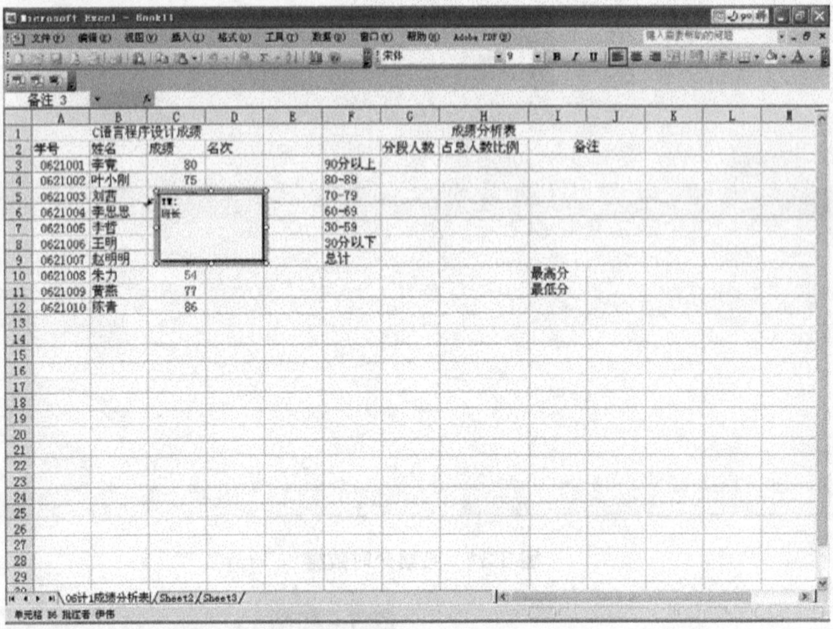

图 3.30　为工作表改名

3.2.3　Excel 基本编辑案例二：股票走势与预测

Excel 提供了数十种图表样式，在实际运用中，用户可以根据不同数据所需的表现方式来选择图表样式。

【例 3.2】 根据几只股票的分时数据，建立“数据点折线图”。如图 3.31 所示是几只股票的分时数据。

1. 案例分析

题目要求根据案例中给定的数据建立数据点折线图。

2. 操作重点与难点

(1) 选中单元格区域 B2:N5，选择【插入】|【图表】命令，打开【图表向导－4 步骤之 1－图表类型】对话框，选择【标准类型】选项卡。在【图表类型】列表框中选择【折线图】，如图 3.32 所示。

(2) 单击【下一步】按钮，打开【图表向导－4 步骤之 2－图表源数据】对话框，如

图 3.33 所示。此时【数据区域】编辑框中显示的是“=Sheet1!$B$2:$N$5”。【系列产生在】选项为【行】。

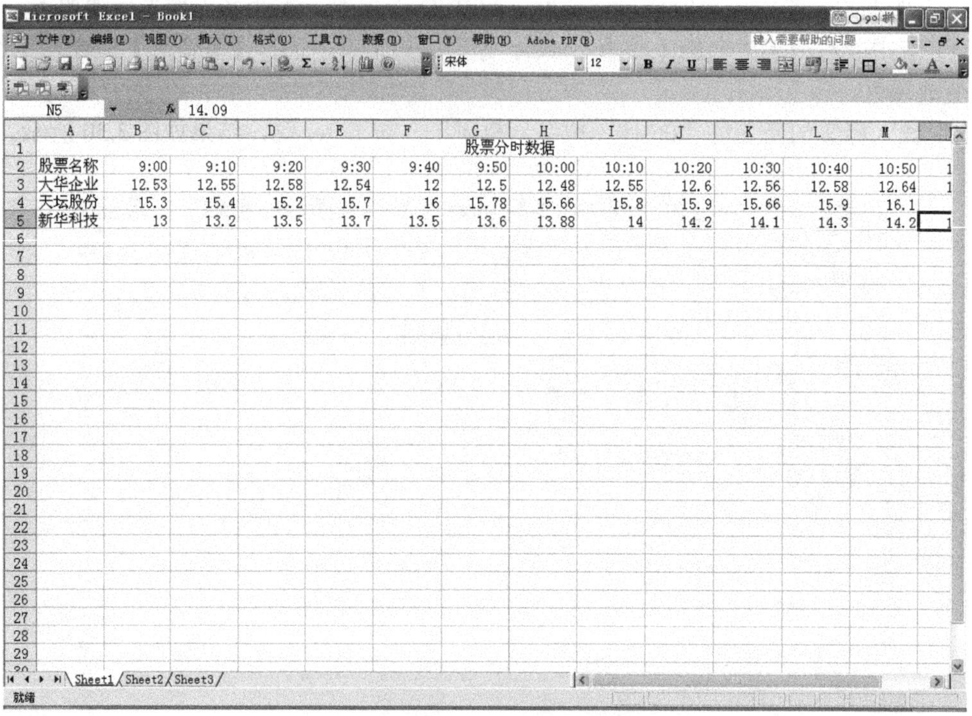

图 3.31　股票分时数据

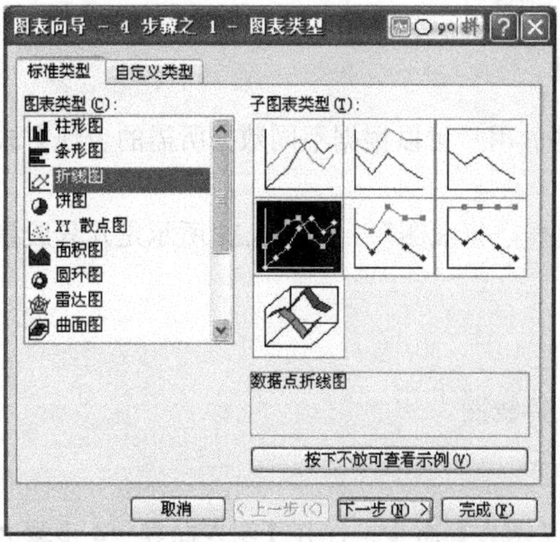

图 3.32　【图表向导－4 步骤之 1－图表类型】对话框

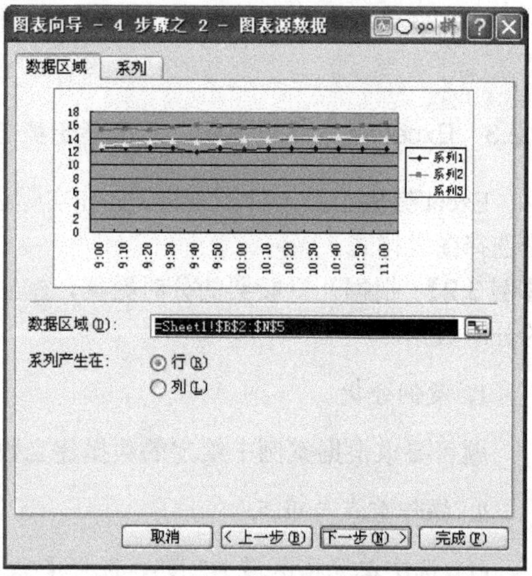

图 3.33　【图表向导－4 步骤之 2－图表源数据】对话框

单击【系列】标签，出现如图 3.34 的选项卡，选择【系列】列表中的“系列 1”、“系列 2”、“系列 3”，在对应的【名称】文本框中分别输入“大华企业”、“天坛股份”、“新华科技”。

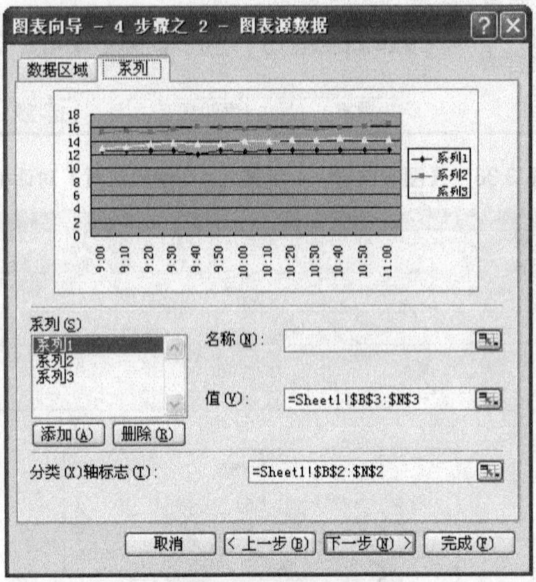

图 3.34　【系列】选项卡

(3) 单击【下一步】按钮，打开【图表向导－4 步骤之 3－图表选项】对话框，在【标题】选项卡中的【图表标题】文本框中输入“股票分时走势图”；在【分类(X)轴】文本框中输入“时间”，在【数值(Y)轴】文本框中输入“价格”，如图 3.35 所示。

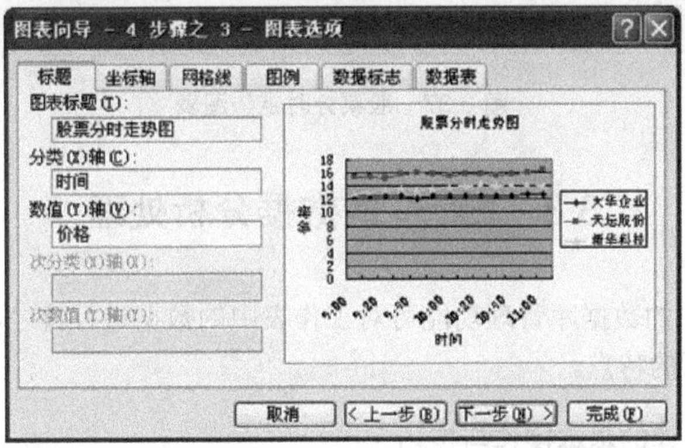

图 3.35　【图表向导－4 步骤之 3－图表选项】对话框

(4) 单击【下一步】按钮，打开【图表向导－4 步骤之 4－图表位置】对话框，如图 3.36 所示。选中【作为其中的对象插入】单选按钮，然后单击【完成】按钮，完成图表的建立。插入图表后的工作表如图 3.37 所示。

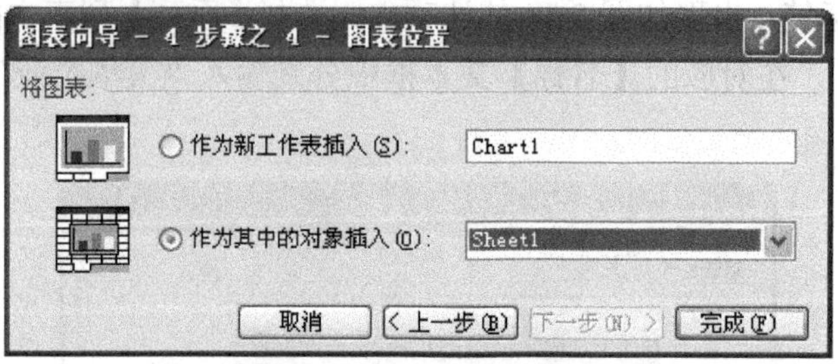

图 3.36 【图表向导－4 步骤之 4－图表位置】对话框

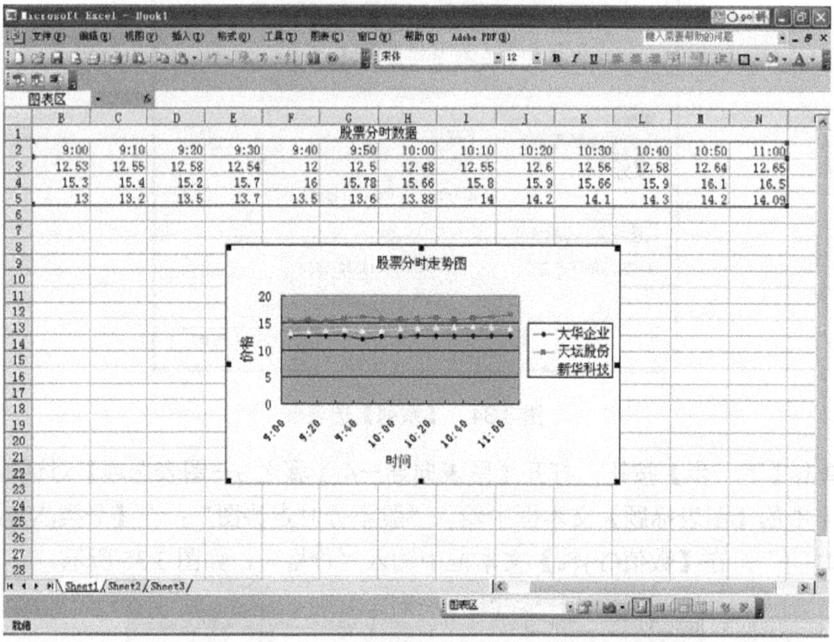

图 3.37 股票分时走势图表

3.3 Excel 的数据分析处理

Excel 2003 提供的数据库管理功能可对工作表中的数据进行排序、筛选及汇总，具有实用性强、方便灵活的特点。

3.3.1 Excel 数据管理的基本操作与技巧

1. 使用记录单

1) 使用记录单添加数据

单击要添加数据的数据表格的任意单元格，选择【数据】|【记录单】命令，弹出记录单对话框，如图 3.38 所示，单击【新建】按钮，可添加一条新记录。

2) 使用记录单修改和删除记录

单击数据表的任意单元格，然后选择【数据】|【记录单】命令，弹出记录单对话框。单击【下一条】按钮或拖动垂直滚动条到要修改的记录，然后对该记录中要修改的数据进行修改。

3) 使用记录单搜索条件匹配的记录

单击数据表的任意单元格，然后选择【数据】|【记录单】命令，弹出记录单对话框。单击【条件】按钮，出现如图 3.39 所示的对话框，在【成绩】文本框中输入“>80”，显示符合条件的第一条记录。

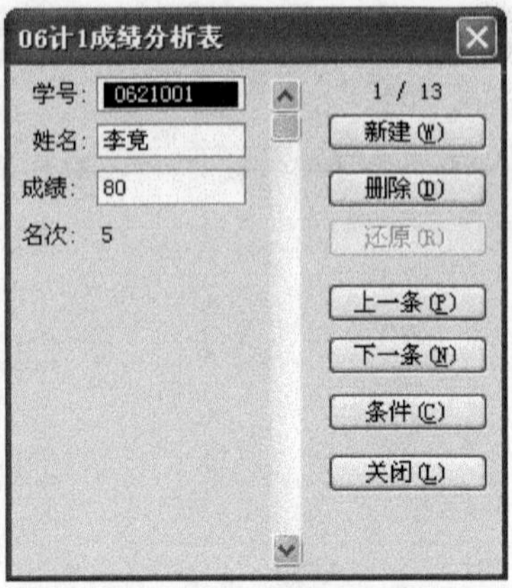

图 3.38　条件对话框

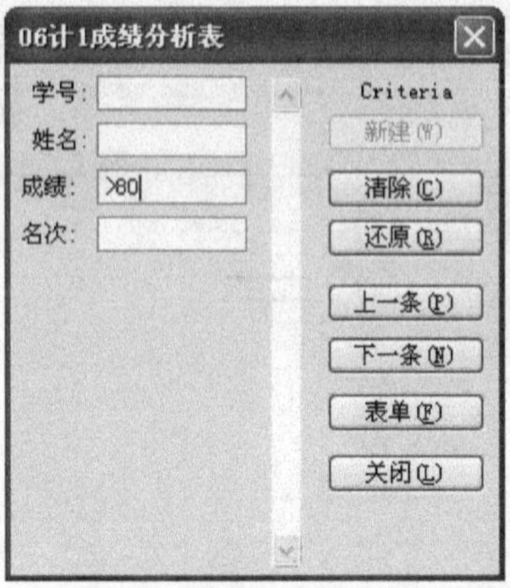

图 3.39　设置查询条件

2. 数据排序

1) 按单列排序

单击数据表中数据区域中的任意单元格。选择【数据】|【排序】命令，弹出【排序】对话框。在【排序】对话框中设置主关键字和排序方式，即“升序”或“降序”，如图 3.40 所示。

图 3.40　【排序】对话框

2) 按多列排序

单击数据区域的任意单元格，选择【数据】|【排序】命令，弹出【排序】对话框。分别设置【主要关键字】和【次要关键字】对应的字段和排序方式。

3. 筛选数据表

1) 自动筛选

单击数据表的任意单元格，选择【数据】|【筛选】|【自动筛选】命令，此时，在每个字段名的右边都有一个下拉箭头按钮，如图3.41所示。单击任意一个下拉箭头按钮，就会出现相应的下拉列表，在下拉列表中选择要筛选的值，就会得到筛选后的记录。

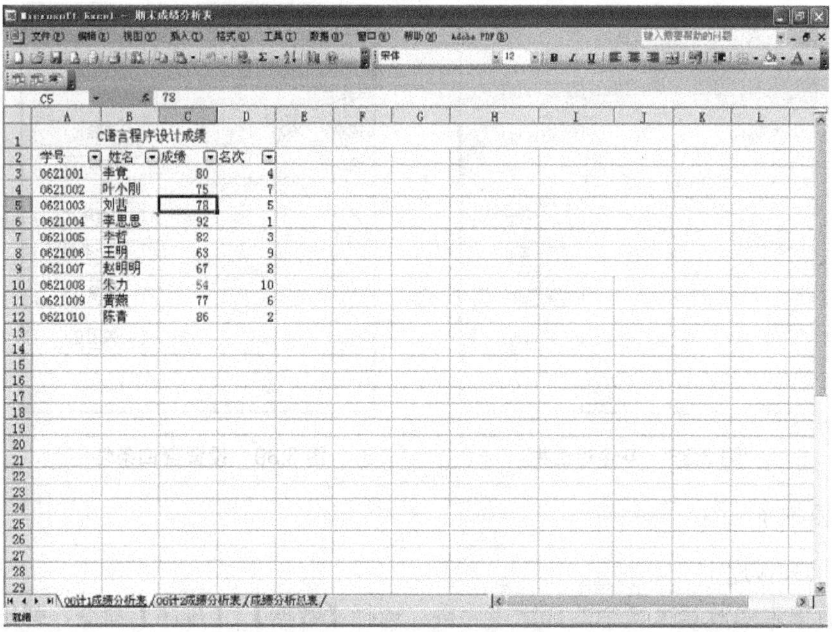

图3.41　自动筛选示意图

2) 高级筛选

自动筛选仅可以对列数据进行两个条件的筛选，若要进行多个条件筛选，就需使用“高级筛选”。使用高级筛选前，一定要先建立一个条件区域。条件区域用来指定筛选的数据必须满足的条件。

单击数据表的任意单元格，选择【数据】|【筛选】|【高级筛选】命令，弹出【高级筛选】对话框，如图3.42所示。在其中选择适合的条件即可进行筛选。

4. 数据分类汇总

选择【数据】|【分类汇总】命令，弹出【分类汇总】对话框。在【分类字段】下拉列表中选择分类字段，在【汇总方式】下拉列表中选择汇总的方式，在【选定汇总项】列表框中选择汇总的字段，如图3.43所示。

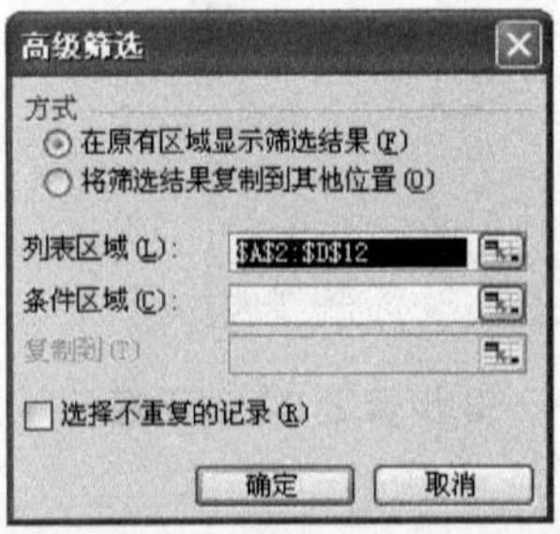

图 3.42 【高级筛选】对话框

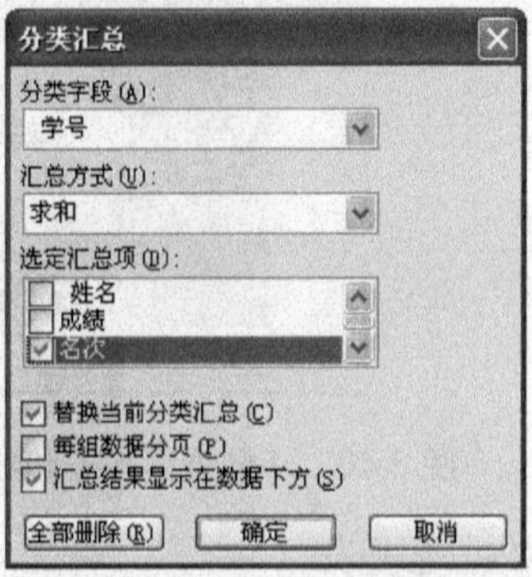

图 3.43 【分类汇总】对话框

5. 创建和编辑数据透视表

数据透视表的数据源是透视表的数据来源。数据源可以是 Excel 的数据表格，也可以是外部数据表和 Internet 上的数据源，还可以是经过合并计算的多个数据区域以及另一个数据透视表。

1) 创建数据透视表

选择【数据】|【数据透视表和数据透视图】命令，弹出【数据透视表和数据透视图向导——3 步骤之 1】对话框，选择数据来源及所建的报表类型，如图 3.44 所示。

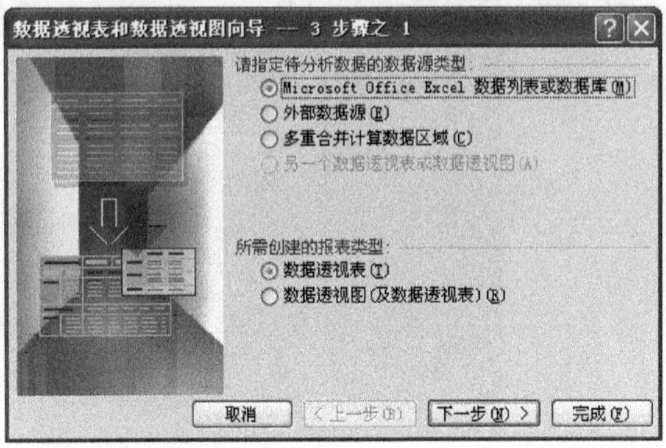

图 3.44 【数据透视表和数据透视图向导——3 步骤之 1】对话框

单击【下一步】按钮，弹出【数据透视表和数据透视图向导——3 步骤之 2】对话框，选择数据区域，如图 3.45 所示。

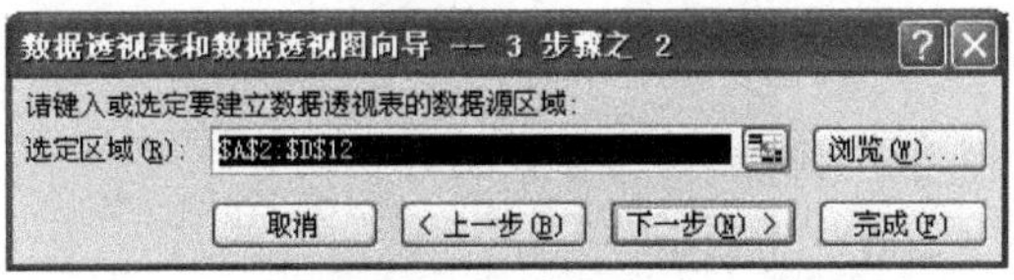

图 3.45 【数据透视表和数据透视图向导——3 步骤之 2】对话框

单击【下一步】按钮，弹出【数据透视表和数据透视图向导——3 步骤之 3】对话框，选择数据透视表显示的位置，如图 3.46 所示。单击【完成】按钮。

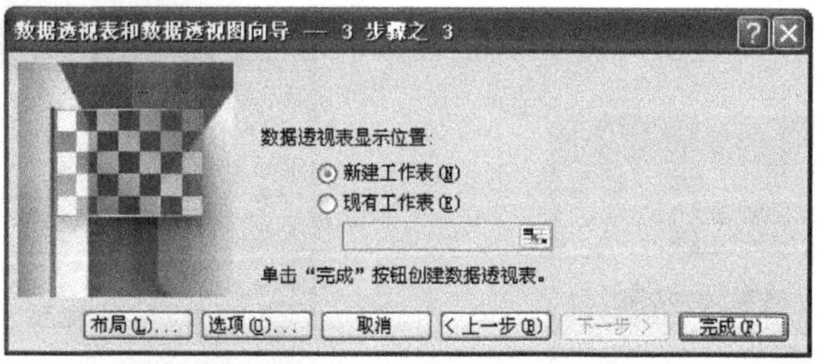

图 3.46 【数据透视表和数据透视图向导——3 步骤之 3】对话框

2) 编辑数据透视表

选择【视图】|【工具栏】|【数据透视表】命令，弹出【数据透视表】工具栏。通过【数据透视表】工具栏可以编辑数据透视表。

3.3.2 Excel 数据管理案例一：期末成绩统计与分析

【例 3.3】 利用数据管理的工具对学生期末成绩进行统计和分析。学生期末成绩表如图 3.47 所示。

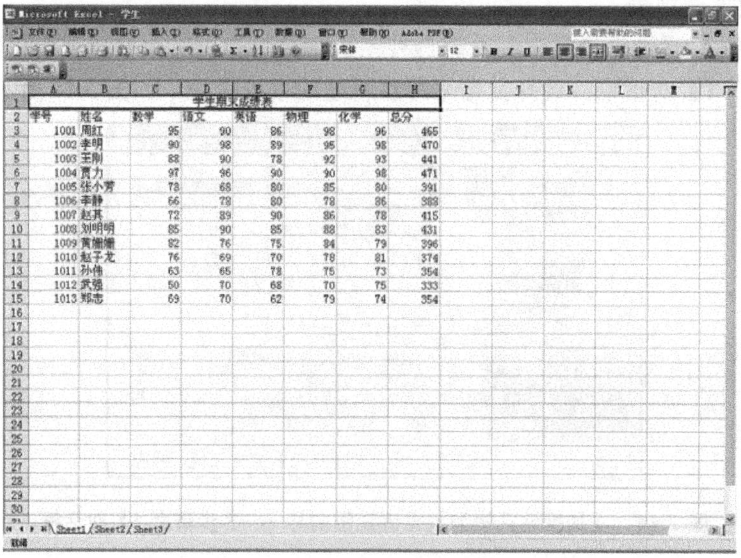

学生期末成绩表

学号	姓名	数学	语文	英语	物理	化学	总分
1001	周红	95	90	86	98	96	465
1002	李明	90	98	89	95	98	470
1003	王刚	88	90	78	92	93	441
1004	贾力	97	96	90	90	98	471
1005	张小芳	78	68	80	85	80	391
1006	李静	66	78	80	78	86	388
1007	赵其	72	89	90	86	78	415
1008	刘明明	85	90	85	88	83	431
1009	黄姗姗	82	76	75	84	79	396
1010	赵子龙	76	69	70	78	81	374
1011	孙伟	63	65	78	75	73	354
1012	武强	50	70	68	70	75	333
1013	郑志	69	70	62	79	74	354

图 3.47 学生期末成绩表

要求：

(1) 按“总分”排序。

(2) 按“总分”和“数学”排序。

(3) 筛选出总分大于“400”的学生。

(4) 筛选出数学、语文、英语都大于“85”的学生。

1. 案例分析

本案例要求利用数据管理的工具对学生的期末成绩表进行按“总分”排序，按“总分”

和“数学”排序，筛选出总分大于“400”的学生，筛选出“数学”、“语文”、“英语”都“>85”的学生。主要要使用数据管理中的单列排序、按多列排序、自动筛选、高级筛选。

2. 操作重点与难点

1) 单列排序

单击数据表中数据区域中的任意单元格，选择【数据】|【排序】命令，弹出【排序】对话框。在【排序】对话框中将“总分”设为主关键字，选中“降序”单选按钮，如图 3.48 所示。单击【确定】按钮，表中数据将按“总分”降序进行排列，如图 3.49 所示。

图 3.48　【排序】对话框

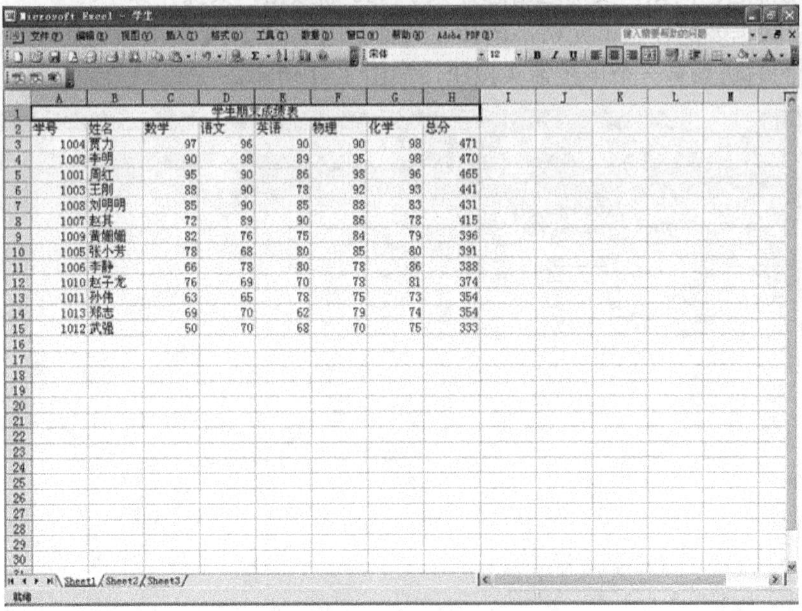

图 3.49　按“总分”排序的数据表

2) 按多列排序

单击数据区域的任意单元格，选择【数据】|【排序】命令，弹出【排序】对话框。分别设置【主要关键字】为“总分”和【次要关键字】为“数学”，且均按降序排列。然后单击【确定】按钮，如果“总分”相同则按“数学”成绩排序，如图 3.50 所示。

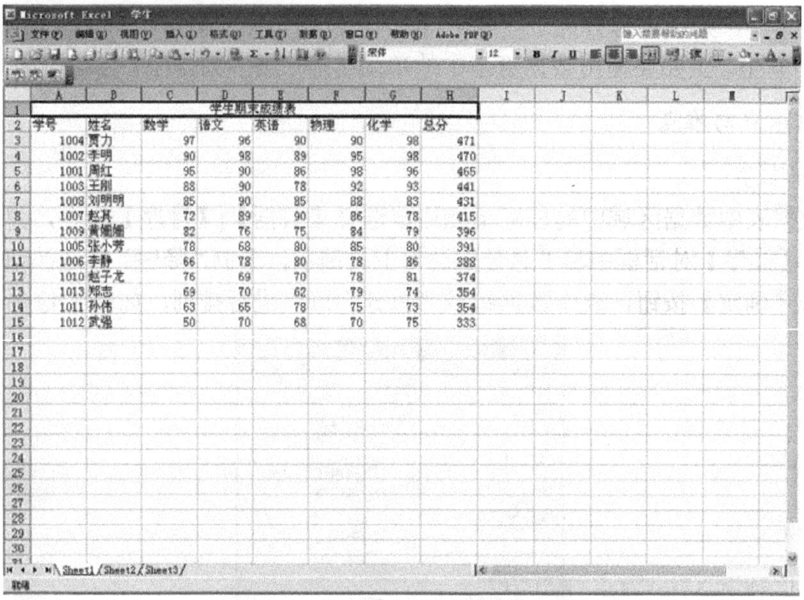

图 3.50　按“总分”和“数学”排序的数据表

3) 数据筛选

(1) 自动筛选。例如，要筛选出总分大于400的数据，其操作如下。

① 单击数据表的任意单元格，选择【数据】|【筛选】|【自动筛选】命令，此时，在每个字段名的右边都有一个下拉箭头按钮，如图3.51所示。

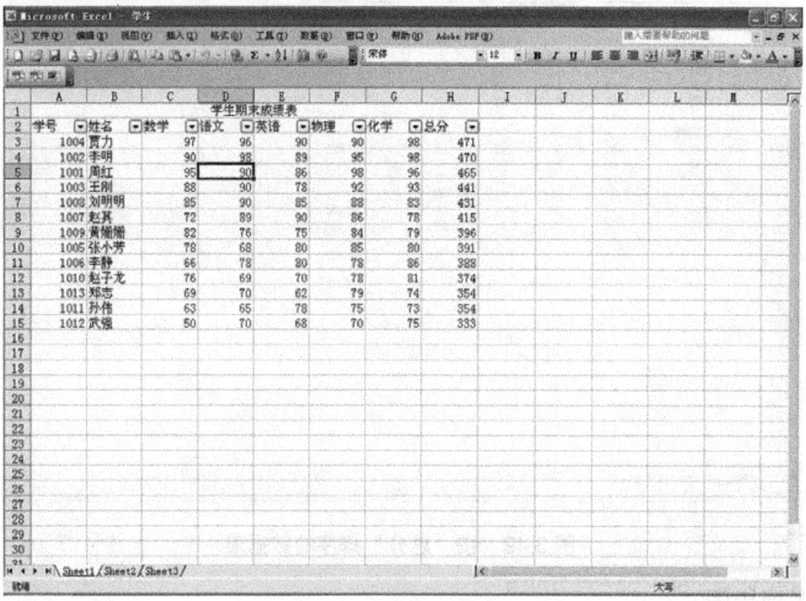

图 3.51　“自动筛选”示意图

② 根据筛选条件，单击【总分】下拉列表箭头，选择【自定义】选项，弹出如图3.52所示的对话框。在【显示行】选项组的第一个下拉列表框中，单击下拉列表箭头，选定比

较运算符【大于】。再单击后面的编辑列表框，输入“400”。单击【确定】按钮，这时可以看见以蓝色的标识符标示出了已经过筛选的列表和筛选出的记录，如图 3.53 所示。

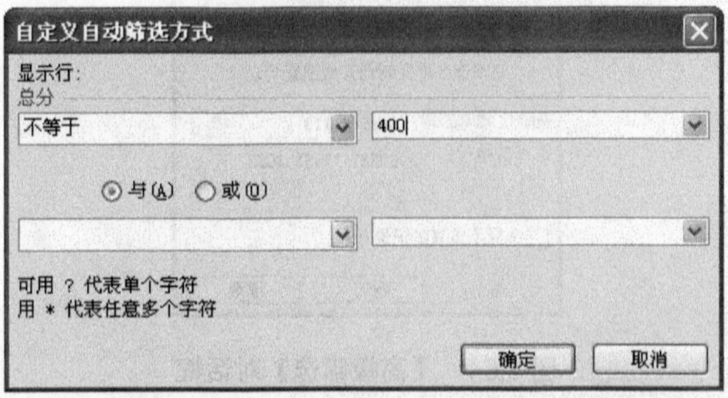

图 3.52　【自定义自动筛选方式】对话框

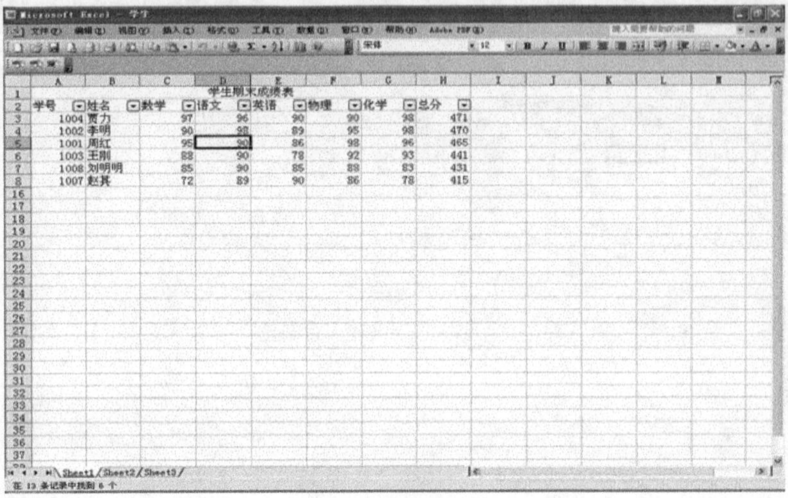

图 3.53　筛选结果

(2) 高级筛选。自动筛选仅可以对列数据进行两个条件的筛选，若要进行多个条件的筛选，就需使用“高级筛选”功能。不过，要使用高级筛选，一定要先建立一个条件区域。条件区域用来指定筛选的数据必须满足的条件。

具体操作如下：单击标题单元格，选择【插入】|【行】命令，重复操作三次，在标题单元格前插入三行空行，作为条件区域。

单击“语文”单元格，按住 Ctrl 键并单击“数学”、“英语”单元格，单击【复制】按钮，选中条件区域中的 A1 单元格，单击【粘贴】按钮，将“语文”、“数学”、“英语”三个列标题复制到条件区域的第一行。在 A2、B2、C2 单元格分别输入“>85”筛选条件，然后单击数据表的任意单元格。选择【数据】|【筛选】|【高级筛选】命令。弹出【高级筛选】对话框，选择【在原有区域显示筛选结果】单选按钮，这样数据清单中将显示符合条件的记录，不符合条件的记录将被隐藏。在【列表区域】编辑框中选择“$A$5:$H$18”；在【条件区域】编辑框中，单击“折叠”按钮，输入“SHEET1!$A$1:$C$2”，

如图 3.54 所示，单击【确定】按钮，结果如图 3.55 所示。

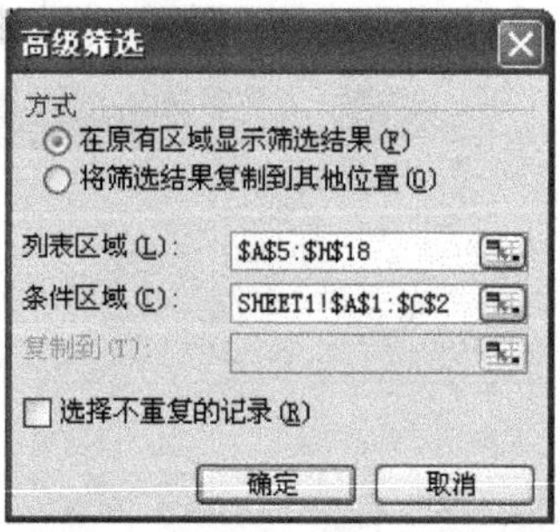

图 3.54 【高级筛选】对话框

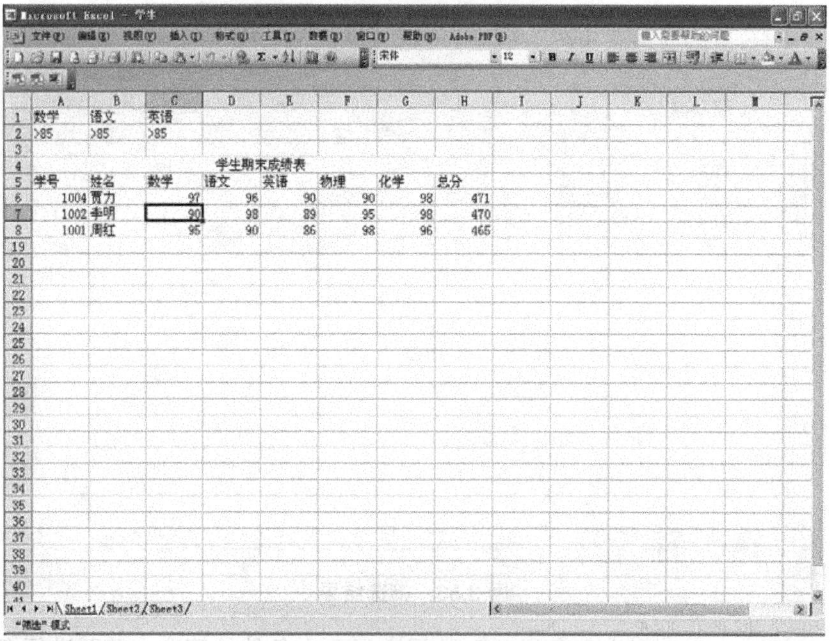

图 3.55 高级筛选后的结果

3.3.3 Excel 数据管理案例二：职工工资发放明细

【例 3.4】 职工工资发放明细，假设职工工资表如图 3.56 所示。

要求：

(1) 汇总各个部门的工资总额。

(2) 建立人才结构透视表和透视图。

1. 案例分析

根据案例要求，使用“分类汇总”对各个部门工资进行汇总，使用“创建和编辑数据透视表”建立人才结构透视表和透视图。

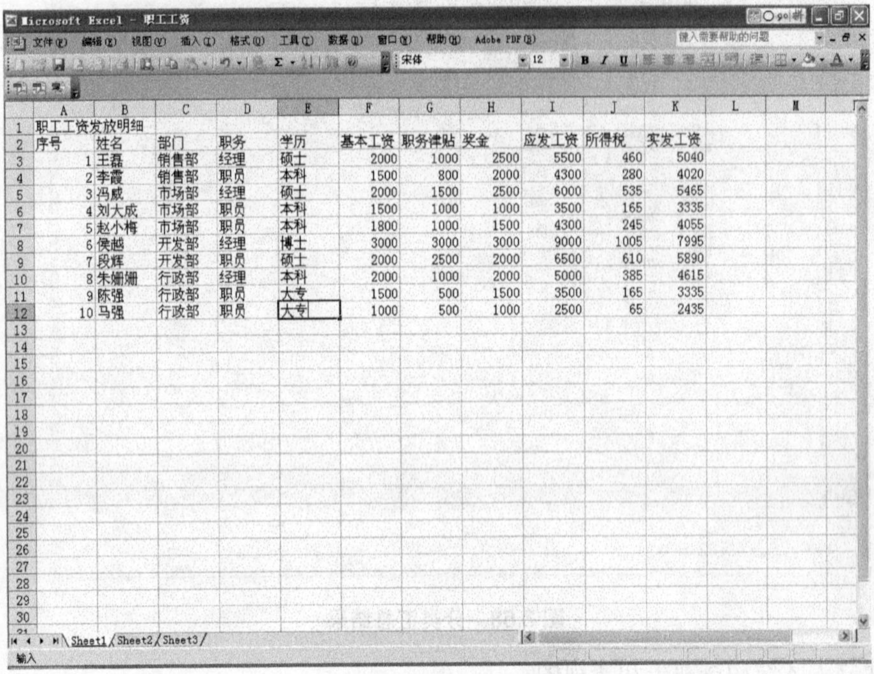

	A	B	C	D	E	F	G	H	I	J	K
1	职工工资发放明细										
2	序号	姓名	部门	职务	学历	基本工资	职务津贴	奖金	应发工资	所得税	实发工资
3	1	王磊	销售部	经理	硕士	2000	1000	2500	5500	460	5040
4	2	李霞	销售部	职员	本科	1500	800	2000	4300	280	4020
5	3	冯威	市场部	经理	硕士	2000	1500	2500	6000	535	5465
6	4	刘大成	市场部	职员	本科	1500	1000	1000	3500	165	3335
7	5	赵小梅	市场部	职员	本科	1800	1000	1500	4300	245	4055
8	6	侯越	开发部	经理	博士	3000	3000	3000	9000	1005	7995
9	7	段辉	开发部	职员	硕士	2000	2500	2000	6500	610	5890
10	8	朱姗姗	行政部	经理	本科	2000	1000	2000	5000	385	4615
11	9	陈强	行政部	职员	大专	1500	500	1500	3500	165	3335
12	10	马强	行政部	职员	大专	1000	500	1000	2500	65	2435

图 3.56　职工工资表

2. 操作重点与难点

1) 汇总各部门工资

首先，按分类字段“部门”排序。选定数据区域任意单元格，选择【数据】|【排序】命令，打开【排序】对话框，选择“部门”为主关键字，单击【确定】按钮，完成排序。然后选择【数据】|【分类汇总】命令，弹出【分类汇总】对话框。在【分类字段】下拉列表中选择“部门”为分类字段，在【汇总方式】下拉列表中，设置“求和”为汇总方式，在【选定汇总项】列表框中，设置“实发工资”为汇总字段，如图 3.57 所示。单击【确定】按钮，完成分类汇总，分类汇总结果如图 3.58 所示。

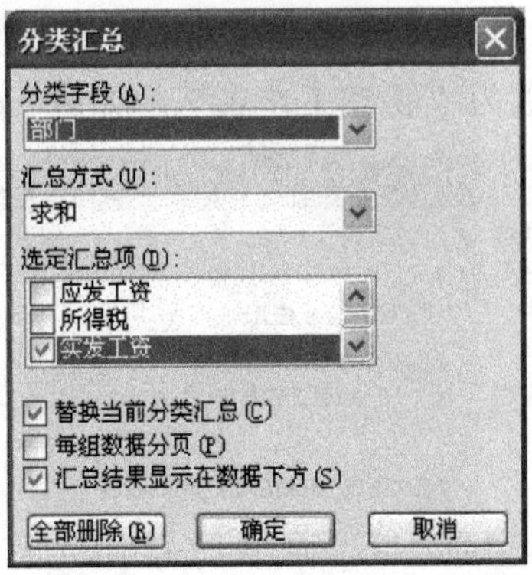

图 3.57　【分类汇总】对话框

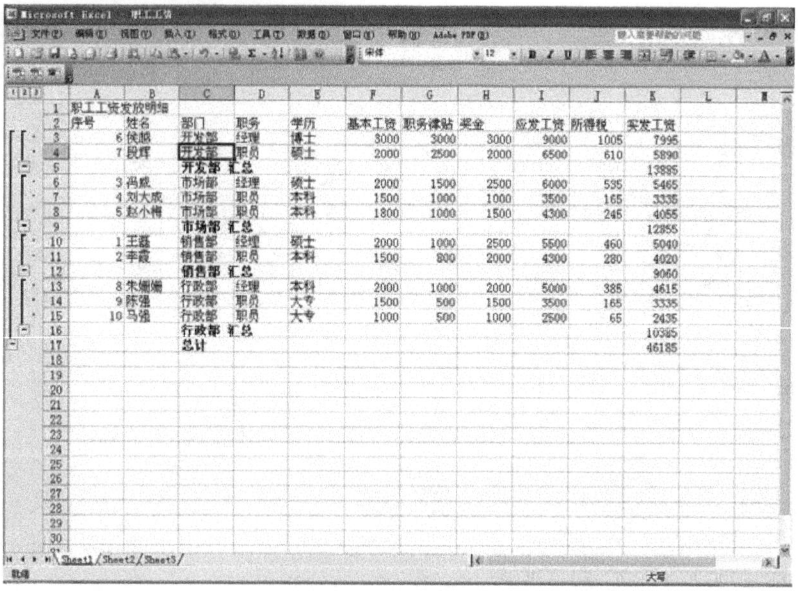

图 3.58　分类汇总结果

2) 建立人才结构透视表和透视图

(1) 选择【数据】|【数据透视表和数据透视图】命令，弹出【数据透视表和数据透视图向导——3 步骤之 1】对话框，选择数据来源及所建报表类型，单击【下一步】按钮，弹出【数据透视表和数据透视图向导——3 步骤之 2】对话框，选择数据区域为$A$2:$K$12，如图 3.59 所示。

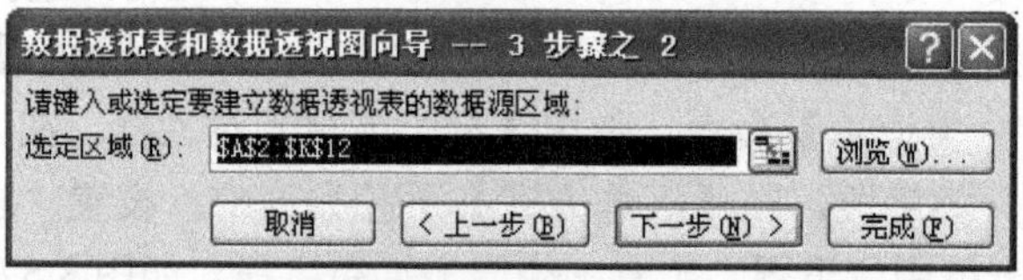

图 3.59　【数据透视表和数据透视图向导——3 步骤之 2】对话框

(2) 单击【下一步】按钮，弹出【数据透视表和数据透视图向导——3 步骤之 3】对话框，设置数据透视表显示的位置为“新建工作表”，如图 3.60 所示。

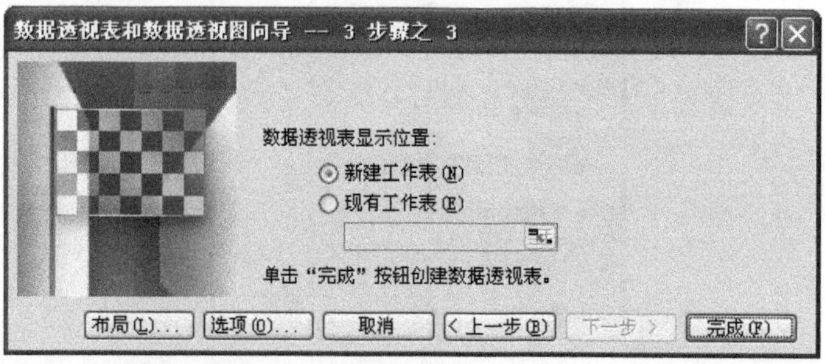

图 3.60　【数据透视表和数据透视图向导——3 步骤之 3】对话框

(3) 单击【布局】按钮，打开【数据透视表和数据透视图向导——布局】对话框，拖动“学历”字段到“列”区域，拖动“部门”字段到“行”区域，拖动“学历”字段到“数据”区域，如图 3.61 所示。

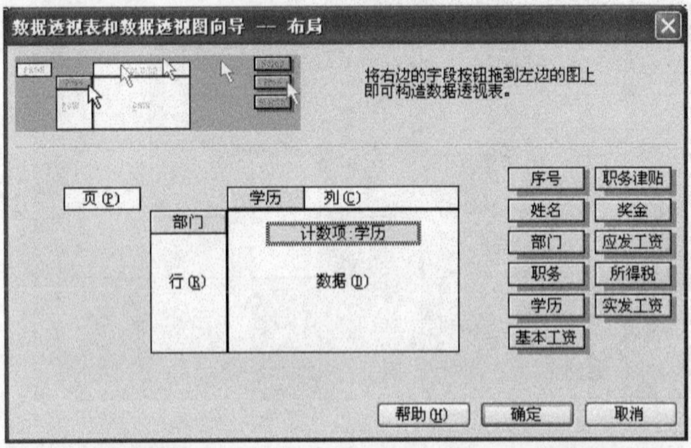

图 3.61　【数据透视表和数据透视图向导——布局】对话框

(4) 单击【确定】按钮，返回【数据透视表和数据透视图向导——3 步骤之 3】对话框，单击【完成】按钮，完成数据透视表的建立，位置在工作表 Sheet4 中，如图 3.62 所示。

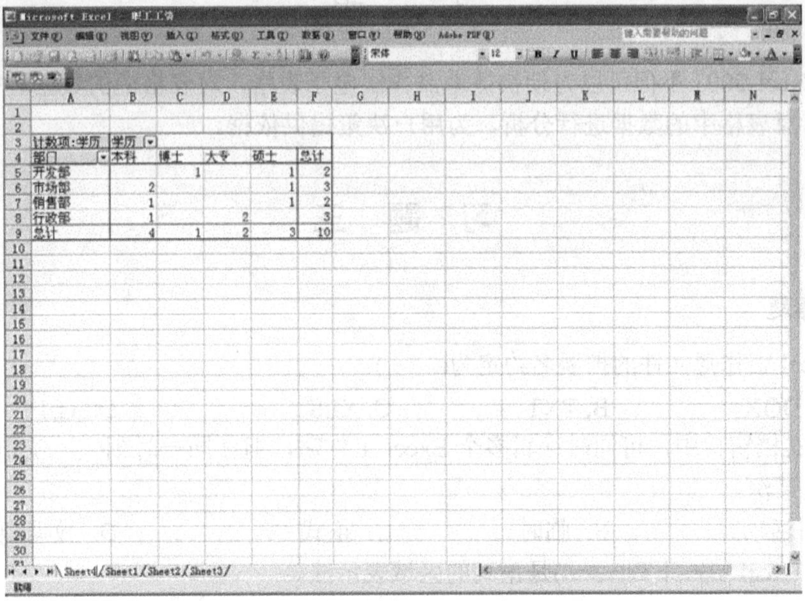

图 3.62　人才结构透视表

建立人才透视图的过程除在【数据透视表和数据透视图向导——3 步骤之 1】对话框中设置【所需创建报表类型】的单选按钮为“数据透视图”外，其余步骤与建立透视表的步骤相同，透视图如图 3.63 所示。

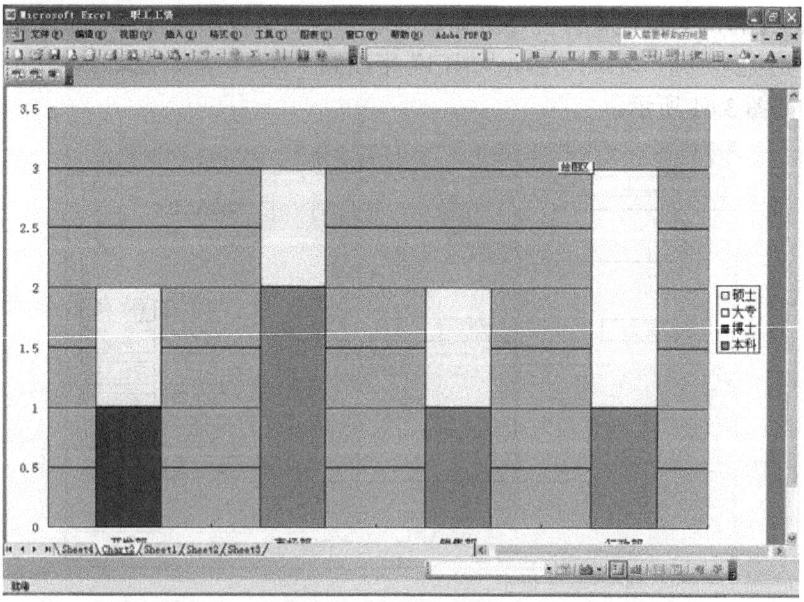

图 3.63　人才结构透视图

小　　结

利用 Excel 2003 不但可以方便快捷地制作出电子表格，对表格中的数据进行统计和计算，还可以对表格中的数据进行分析，为用户决策提供依据。

习　题　三

1. 选择题

(1) Excel 工作簿文件的扩展名约定为(　　)。

A. DOX　　B. TXT　　C. XLS　　D. XLT

(2) 在文档窗口中，可同时编辑多个 Excel 工作簿，但在同一时刻(　　)工作簿窗口的标题栏颜色最深。

A. 活动　　B. 临时　　C. 正式　　D. 数据源

(3) 在 Excel 中，下列(　　)是正确的区域表示法。

A. A1?D4　　B. A1..D4　　C. A1:D4　　D. A1>D4

(4) 在 Excel 中，要统计一行数值的总和，可以用函数(　　)。

A. COUNT　　B. AVERAGE　　C. MAX　　D. SUM

(5) 在 Excel 中，要求在使用分类汇总之前，先对(　　)字段进行排序。

A. 字符　　B. 字母　　C. 分类　　D. 逻辑

(6) 在 Excel 的数据排序中，英文字符按其(　　)排序。

A. 字体　　B. 字号　　C. 字型　　D. 字母顺序

(7) 在 Excel 的数据库中，自动筛选是对各(　　)进行条件选择的筛选。

A. 记录　　B. 字段　　C. 行号　　D. 列号

(8) 如果将选定单元格(或区域)的内容去掉，单元格依然保留，称为(　　)。

A. 重写　　B. 清除　　C. 改变　　D. 删除

(9) 在 Excel 的数据排序中，允许用户最多指定(　　)个关键字。

A. 2　　B. 3　　C. 4　　D. 5

(10) 函数 AVERAGE(A1:B5)相当于(　　)。

A. 求(A1:B5)区域的最小值　　B. 求(A1:B5)区域的平均值

C. 求(A1:B5)区域的最大值　　D. 求(A1:B5)区域的总和

(11) 一张 Excel 工作表共有(　　)列。

A. 265　　B. 65536　　C. 256　　D. 24

(12) 在 Excel 工作表中，如果没有预先设定整个工作表的对齐方式，系统默认的对齐方式是数值(　　)。

A. 左对齐　　B. 中间对齐　　C. 右对齐　　D. 视具体情况而定

(13) 使用 Excel 时，若打开多个工作簿后，在同一时刻有(　　)个是活动工作簿。

A. 4　　B. 1　　C. 9　　D. 2

(14) Excel 的下拉菜单中，呈灰色状显示的选项表示该命令(　　)。

A. 还没有安装　　B. 显示方式不同

C. 正在被使用　　D. 当前状态下不能执行

(15) 在 Excel 的工作表中，若在行号和列号前加$符号，代表绝对引用。绝对引用工作表 Sheet2 的从 A2 到 C5 区域的公式为(　　)。

A. Sheet2!A2:C5　　B. Sheet2!$A2:$C5

C. Sheet2!$A$2:$C$5　　D. Sheet2!$A2:C5

(16) 如果在 A1、B1 和 C1 三个单元格分别输入数据 1、2 和 3，再选择单元格 D4，然后单击常用工具栏中的按钮“Σ”，则在单元格 D1 显示(　　)。

A. =SUM(A1:C1)　　B. =TOTAL(A1:C1)

C. =AVERAGE(A1:C1)　　D. =COUNT(A1:C1)

(17) 一个工作簿里最多可以含有(　　)张工作表。

A.3　　B. 16　　C. 127　　D. 255

(18) 在工具栏上单击鼠标右键将打开(　　)。

A. 格式快捷菜单　　B. 编辑快捷菜单

C. 工具栏快捷菜单　　D. 帮助快捷菜单

(19) 在 Excel 中，当用户希望使标题位于表格中央时，可以使用对齐方式中的(　　)。

A. 置中　　B. 合并及居中　　C. 分散对齐　　D. 填充

(20) 在 Excel 中，利用填充柄可以将数据复制到相邻单元格中，若选择含有数值的左右相邻的两个单元格，左键拖动填充柄，则数据以(　　)填充。

A. 等差数列　　B. 等比数列　　C. 左单元格数值　　D. 右单元格数值

2. 填空题

(1) 在 Excel 2003 中，编辑栏的名称栏显示为 A13，则表示当前单元格为________。

(2) 在 Excel 2003 中，要进行单元格的合并，应先选定要合并的单元格区域，再执行________菜单的命令。

(3) 在 Excel 2003 中，重命名工作表最简单的方法是用鼠标________击要重命名的工作表标签，再输入新的工作表名称。

(4) 在 Excel 2003 中，如果要引用 Sheet4 工作表中的 B6、B7、B8 三个单元格，则应当在当前工作表的选定的单元格中输入________。

(5) 在 Excel 2003 中，新建工作簿的快捷键是________。

第4章 演示文稿软件 PowerPoint

本章综述：

PowerPoint 2003 是进行广告宣传、产品演示的幻灯片制作工具，制作出来的幻灯片通过计算机或投影机进行播放。PowerPoint 2003 具有极为强大的编辑功能，利用它可以制出形象生动、个性鲜明的演示文稿。演示文稿的形式是十分丰富的，包括文本、图形、图表、艺术字、组织结构图、剪贴画、视频图像和声音等。本章主要介绍演示文稿的基本编辑、动画设置及放映设置等操作及技巧。

4.1 PowerPoint 概述

PowerPoint 是 Microsoft 公司推出的套装办公软件 Microsoft Office 的家族成员之一。用 PowerPoint 可以轻松地将用户的想法变成极具专业风范和富有感染力的演示文稿。

利用 PowerPoint 2003 还可以在互联网上召开面对面会议、远程会议或在 Web 上演示幻灯片。

4.1.1 认识 PowerPoint

1. *启动* PowerPoint 2003

如同启动其他任何 Office 软件一样，启动 PowerPoint 2003 也有多种方法。用户可以使用以下任何一种方法启动 PowerPoint 2003。

(1) 单击【开始】按钮，选择【所有程序】|【Microsoft Office】|【Microsoft Office PowerPoint 2003】命令。

(2) 用户可以从【Windows 资源管理器】或【我的电脑】中，双击一个 PowerPoint 2003 演示文稿图标就可以启动 PowerPoint 2003，并打开指定的演示文稿。

(3) 在 Windows XP 的桌面上，双击 PowerPoint 2003 快捷方式图标即可启动 PowerPoint 2003。

2. 退出 PowerPoint 2003

退出 PowerPoint 有以下几种常用方法。

(1) 在 PowerPoint 窗口中，选择【文件】|【退出】命令。

(2) 用 Alt+空格组合键打开控制菜单，然后按 X 键退出 PowerPoint。

(3) 在 PowerPoint 窗口中单击窗口右上角的【关闭】按钮。

3. PowerPoint 2003 的工作界面

要想熟练地使用 PowerPoint 2003，首先必须要了解它的工作界面。如图 4.1 所示 PowerPoint 2003 主界面。下面就来介绍其工作界面的各个组成部分。

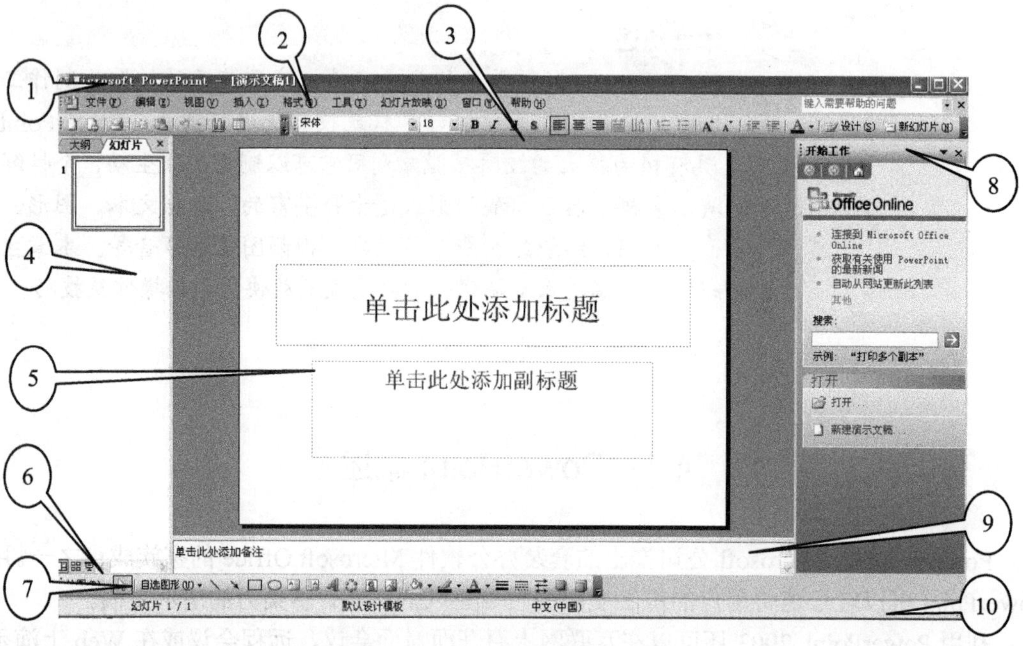

图 4.1　PowerPoint 2003 主界面

① 标题栏：显示 PowerPoint 标题，以及当前处于活动状态的文件名。

② 菜单栏：包含 PowerPoint 所有操作的菜单命令。

③ 工具栏：包含 PowerPoint 最常用的按钮。

④ 大纲/幻灯片浏览窗格：显示幻灯片文本或幻灯片缩略图。

⑤ 幻灯片窗格：显示当前幻灯片，用户可以在该窗格中对幻灯片内容进行编辑。

⑥ 视图按钮：用于快速切换到不同的视图。

⑦ 绘图工具栏：该工具栏中的按钮可以用来绘制基本图形或改变图形的形状。

⑧ 任务窗格：PowerPoint 2003 提供了多个任务窗格。每个任务窗格能够完成一项或多项常用任务。

⑨ 备注窗格：可用来添加于幻灯片内容相关的注释。供演讲者演示文稿时参考。

⑩ 状态栏：显示演示文稿幻灯片页数和使用的设计模板等。

4.1.2　PowerPoint 基本操作

PowerPoint 主要用来创建演示文稿。演示文稿由一系列幻灯片组成，幻灯片描述演示文稿的主要内容。每张幻灯片通常由标题文字和对标题文字进行说明的文字两部分组成。除了文字说明外，还可以在幻灯片中插入图片、表格、声音等对象来修饰幻灯片。

1. PowerPoint 2003 的各种视图

当一个演示文稿有多张幻灯片组成时，为了便于用户操作，PowerPoint 针对演示文稿的不同设计阶段，提供了不同的工作环境，这种工作环境便称作“视图”

PowerPoint2003 中一共有 4 种视图方式，即【普通】视图、【幻灯片浏览】视图、【幻灯片放映】视图和【备注页】视图，其中【普通】视图又包含了【大纲视图】和【幻灯片视图】。单击水平滚动条左侧的视图切换按钮，可以切换各种视图。本节主要介绍前三种视图。

1) 普通视图的幻灯片视图

它是默认的，也是最常用的视图方式。在左窗格中单击某张幻灯片缩略图，则在幻灯片窗格会显示出该幻灯片的内容，并且可进行所有编辑操作。如图 4.2 所示。单击水平滚动条左侧的普通视图按钮可以切换到普通视图。

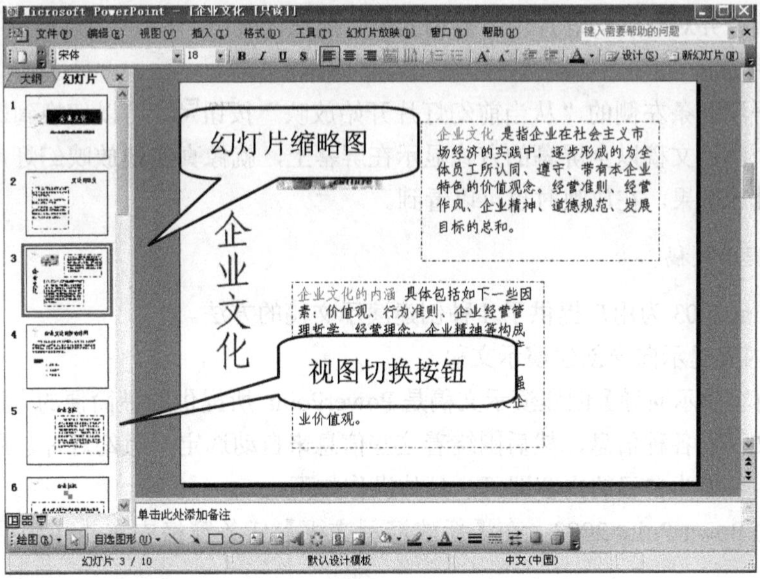

图 4.2　普通视图的幻灯片窗口

2) 普通视图的大纲视图

在大纲/幻灯片窗格中，单击【大纲】标签，可以切换到大纲视图。在这个视图下，左窗格仅显示幻灯片的文本内容，可以通过【大纲工具栏】来调整幻灯片演示次序和幻灯片的内容层次，如图 4.3 所示。

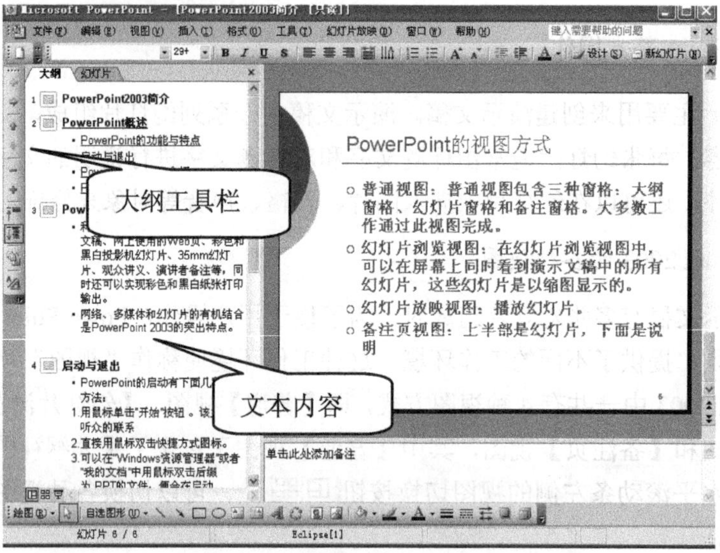

图 4.3　普通视图的大纲视图窗口

3) 幻灯片浏览视图

单击水平滚动条左侧的“幻灯片浏览视图”按钮，可以切换到幻灯片浏览视图。在这个视图方式下，演示文稿中所有幻灯片都会以缩略图的方式显示出来，以便用户能概览整个演示文稿，并对前后幻灯片中不协调的地方加以修改。

4) 幻灯片放映视图

单击水平滚动条左侧的“从当前幻灯片开始放映”按钮，可以切换到幻灯片放映视图。它将整个演示文稿以全屏幕的方式显示在屏幕上，就像真实地放映幻灯片一样。如果设置了动态播放效果，在放映时也可以看到。

2. 创建演示文稿

PowerPoint 2003 为用户提供了 4 种创建演示文稿的方法。

1) 利用内容提示向导创建演示文稿

使用【内容提示向导】创建演示文稿是 PowerPoint 所提供的最简便的方法。它要求用户提供演示文稿的各种信息，然后围绕着这些信息来自动选定一组幻灯片，用户只需将演示文稿的文字替换为自己的内容即可，具体操作如下。

(1) 启动 PowerPoint 2003，在【新建演示文稿】任务窗格中单击【根据内容提示向导】链接。

注意： 启动 PowerPoint 2003 后，如果窗口右侧没有出现【新建演示文稿】任务窗格，可选择【文件】|【新建】命令，该任务窗格即可显示出来。

(2) 打开【内容提示向导】对话框单击【下一步】按钮，如图 4.4 所示。

(3) 选择演示文稿的类型，例如，单击【销售/市场】按钮，并在右边的演示文稿类型列表中选择【产品/服务概况】选项，然后单击【下一步】按钮，如图 4.5 所示。

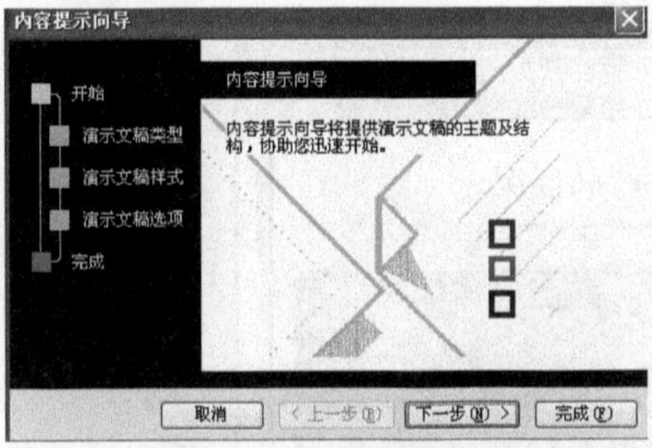

图 4.4　【内容提示向导】对话框(一)

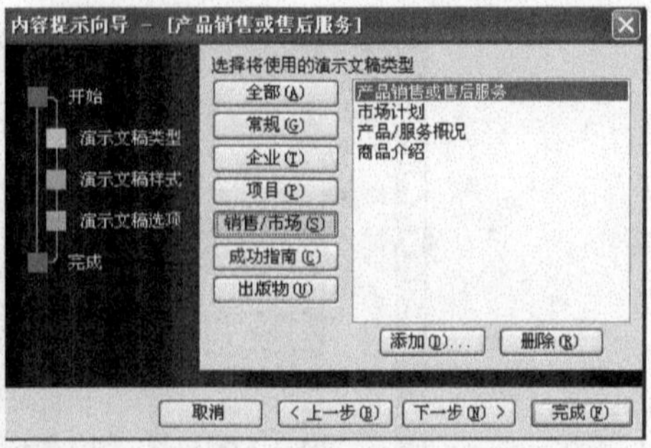

图 4.5　【内容提示向导】对话框(二)

(4) 在打开的对话框中选择演示文稿输出类型。例如选中【屏幕演示文稿】单选按钮，然后单击【下一步】按钮，如图 4.6 所示。

(5) 在打开向导的对话框中，输入演示文稿标题以及放在页脚的文本，单击【下一步】按钮，如图 4.7 所示。

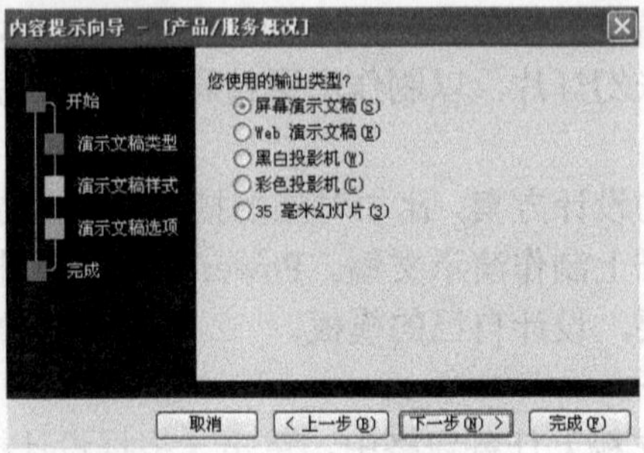

图 4.6　【内容提示向导】对话框(三)

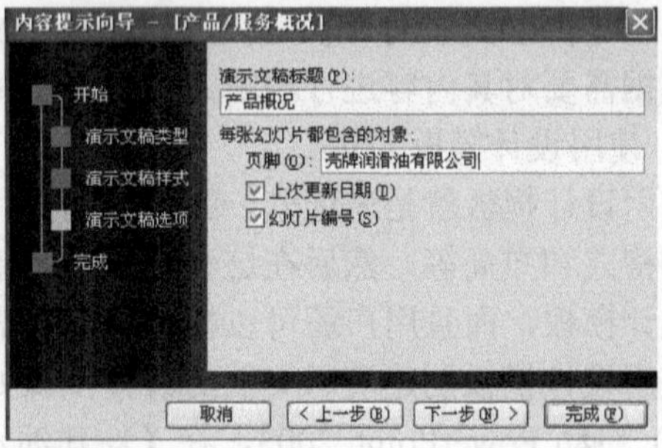

图 4.7　【内容提示向导】对话框(四)

(6) 打开向导的最后一个对话框图，显示已经完成内容提示向导，单击【完成】按钮，如图 4.8 所示。

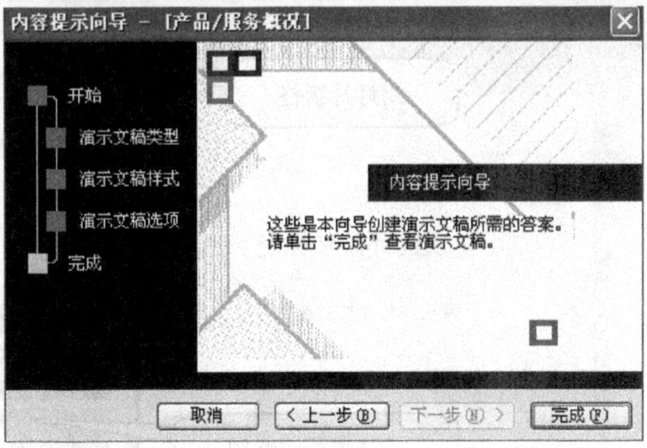

图 4.8　【内容提示向导】对话框(五)

可以看到，已经生成了包含多张幻灯片的演示文稿框架，如图 4.9 所示。接着只要把具体内容放到示例文本中即可。

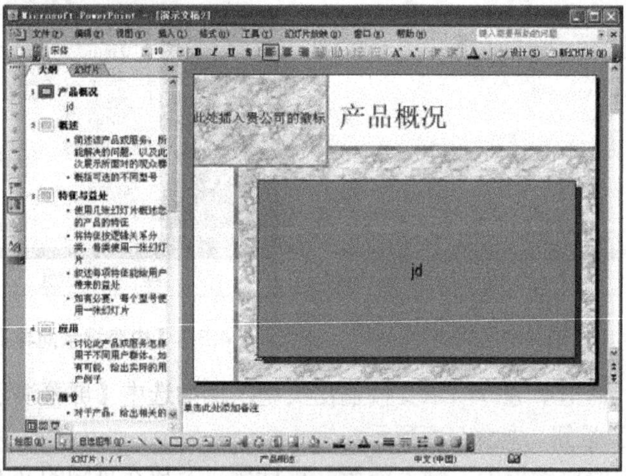

图 4.9 演示文稿编辑窗口

利用【内容提示向导】是快速创建演示文稿的一个好办法。在演示文稿创建后，用户可以根据需要对其内容进行编辑。并且修饰每张幻灯片，以制作出更精彩的演示文稿。

2) 使用设计模板创建

使用设计模板就是先选取一系列的幻灯片的设计方案，比如对象的搭配、色彩的配置、文本的格式和布局等，然后在这种设计方案基础上制作演示文稿。PowerPoint2003 提供了多种设计模板，而且用户还可以根据自己的需要，设计自己的模板。

使用设计模板创建演示文稿的具体步骤如下。

(1) 启动 PowerPoint 2003，在【新建演示文稿】任务窗格中，单击【根据设计模板】链接。

(2) 此时，出现如图 4.10 所示的【幻灯片设计】任务窗格，其中【应用设计模板】列表框中列出了部分设计模板缩略图。

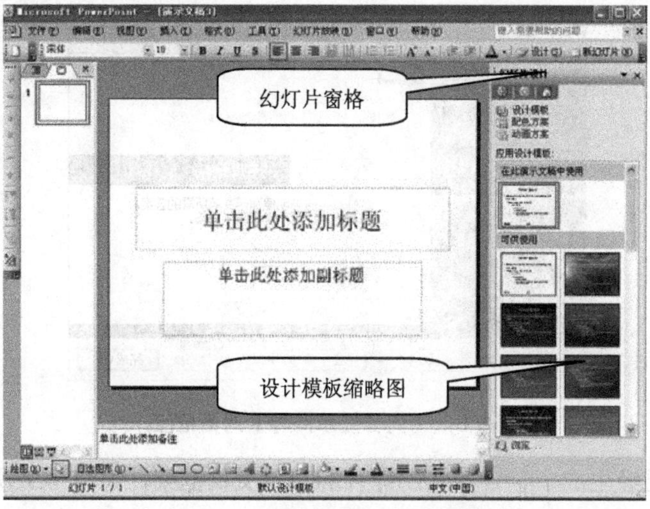

图 4.10 “应用设计模板”窗口

(3) 在【应用设计模板】列表中单击某一张设计模板，在窗口会显示该模板创建的第一张幻灯片。例如，找到“诗情画意.pot”，单击该设计模板缩略图。可以看到幻灯片窗格中已经显示了新创建的第一张幻灯片，就可以在生成的幻灯片中输入内容，如图 4.11 所示。

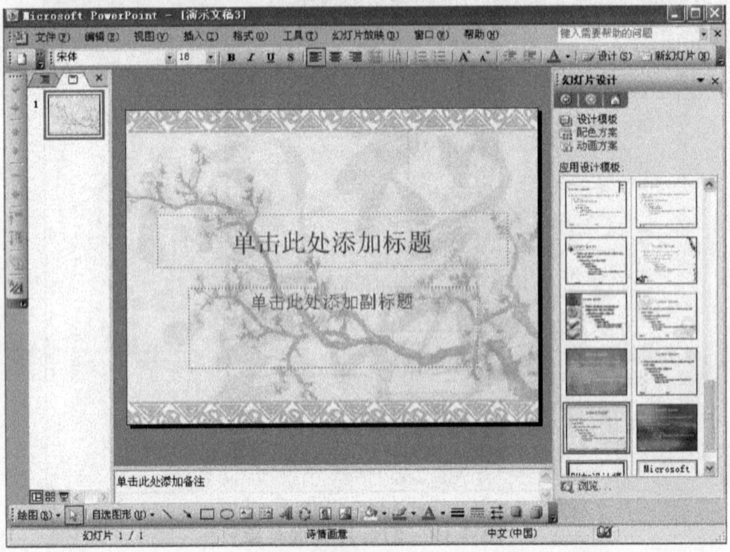

图 4.11　新创建第一张幻灯片模板

(4) 选择【插入】|【新幻灯片】命令，或者在工具栏单击 新幻灯片(N) 按钮。重复这个操作，可为演示文稿设计创建多张幻灯片。

(5) 如果想要删除某张幻灯片，则在【幻灯片浏览】窗格中单击该幻灯片缩略图，如图 4.12 所示，例如先单击第 5 张幻灯片缩略图，然后选择【编辑】|【删除幻灯片】命令。此时可以看到第 5 张幻灯片已被删除。

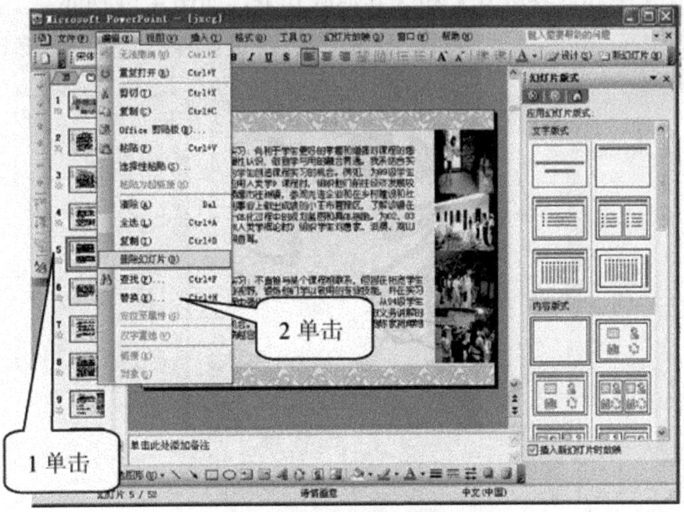

图 4.12　删除幻灯片

技巧：要新建或删除幻灯片，也可以在【幻灯片浏览】窗格中右击某张幻灯片缩略图(如图 4.13 所示)，在弹出的快捷菜单中选择【新幻灯片】命令或【删除幻灯片】命令。

图 4.13　幻灯片快捷菜单

3) 创建空白演示文稿

如果不想使用【内容提示向导】或【设计模板】来创建新的演示文稿，这时，就可以选择一个不含任何内容和设计的空白幻灯片。创建空白演示文稿的具体操作步骤如下。

(1) 启动 PowerPoint 2003，在【新建演示文稿】任务窗格中单击【空白演示文稿】链接。

(2) 在出现的【幻灯片版式】任务窗格中可以看到有 4 种幻灯片版式即【文字版式】、【内容版式】、【文字和内容版式】和【其他版式】，如图 4.14 所示。

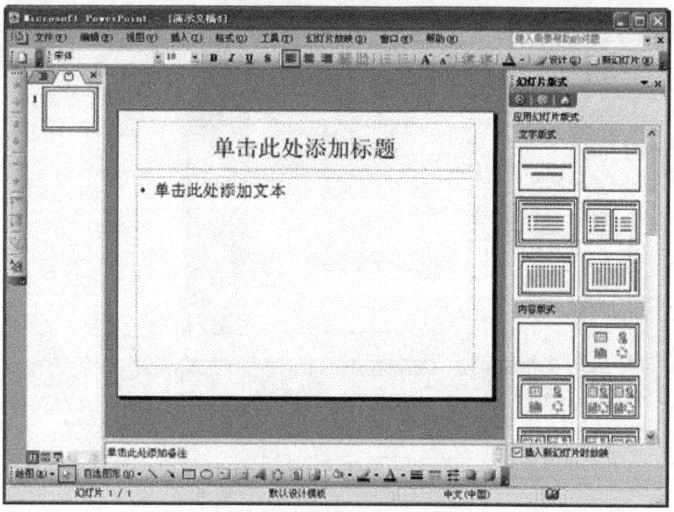

图 4.14　新建空白演示文稿

(3) 在【应用幻灯片版式】列表框中，单击某一版式，窗口中即会显示出应用该版式创建的第一张幻灯片。

(4) 为该张幻灯片输入内容后，可以制作下一张幻灯片。方法是选择【插入】|【新幻灯片】命令，或者在工具栏单击 新幻灯片(N) 按钮。重复这个步骤，创建多张幻灯片。

提示：【版式】指的是幻灯片内容在幻灯片上的排列方式。版式由占位符组成，而占位符可用来放置文字(例如，标题和项目符号列表)和幻灯片内容(例如，表格、图表、图片、和剪切画)。

4) 利用现有文稿创建

这种方法可以让用户利用已有的演示文稿，生成新的演示文稿。利用现有演示文稿创建新的演示文稿的具体步骤如下。

(1) 启动 PowerPoint 2003，在【新建演示文稿】任务窗格中单击【根据现有演示文稿】链接。

(2) 在弹出的【根据现有演示文稿新建】对话框中，选择要查看的演示文稿，如图 4.15 所示。然后单击【创建】按钮，或者直接双击该演示文稿图标。

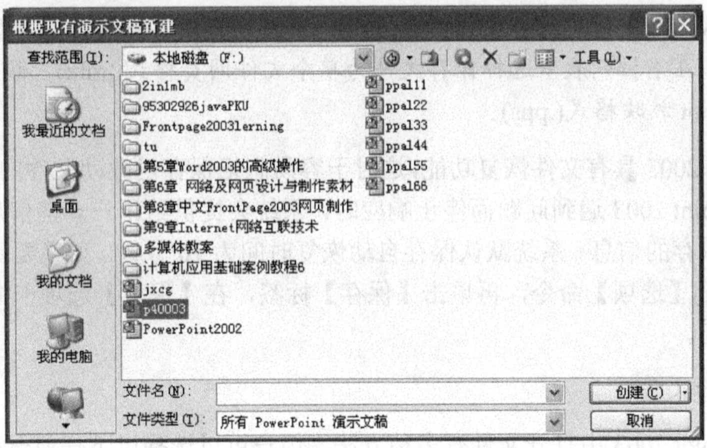

图 4.15　【根据现有演示文稿新建】对话框

(3) 此时，PowerPoint 2003 就生成了以“演示文稿 2”为名称的新演示文稿，并且内容与所选择文稿相同，用户在此基础上进一步进行编辑修改。

3. 保存演示文稿

创建演示文稿后，应及时将其保存起来，以避免停电或没有制作完成就误将 PowerPoint 2003 关闭而造成损失。同时，也方便以后使用该演示文稿。保存演示文稿的具体步骤如下。

(1) 选择【文件】|【保存】命令，或单击【常用】工具栏上的【保存】按钮。

(2) 选择【文件】|【另存为】命令，打开【另存为】对话框，在【保存位置】下拉列表框中，选择存放该演示文稿的文件夹，再在【文件名】文本框中输入文件名，然后单击【保存】按钮即可，如图 4.16 所示。

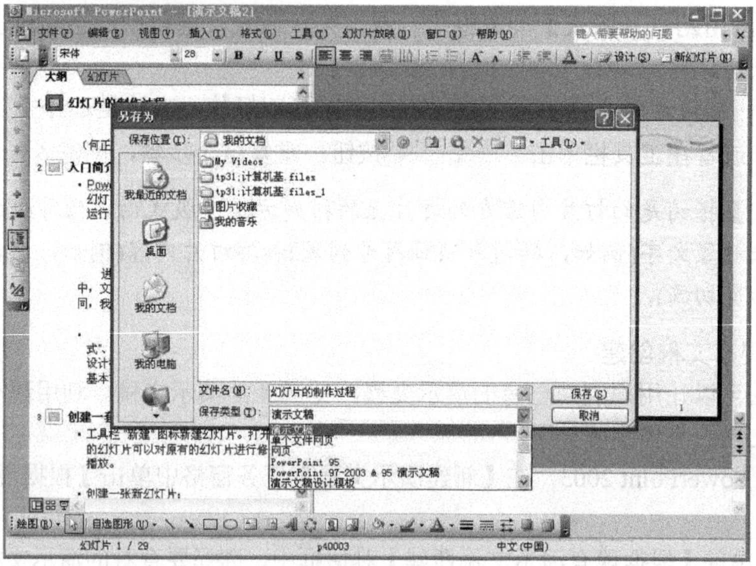

图 4.16 【另存为】对话框

注意： 系统默认保存文件为演示文稿格式(.ppt)；用户还可以单击【保存类型】右边下拉列表按钮，在下拉列表中选择保存文件为单个文件网页格式(.mht)、网页格式(.html)、PowerPoint 放映格式(.pps)。

PowerPoint 2003 具有文件恢复功能，这对于容易忘记保存已改动文件的用户很有用处。而且当 PowerPoint 2003 遇到问题而停止响应时，系统会提供给用户一些信息，以便恢复文件中没有及时保存的信息。系统默认保存自动恢复时间为 10 分钟。如果要更改这个时间可以选择【工具】|【选项】命令，再单击【保存】标签，在【保存】选项卡中便可以更改保存自动恢复时间。

4. 打开演示文稿

在 PowerPoint 2003 中打开文件有多种方法，用户可以选择以下任何一种。

(1) 启动 PowerPoint 2003，选择【文件】|【打开】命令。在弹出的【打开】对话框中，单击【查找范围】列表框的下拉按钮，在下拉列表中选择演示文稿所存放的文件夹，再单击想要打开的演示文稿的文件图标，然后单击【打开】按钮，或者直接双击文件图标，如图 4.17 所示。

注意： 【打开】下拉菜单中各命令含义如下：

① 打开：以正常方式打开选中的文件。
② 以只读方式打开：打开的文件只能浏览，不能修改。
③ 以副本方式打开：对副本的修改不会影响源文件。
④ 以浏览器打开：对网页文件有效，在网页浏览器中显示文件。

(2) 在【我的电脑】或【资源管理器】中，直接找到想要打开的文件，然后双击其图标。

图 4.17　【打开】对话框

4.2　演示文稿的基本编辑

演示文稿的内容极其丰富，可以包括图片、图标、声音、视频等。演示文稿能否吸引观众的注意，画面色彩和背景往往具有决定性的作用。PowerPoint 2003 为用户提供了丰富的版式、背景和配色方案。

4.2.1　演示文稿的基本编辑操作与技巧

1. 选择幻灯片版式

幻灯片版式实际上是一种“模板中的模板”，共有 31 种类型，它用来提供一种幻灯片上的组织标题、正文文字、图形、表格的位置和排列的方法(分别在不同的位置设置各种占位符)。它还提供了一个空白的版式，用户可以根据自己的喜好，自己向上面添加一些对象。除了可以在“新幻灯片”任务窗格中选择版式之外，用户还可以在编辑幻灯片的时候修改幻灯片版式，其过程如下。

(1) 单击【常用】工具栏上的【版式】按钮，或选择【格式】|【幻灯片版式】命令，此时屏幕上出现【幻灯片版式】任务窗格，如图 4.18 所示。

(2) 在内容版式中选择一种幻灯片版式，同时在该版式的右下方查看该版式的文字说明。

(3) 单击某一选中版式，将选中的版式应用到当前的幻灯片中。

如果在改变当前的幻灯片版式之前，该幻灯片上已经有文字或插入了对象，则 PowerPoint 会自动根据所选择的版式来重新排列这些文字和对象，不会删除该幻灯片上的任何信息。

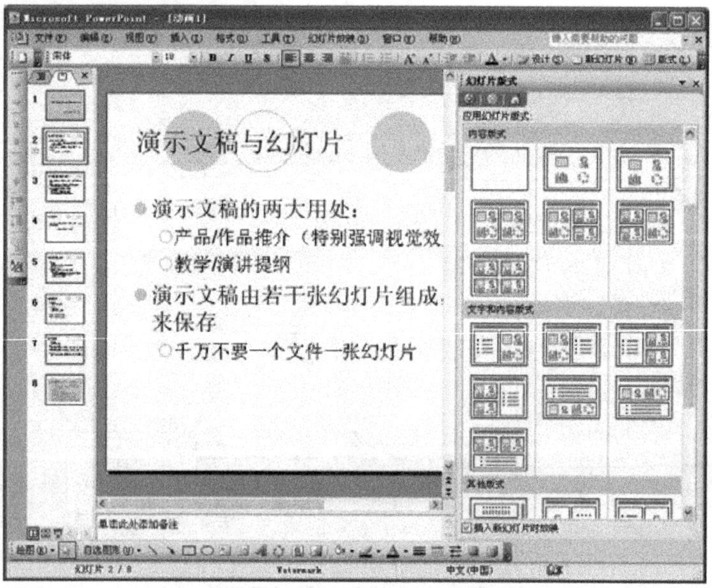

图 4.18 【幻灯片版式】窗格

2. 改变幻灯片顺序

1) 在大纲视图中使用拖放功能

(1) 在大纲视图中，将鼠标指向需要改变顺序的幻灯片图标。

(2) 选择该幻灯片视图中的所有内容(在选择时同时按住 Shift 键可选定多张连续的幻灯片文本)。

(3) 按住鼠标移动到需要的位置，此时出现一条黑色的横线指示移动的幻灯片将要插入的位置。

(4) 放开鼠标即可。

2) 在幻灯片浏览视图中使用拖放的方法

(1) 选定要改变顺序的一张幻灯片或多张幻灯片(在选定同时按住 Shift 键或按住鼠标左键，在所要选择的幻灯片外拖动出一个框架)。

(2) 按住鼠标左键并在幻灯片视图之间移动，这时会在幻灯片视图之间出现一条竖线，指示该幻灯片将要插入的位置。

(3) 到达要移动的位置时，松开鼠标左键，即将幻灯片插入到竖线所指示的位置上，PowerPoint 将自动为改变顺序后的幻灯片编号。

3. 设置幻灯片背景

用户可以为幻灯片设置不同的颜色、阴影、图案或者纹理的背景，也可以使用图片作为幻灯片背景，从而使幻灯片产生更精美的效果。

如果要设置幻灯片的背景颜色，可以按照下述步骤进行。

(1) 在普通视图或幻灯片视图中，显示要设置背景颜色的幻灯片。

(2) 选择【格式】|【背景】命令，打开如图 4.19 所示的【背景】对话框。

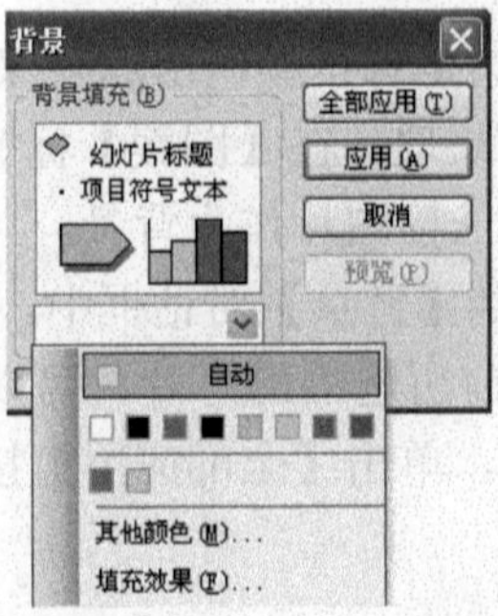

图 4.19　【背景】对话框

(3) 单击【背景填充】区下方的列表框，直接选择某个颜色块，可以将背景改为该颜色。

(4) 如果不满意颜色块中提供的颜色，可以选择【其他颜色】命令，出现【颜色】对话框，在【标准】选项卡中，可以直接选择一种颜色；单击【自定义】标签，可以自定义颜色，然后单击【确定】按钮。

(5) 如要将背景设置应用于当前所选的幻灯片，可以单击【应用】按钮；如要将背景设置应用于演示文稿的所有幻灯片，可以单击【全部应用】按钮。

4. 设置幻灯片背景的填充效果

如果要使用过渡、纹理、图案或图片等填充效果来作为幻灯片的背景，可以按照下述步骤进行。

(1) 在普通视图或幻灯片视图中，显示要设置背景颜色的幻灯片。

(2) 选择【格式】|【背景】命令，打开【背景】对话框。

(3) 单击【背景填充】区下方的列表框，从中选择【填充效果】命令，打开【填充效果】对话框，如图 4.20 所示。

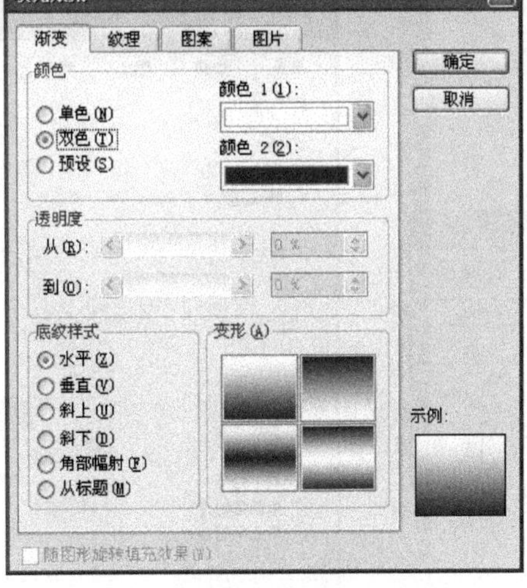

图 4.20　【填充效果】对话框

(4) 在【渐变】标签中，可以调整背景颜色由浅至深的渐变效果；在【纹理】标签中，可以选择新闻纸、大理石等不同的纹理；在【图案】标签中，可以选择不同的图案作为背景；在【图片】标签中，可以选择一幅图片作为背景。

(5) 单击【确定】按钮，返回到【背景】对话框中。

(6) 如要将背景设置应用于当前所选的幻灯片，可以单击【应用】按钮；如要将背景设置应用于演示文稿的所有幻灯片，单击【全部应用】按钮。

5. 创建母版

幻灯片母版用于设置标题和主要文字的格式，包括其中文本的字体、字号、颜色和阴影等特殊效果。也就是说母版是为所有幻灯片设置默认版式和格式。可以在每张幻灯片设定的位置上，出现默认的字体和图片，例如放在每张幻灯片或标题幻灯片上的图形，母版上的更改将反映在每张幻灯片上。如果要使个别的幻灯片外观与母版不同可以直接修改该幻灯片。

用户可以自己设计母版的样式(包括字型、背景……)也可以在已有母版上进行修改。最方便的办法是在已有母版的基础上进行修改，步骤如下。

(1) 打开或新建一个演示文稿，选择【视图】|【母版】|【幻灯片母版】命令，进入【幻灯片母版】视图。

(2) 选中要修改格式的项目或对象进行修饰，假设将标题样式中的字设置成蓝色字体，则选中该标题，选择【格式】|【字体】命令，弹出【字体】对话框，将标题中的字体设置成蓝色。

(3) 如果想为母版设置图片背景，选择【格式】|【背景】命令，打开【背景】对话框，在图 4.21 中的下拉列表中选择【填充效果】命令，打开【填充效果】对话框，单击【图片】标签，单击【选择图片】按钮，如图 4.22 所示，选择要作为背景的图片即可。此外，也可以通过【填充效果】对话框的其他标签为母版设置其他的填充背景。

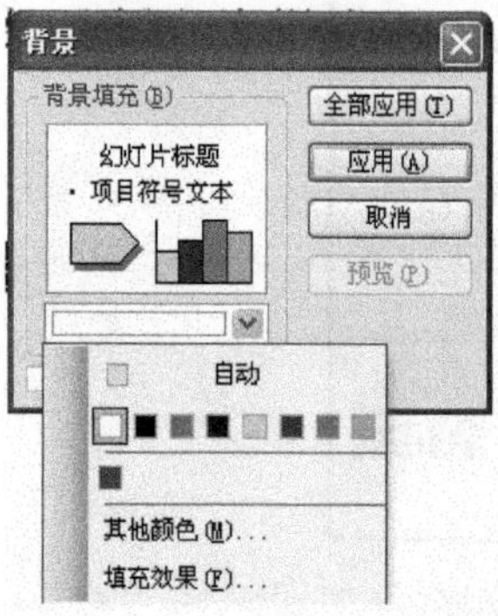

图 4.21 【背景】对话框

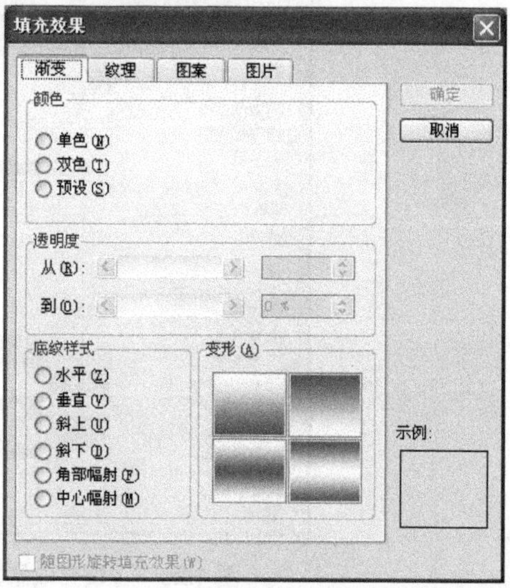

图 4.22 【填充效果】对话框

(4) 单击【填充效果】对话框的【确定】按钮回到【背景】对话框，单击【全部应用】或【应用】按钮将设定的填充效果应用于幻灯片母版。

(5) 在【幻灯片母版】视图中，单击幻灯片母版视图工具栏(图 4.20)中的【关闭母板视图】按钮回到原视图状态。

设计好母版后，无论是已有的幻灯片还是新插入的幻灯片它们的样式都同母版一样，所有幻灯片的风格统一。

6. 在幻灯片中插入对象

在幻灯片中可以插入以下对象。

(1) 文本框。在幻灯片中插入文本框的方法与 Word 中插入文本框的方法类似。

(2) 图片和艺术字。插入图片和艺术字等对象的方法如下。

① 剪贴画：选择【插入】|【图片】|【剪贴画】。

② 文件中的图片：选择【插入】|【图片】|【来自文件】。

③ 自选图形：选择【插入】|【图片】|【自选图形】。

④ 艺术字：选择【插入】|【图片】|【艺术字】。

(3) 表格与在 Word 中制表相似。

(4) 图表。与在 Excel 工作表中插入相同。

(5) 组织结构图。

组织结构图是由一组具有层次关系的图框组成的。要创建具有组织结构图的幻灯片，可以利用自动版式中含有组织结构图的幻灯片。

插入组织结构图方法是：选择要插入组织结构图的幻灯片，选择【插入】|【图片】|【组织结构图】。

4.2.2　演示文稿编辑案例：实训要求演示文稿

1. 案例分析

使用 PowerPoint 2003 自带模板创建并编辑如图 4.23 所示的“实训要求”演示文稿。幻灯片中涉及文本、图片、表格等对象的插入、编辑和设定等使用。

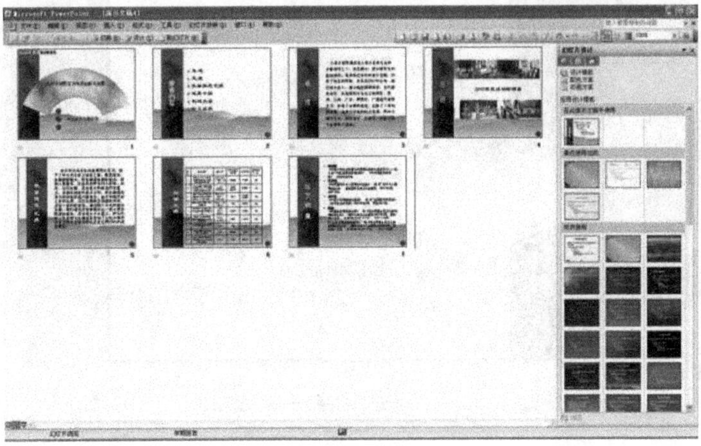

图 4.23　幻灯片浏览样张

2. 操作重点与难点

用 PowerPoint 2003 自带模板创建新幻灯片步骤如下。

(1) 在【新建演示文稿】任务窗格中，单击【本机上的模板】链接，在弹出的【新建演示文稿】对话框中切换到【演示文稿】选项卡，选择【学期报告】，然后单击【确定】按钮。

(2) PowerPoint 会根据模板生成一份如图 4.24 所示的演示文稿，将其以【报告】为名，保存到 F 盘根目录。

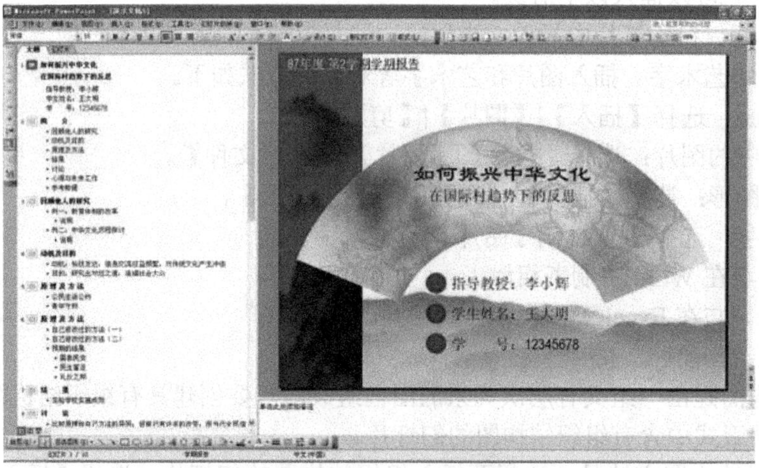

图 4.24　使用“学期报告”模板生成的演示文稿

3. 操作技巧

如图 4.25 所示是实训要求演示文稿，该演示文稿在上述“报告”模板的基础上制作。

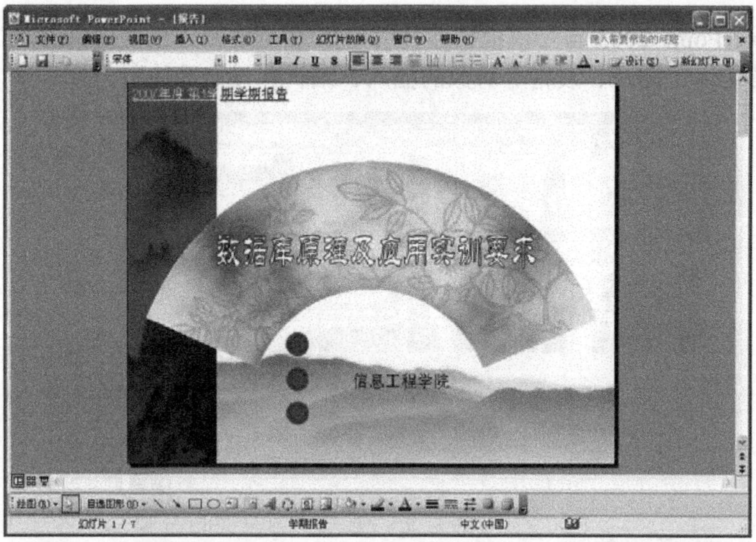

图 4.25　第 1 张幻灯片样张

1) 制作第 1 张幻灯片

将标题名删除后改写为“数据库原理及应用实训要求”，采用艺术字，副标题名为“信息工程学院”，左上角文本为“2007 年度第 1 学期”，如图 4.25 所示。制作步骤如下：

(1) 打开“报告”文稿，在不同视图模式下，单击大纲区的第 1 张幻灯片图标，将第 1 张幻灯片选择为当前幻灯片。

(2) 在第 1 张幻灯片中选中，标题即文本框将其删除(连【单击此处添加标题】一同删除)。

(3) 单击【绘图】工具栏中的【插入艺术字】按钮，打开【艺术字】对话框，选择一种样式，如图 4.26 所示，打开如图 4.27 所示的【编辑艺术字】对话框。在对话框中输入“数据库原理及应用实训要求”并设置格式为“华文隶书”、“48 磅”、“加粗”，如图 4.27 所示。单击【确定】按钮，在弹出的【艺术字】工具栏，单击【设置艺术字格式】按钮，在弹出的对话框中，设置字体的填充颜色为【自动】，单击【确定】。然后鼠标适当调整艺术字的大小及位置。

图 4.26　【艺术字库】对话框

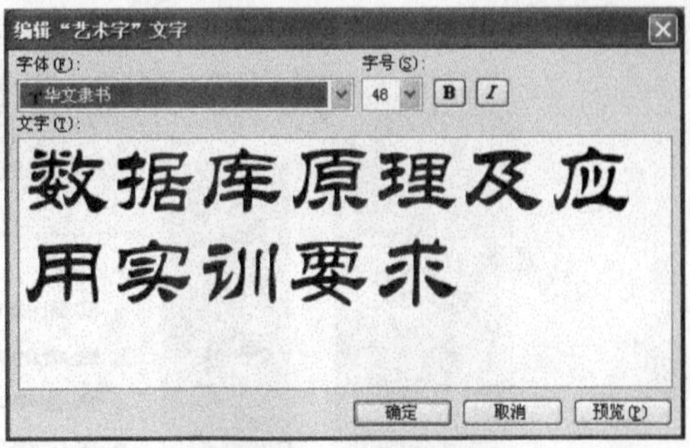

图 4.27　【编辑“艺术字”文字】对话框

(4) 单击左上角的文本框，将原来内容改为“2007 年度第 1 学期报告”，在红色区域内的字体设置成黄色；其余区域设置成“黑色”；加粗；字号“20”，见图 4.25。

(5) 设置副标题名为“信息工程学院”，“隶书”、“28”号、“加粗”，字体的颜色设为“蓝色”，调整副标题文本框的大小及位置，使其与第二个圆点对正见图 4.25。

(6) 单击【保存】按钮保存结果。

2) 制作第 2 张幻灯片

第 2 张幻灯片标题名为“报告内容”，在清单文本框中输入内容提要，如图 4.28 所示。

制作步骤：

(1) 单击第 2 张幻灯片图标，将第 2 张幻灯片设置为当前幻灯片。

(2) 单击幻灯片标题，显示的文本框内，将标题改为“报告内容”，字体设为“宋体”、“加粗”、字号“40”白色(后标题名相同)；将清单文本框的内容改为所需内容，设置文本格式为：“隶书”、“32 号”、“加粗”，字体颜色设为蓝色。

(3) 选中清单文本框中的内容，选择【格式】|【行距】命令，打开【行距】对话框，设置行距(L)为1.3行、段前(B)0.2、段后(A)0行，如图4.29所示。

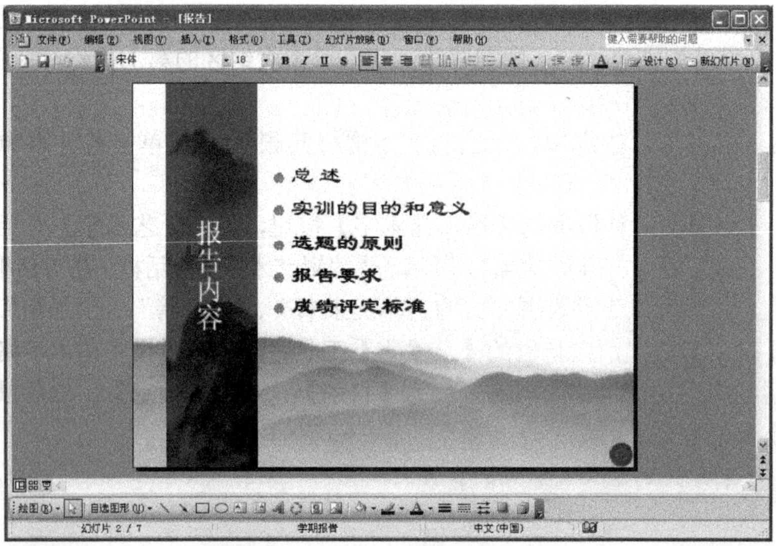

图4.28　第2张幻灯片样张

图4.29　设置行距

(4) 单击【保存】按钮保存结果。

3) 制作第3张幻灯片。

第3张幻灯片标题名为“总述”，删除原有文本内容，输入新文本并编辑排版，如图4.30所示。

制作步骤：

(1) 单击第3张幻灯片图标，将第3张幻灯片设置为当前幻灯片。

(2) 单击幻灯片标题，在标题文本框中将标题名改为“总述”；选中原有的清单文本框的内容，按 Delete 键删除文本，随后单击【格式】工具栏的【项目符号】按钮，删去多余的项目符号，然后输入图 4.30 所示的内容。

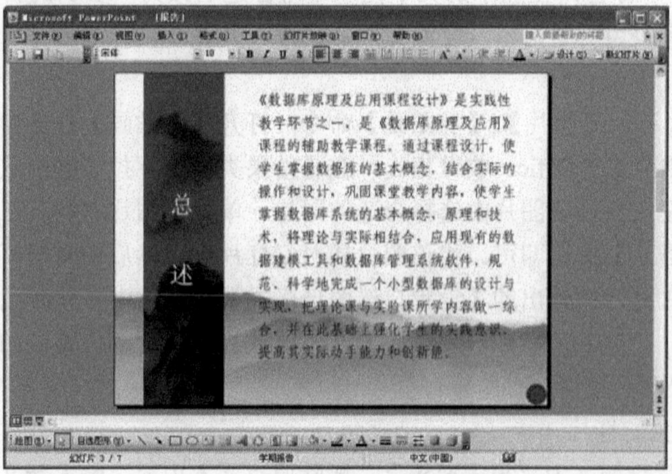

图 4.30　第 3 张幻灯片样张

(3) 设置中文字体为“仿宋_GB2312”、英文字体为“Time New Roman”、字号“32”、加粗；图文框可用鼠标拖至相应大小，或单击文本后再双击图文框，在弹出的【设置自选图形格式】对话框中，设置图文框高为 15.8 厘米、宽为 17.8 厘米；单击【确定】按钮，而后，按住 Shift 键，用移动(←↑↓→)键将图文本框放置到合适的位置，选中全部文本，单击【格式】工具栏内的【分散对齐】按钮，完成第 3 张幻灯片的制作。

(4) 单击【保存】按钮保存结果。

4) 制作第 4 张幻灯片

第 4 张幻灯片标题名为“实训的目的和意义”，在清单文本框中输入内容提要，插入相应得图片，如图 4.31 所示。

图 4.31　第 4 张幻灯片样张

制作步骤：

(1) 单击第4张幻灯片图标，将第4张幻灯片设置为当前幻灯片。

(2) 单击幻灯片标题，在显示的文本框中，将标题名改为“实训的目的和意义”；将清单文本框的内容改为所需内容，设置文本格式为：“隶书”、“36号”、“加粗”，字体颜色设为白色。

(3) 选择【插入】|【图片】|【剪贴画】命令，打开【剪贴画】任务窗格，在【搜索范围】下拉列表框中只选“Office 收藏集”，在【结果类型】下拉表框中只选【剪贴画】，单击【搜索】按钮，从预览图片中选择合适的图片，单击该图片右侧下三角按钮，在弹出的菜单中单击【插入】按钮即可，将该图片插入幻灯片中。然后图文框可用鼠标拖至相应大小，或双击图文框，在弹出的【设置自选图形格式】对话框中，设置图文框高、宽；而后，按住 Shift 键，用移动(←↑↓→)键将图文本框放置到合适的位置，如图 4.31 所示。

(4) 单击【保存】按钮保存结果。

5) 制作第5张幻灯片。

第5张幻灯片标题名为“报告要求”，删除原有文本内容，输入新文本并编辑排版，如图 4.32 所示。

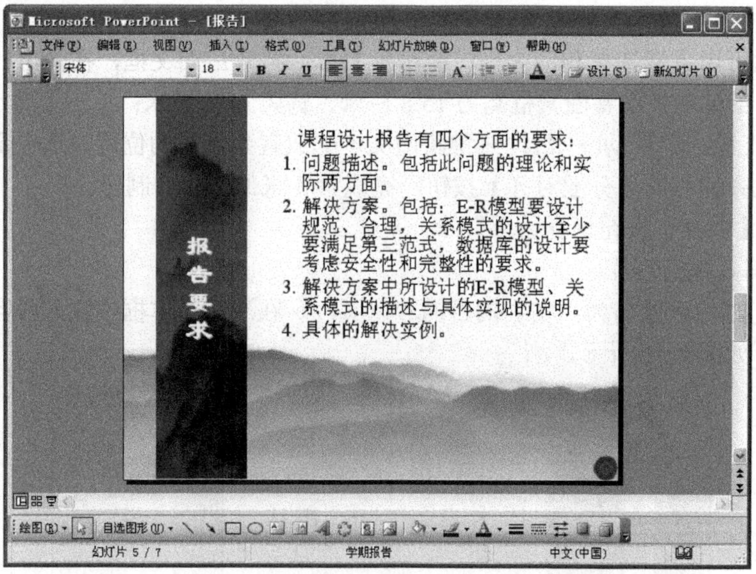

图 4.32　第5张幻灯片样张

制作过程与制作第3张幻灯片相似。

6) 制作第6张幻灯片。

第6张幻灯片标题名为“成绩评定标准”，删除原有清单文本框，插入一张表格，如图 4.33 所示。

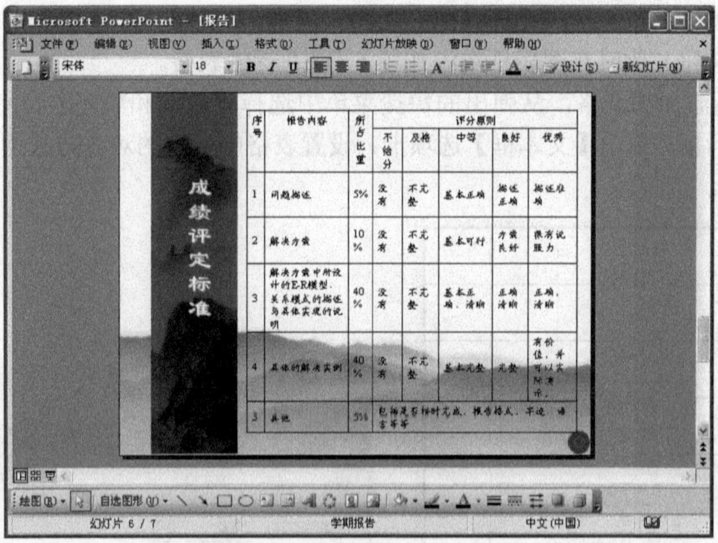

图 4.33　第 6 张幻灯片样张

制作步骤：

(1) 单击第 6 张幻灯片图标，将第 6 张幻灯片设置为当前幻灯片。

(2) 单击幻灯片标题，在所显示的文本框中，将标题名改为“成绩评定标准”；删除原有的清单文本框，右击幻灯片，在弹出的快捷菜单中选择【幻灯片版式】命令，打开【幻灯片版式】任务窗格。

(3) 拖动【应用幻灯片版式】列表框的垂直滚动条，在【其他版式】列表框中，找到【标题和表格】版式，右击图标，在弹出的菜单中选择【应用于选定幻灯片】命令；接着幻灯片空白处出现如图 4.34 所示图表框。

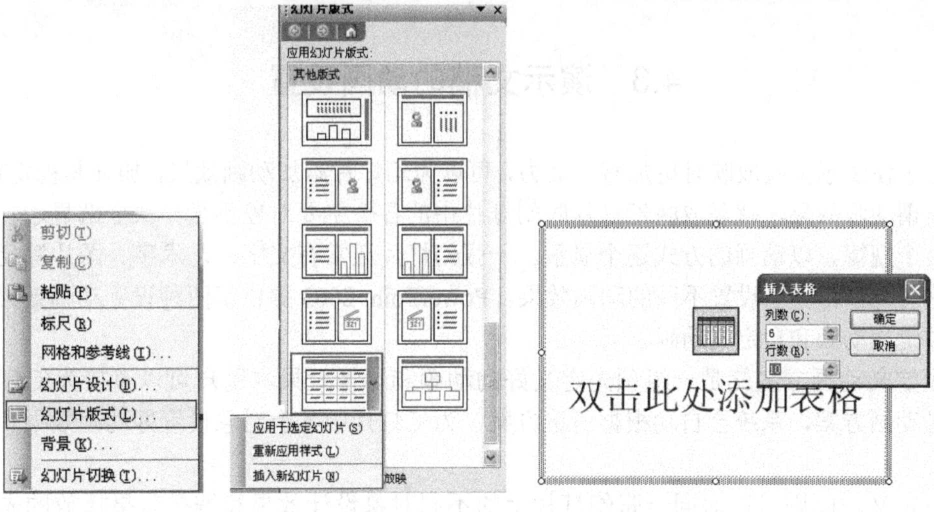

图 4.34　在幻灯片中插入表格的操作步骤

(4) 按框中提示，双击框中图标，弹出【插入表格】对话框，选择列数“6”、行数“10”，单击【确定】按钮，此时在图表框中添加了 6 列 10 行的表格。

(5) 右击新添加的表格，从弹出的快捷菜单中选择【边框和填充】命令，打开【设置表格格式】对话框，单击【文本框】选项卡，设置表格中文本的对齐方式为【中部居中】，如图 4.35 所示。

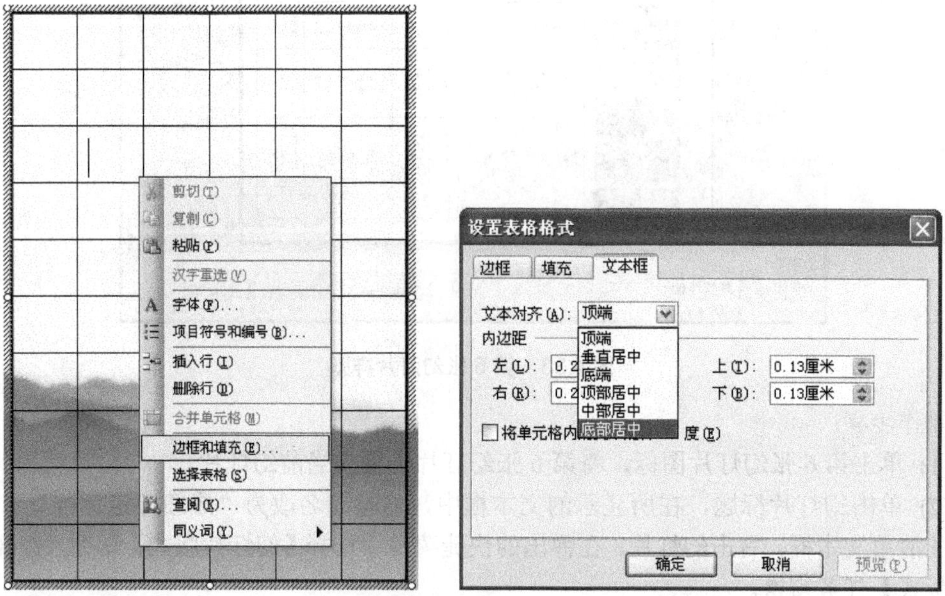

图 4.35　设置表格格式操作步骤

(6) 在表格中输入文字，并设置字号为“12”，字体为“宋体”。

(7) 单击【保存】按钮保存结果。

4.3　演示文稿的动画设置

为了使演示文稿放映时更加富有活力，可以为幻灯片添加动画效果，加强其视觉效果。

所谓动画效果，就是放映幻灯片时幻灯片中的各个主要对象不是一次全部显示，而是按照某个规律，以动画的方式逐个显示。一张幻灯片通常有文字、艺术字、图片等元素组成。这些元素都可以设置不同的动画效果。PowerPoint 2003 提供了两种设置动画效果的方式即预定义动画和自定义动画。

预定义动画方案就是一组预先定义好的动画和切换效果。用户可以直接为幻灯片选用某种动画方案，系统会自动根据所选方案，为幻灯片中各个对象设置好动画效果和切换效果。

自定义动画则可以对同一张幻灯片上的不同对象设计效果和编排效果播放的先后次序，也可以为幻灯片上的所有对象设计一个整体效果。

4.3.1　演示文稿动画设置操作与技巧

PowerPoint 2003 提供了许多自带的动画方案，用户可以将其应用于所有幻灯片、选中的幻灯片或幻灯片母版中。

1. 使用预定义的动画方案

使用预定义动画方案操作如下：

(1) 选定要设置动画的幻灯片。

(2) 选择【幻灯片放映】|【动画方案】命令，如图 4.36 所示。

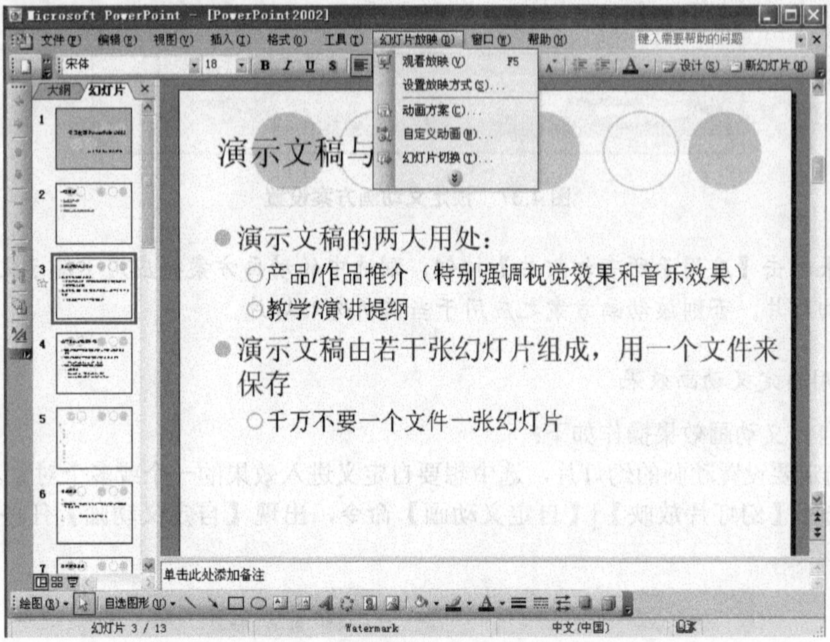

图 4.36　选择【动画方案】菜单

(3) 出现【幻灯片设计】任务窗格，单击【动画方案】选项，在【应用于所选幻灯片】列表框中显示了系统预定义的动画方案，并做了分类，如【细微型】、【温和型】、【华丽型】等，如图 4.37 所示。

(4) 在【幻灯片设计】任务窗格底部，选中【自动预览】复选框，以便在幻灯片窗口中预览设置的某种动画效果。

(5) 在【应用于所选幻灯片】列表框中，选择要应用的动画方案。例如选择【细微型】中的【向内溶解】方案。

(6) 单击【播放】按钮，即可预览所选幻灯片动画效果。

(7) 单击【幻灯片放映】按钮，则进入放映状态，从当前幻灯片开始放映演示文稿。重复上述步骤可以选中其他幻灯片，并为它们应用于某种动画方案。

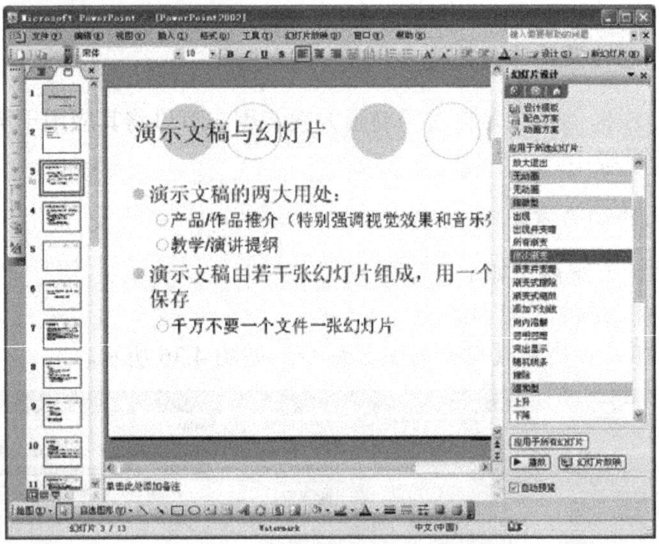

图 4.37　预定义动画方案设置

注意： 如果单击【应用于所有幻灯片】按钮，则选中的动画方案将应用于演示文稿的每一张幻灯片。否则该动画方案之应用于当前所选幻灯片。

2. 使用自定义动画效果

使用自定义动画效果操作如下：

(1) 选定要设置动画的幻灯片，选中想要自定义进入效果的一个或多个对象。

(2) 选择【幻灯片放映】|【自定义动画】命令，出现【自定义动画】任务窗格，如图 4.38 所示。

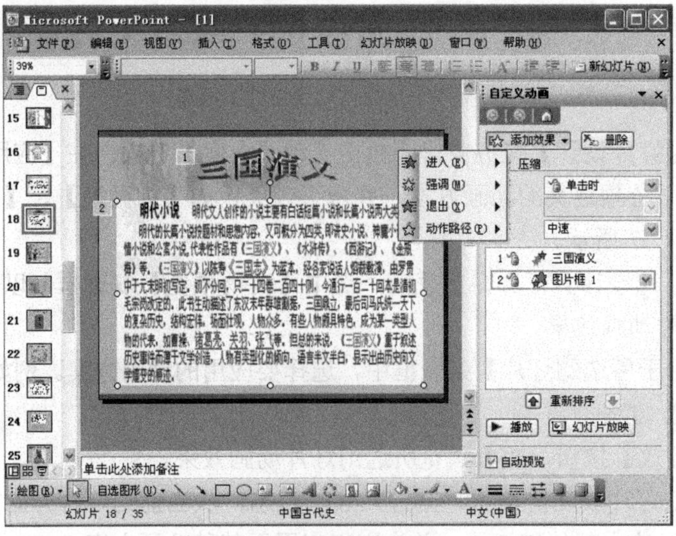

图 4.38　【自定义动画】任务窗格

(3) 单击【添加效果】按钮，在【添加效果】菜单中单击相应命令，再在其级联菜单中单击想要的效果，即可使其应用到所选对象中。如果需要其他效果则单击【其他效果】命令。

(4) 若在该幻灯片上设置了多个动画效果，可单击【顺序和时间】选项卡，在其中改变动画执行的顺序和启动动画的时间或事件。

(5) 在【自定义动画】任务窗格中的列表框中单击要设置的动画，再单击其右边出现的下拉按钮，在出现的下拉列表中单击【效果选项】，选择动画的效果、声音和动画播放后的状态，如图 4.39 所示。

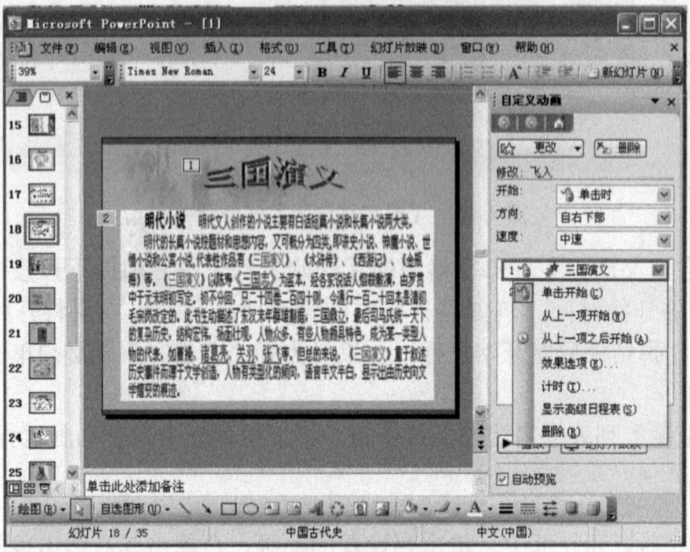

图 4.39　动画效果设置

(6) 单击【播放】按钮，可在幻灯片窗口中查看选择的效果。

4.3.2　动画设置案例一：教学课件演示文稿

1. 案例分析

如果对系统预定义的动画方案不满意，用户可以自定义动画，即可为对象设置进入、强调或退出效果。教学演示课间利用幻灯片自定义动画功能，增加课件的生动性。本案例涉及选定对象的进入效果。

2. 操作重点与难点

利用前面介绍的知识设计出图 4.40 所示的第一张幻灯片。

(1) 单击第一张幻灯片，选中想要自定义进入效果的一个或多个对象。例如选中“人物”图片然后选择【幻灯片放映】|【自定义动画】命令。

(2) 弹出【自定义动画】任务窗格，单击【添加效果】按钮，选择【进入】命令，再在其级联菜单中，选择想要的效果，即可使其应用到所选对象中。如果需要其他效果，则可单击【其他效果】命令，如图 4.40 所示。

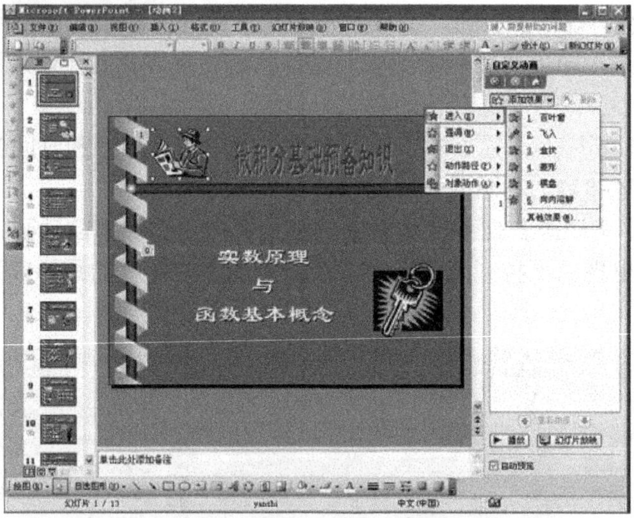

图 4.40 【自定义动画】任务窗格

(3) 单击【自定义动画】任务窗格中的【开始】列表框右边的下拉按钮，在下拉列表中设置动画效果的开始时间。例如将开始时间设为“之前”。如果将开始时间设为“之后”，则前一个动画结束后就开始执行；如果设为置“单击时”则必须单击，才能进行下一个动作。

(4) 单击【速度】列表框右边的下拉按钮，再下拉列表中设置动画运行的速度。

3. 操作技巧

在【自定义动画】列表框中，单击要设置的动画，再单击其右边出现的下拉按钮，在出现的下拉列表中选择【效果选项】命令，如图 4.41 所示。

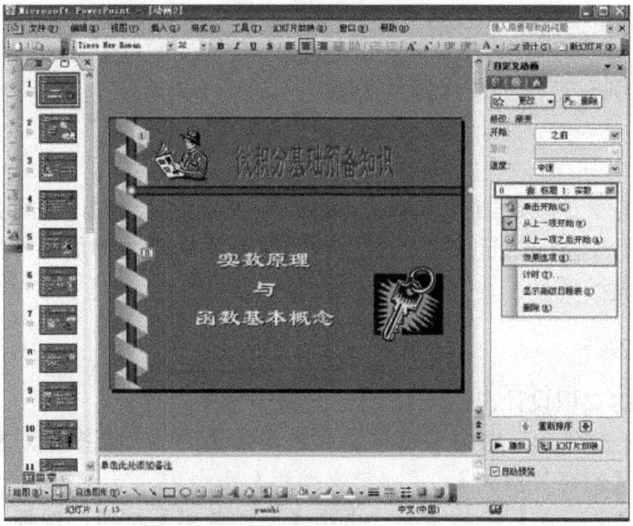

图 4.41 【效果选项】菜单

弹出【效果选项】对话框，对话框中的名字与前面所选动画名字相同。单击【效果】标签，在【增强】选项区中的【声音】下拉列表中选择要增强的声音。单击【声音】右边的小喇叭按钮，可以调节播放时声音音量大小，如图 4.42 所示。

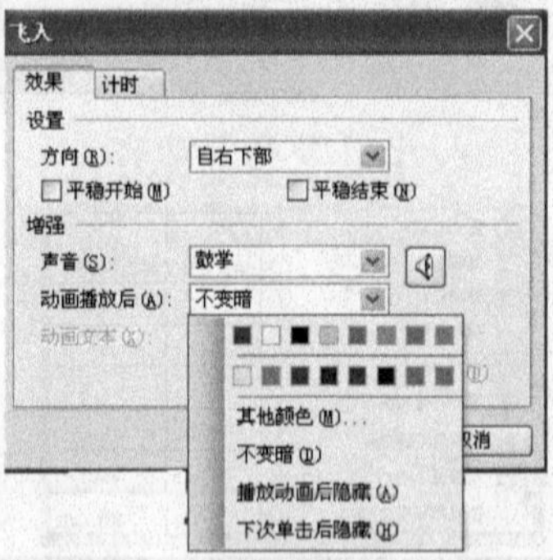

图 4.42　【效果选项】对话框

在图 4.42 中，单击【动画播放后】列表框右侧的下拉按钮，在下拉列表中选择播放动画后的效果。例如选择【播放动画后隐藏】选项，则对象在动画播放完后将不会显示在屏幕上。设置完毕，单击【确定】按钮即可。

相对于设置对象的进入效果，同样可以为对象退出放映界面设置动画，以达到更好的视觉效果。其操作步骤与设置对象的进入效果相似。

4.3.3　动画设置案例二：为表格设置自动填充效果演示文稿

1. 案例分析

表格常常被使用在演示文稿中，用户同样可以为其设置动画。下面就制作一个设置演示文稿放映时表格被自动地填写完成的动画效果。

2. 操作重点与难点

制作如下图 4.43 的所示一张幻灯片。

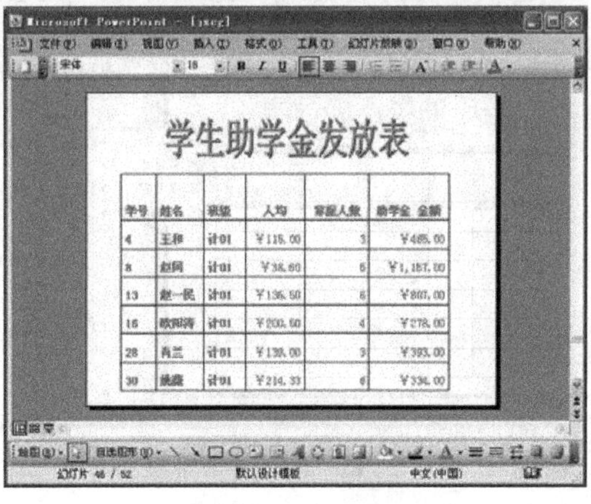

图 4.43　幻灯片样张

(1) 单击此张幻灯片，选中其中的表格，再右击该表格边框，并在弹出快捷菜单中选择【取消组合】命令，如图 4.44 所示。

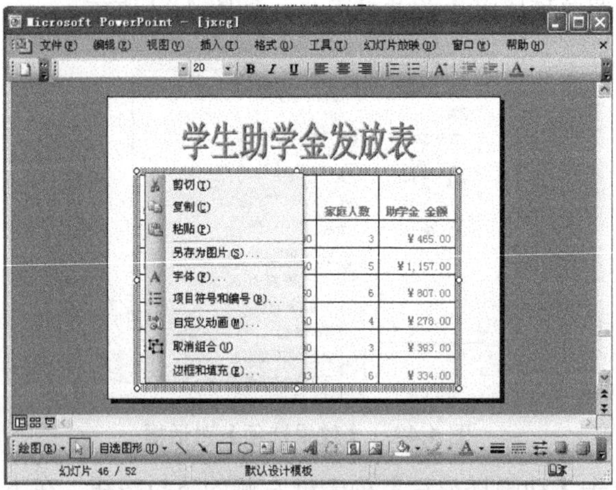

图 4.44　【取消组合】操作

弹出一个对话框提示用户是否要将表格转化为形状，单击【是】按钮。如图 4.45 所示。

图 4.45　对话框

此时，表格被拆分成若干对象。

(2) 按住 Shift 键同时选中第一行六个文本框，设置该组合的进入效果为“渐变”。并将开始时间设为“之后”，速度设为“较慢”。然后，再选中该组合，设置该组合的强调效果为“着色”。并将颜色设为“红色”，如图 4.46 所示。

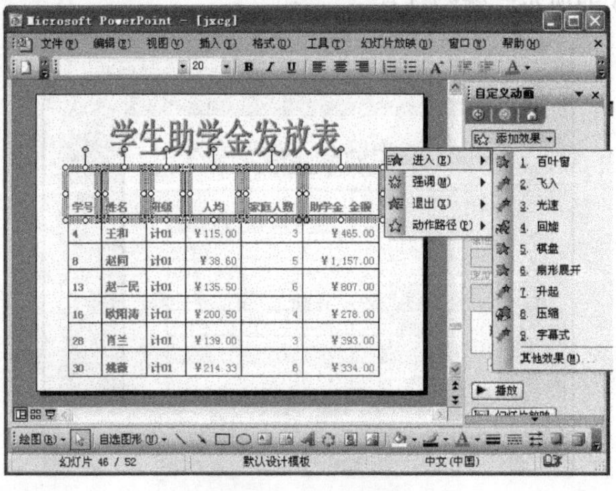

图 4.46　动画效果设置

弹出【效果选项】对话框，对话框中的名字与前面所选动画名字相同。单击【效果】标签，在【增强】选项区中的【声音】下拉列表中选择要增强的声音。单击【声音】右边的小喇叭按钮，可以调节播放时声音音量大小，如图 4.42 所示。

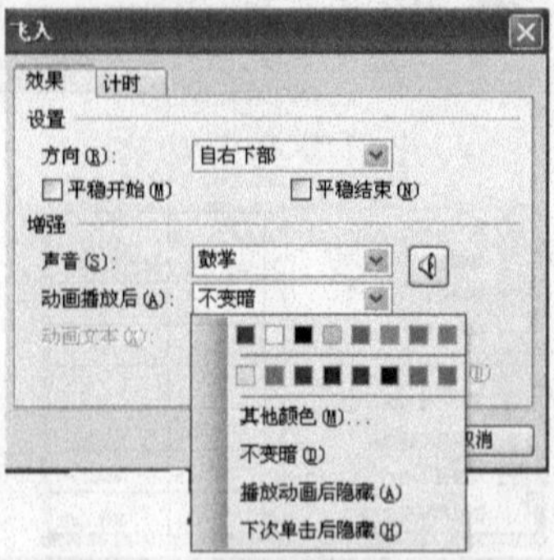

图 4.42　【效果选项】对话框

在图 4.42 中，单击【动画播放后】列表框右侧的下拉按钮，在下拉列表中选择播放动画后的效果。例如选择【播放动画后隐藏】选项，则对象在动画播放完后将不会显示在屏幕上。设置完毕，单击【确定】按钮即可。

相对于设置对象的进入效果，同样可以为对象退出放映界面设置动画，以达到更好的视觉效果。其操作步骤与设置对象的进入效果相似。

4.3.3　动画设置案例二：为表格设置自动填充效果演示文稿

1. 案例分析

表格常常被使用在演示文稿中，用户同样可以为其设置动画。下面就制作一个设置演示文稿放映时表格被自动地填写完成的动画效果。

2. 操作重点与难点

制作如下图 4.43 的所示一张幻灯片。

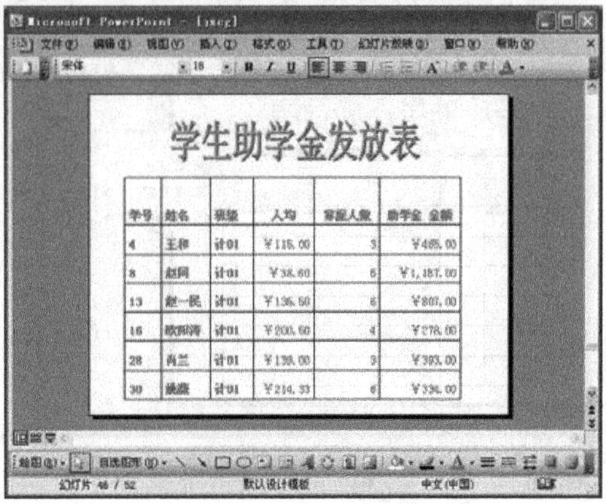

图 4.43　幻灯片样张

(1) 单击此张幻灯片，选中其中的表格，再右击该表格边框，并在弹出快捷菜单中选择【取消组合】命令，如图 4.44 所示。

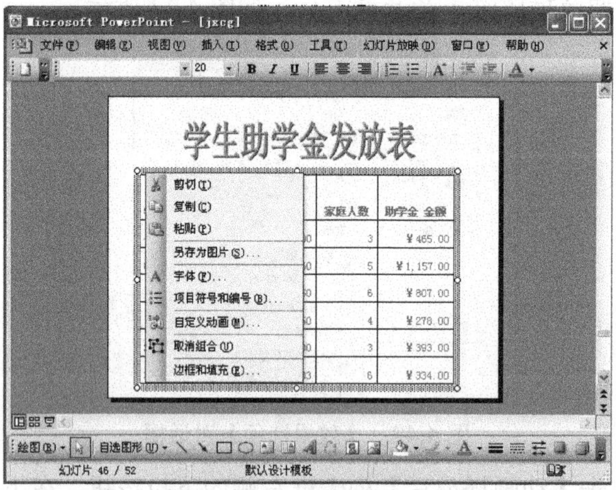

图 4.44 【取消组合】操作

弹出一个对话框提示用户是否要将表格转化为形状，单击【是】按钮。如图 4.45 所示。

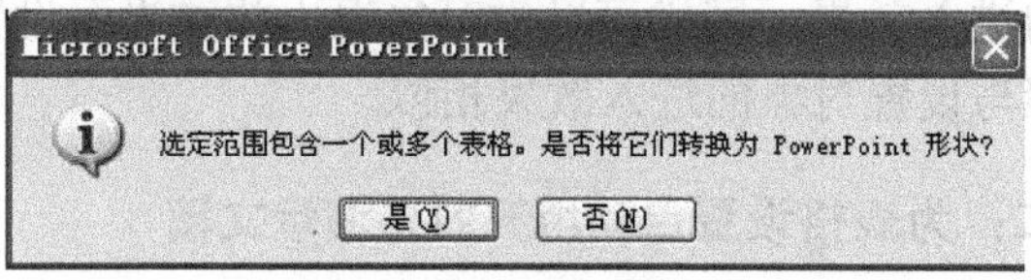

图 4.45 对话框

此时，表格被拆分成若干对象。

(2) 按住 Shift 键同时选中第一行六个文本框，设置该组合的进入效果为“渐变”。并将开始时间设为“之后”，速度设为“较慢”。然后，再选中该组合，设置该组合的强调效果为“着色”。并将颜色设为“红色”，如图 4.46 所示。

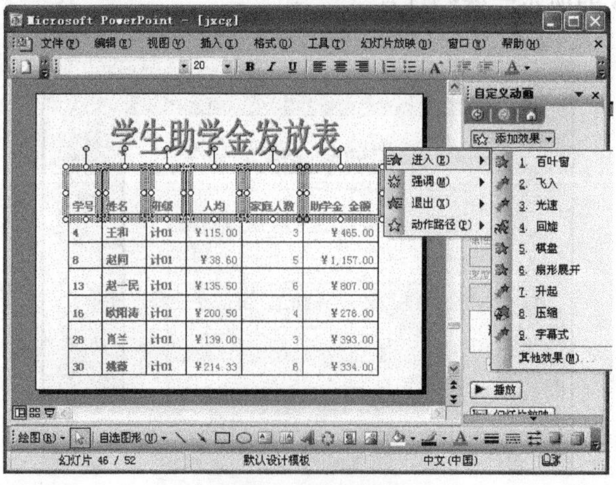

图 4.46 动画效果设置

(3) 选中第二行第一个文本框，设置其进入效果为“擦除”。并将其开始时间设为“之后”，方向设为“自左侧”。

(4) 同时选中第二行的第 2 个到第 6 个文本框，设置其进入效果为“飞入”，并将其开始时间设为“之后”，方向设为“自右侧”。

(5) 重复步骤(3)和步骤(4)，为表格的剩余行也设置动画效果。

(6) 单击“幻灯片放映”按钮，进入幻灯片放映，即可看到表格自动填充。

4.4　演示文稿的放映设置与发行

制作演示文稿的目的就是为了演示和放映。PowerPoint 2003 提供了多种幻灯片的放映形式和在放映中幻灯片的切换类型。

4.4.1　演示文稿的放映设置与发行操作技巧

1. 设置放映方式

(1) 打开要放映的演示文稿，然后选择【幻灯片放映】|【设置放映方式】命令，打开【设置放映方式】对话框，如图 4.47 所示。

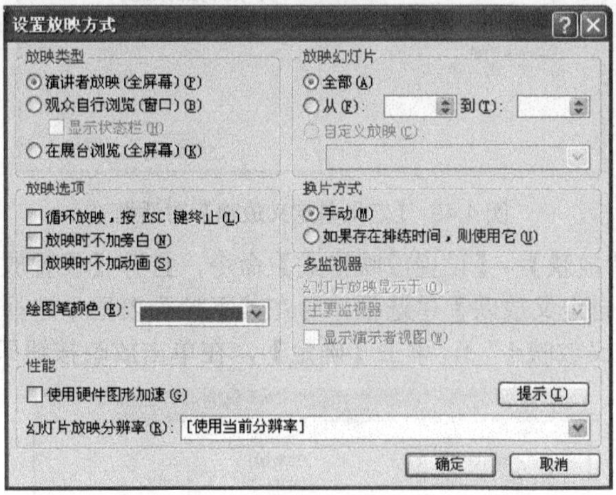

图 4.47　【设置放映方式】对话框

(2) 根据要求在对话框中设置所需的选项，然后单击【确定】按钮即可。

2. 自定义放映

使用幻灯片自定义放映功能，可以有选择的放映某一份演示文稿中的幻灯片，并且被选中的幻灯片将保留原来设置的动画效果。方法如下：

(1) 打开要自定义放映的演示文稿。

(2) 选择【幻灯片放映】|【自定义放映】命令，打开【自定义放映】对话框图，如图 4.48 所示，然后单击【新建】按钮。

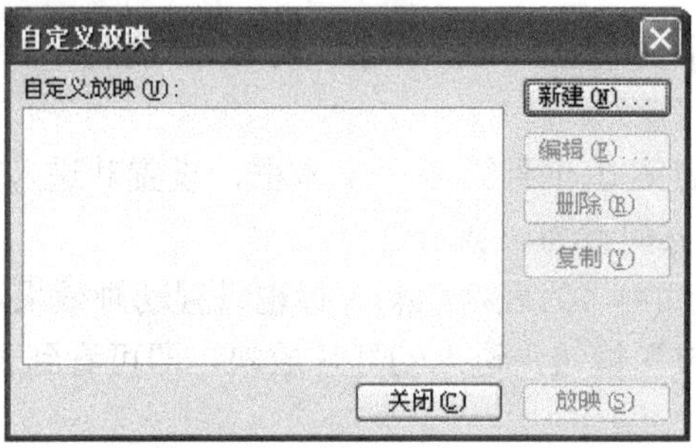

图 4.48 【自定义放映】对话框

(3) 打开【定义自定义放映】对话框，如图 4.49 所示，输入“幻灯片放映名称”(这里是“自定义放映 1”)，选中【在演示文稿中的幻灯片】列表框中要被自定义放映的幻灯片，单击【添加】按钮，则被选中的幻灯片出现在【在自定义放映中的幻灯片】列表框中(要删除错选的幻灯片，在【在自定义放映中的幻灯片】列表框中选中它，单击【删除】按钮即可)，单击【确定】按钮即可。

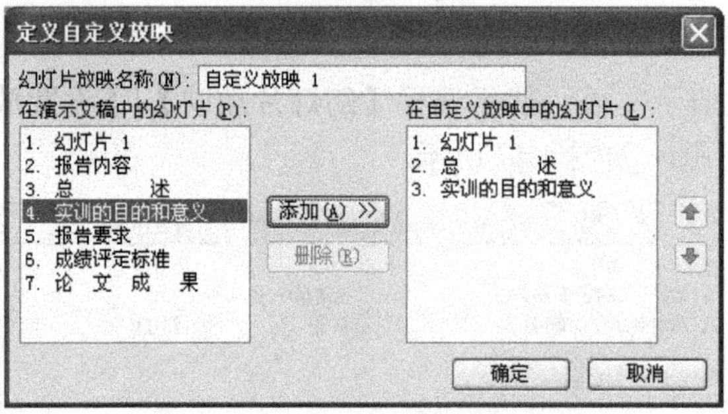

图 4.49 【定义自定义放映】对话框

(4) 选择【幻灯片放映】|【设置放映格式】命令，打开【设置放映方式】对话框，如图 4.50 所示。选中【自定义放映】单选框，并在其下拉列表框中选择要自定义放映的幻灯片名称(这里是“自定义放映 1”)，单击【确定】，在单击放映按钮即可实现自定义放映。

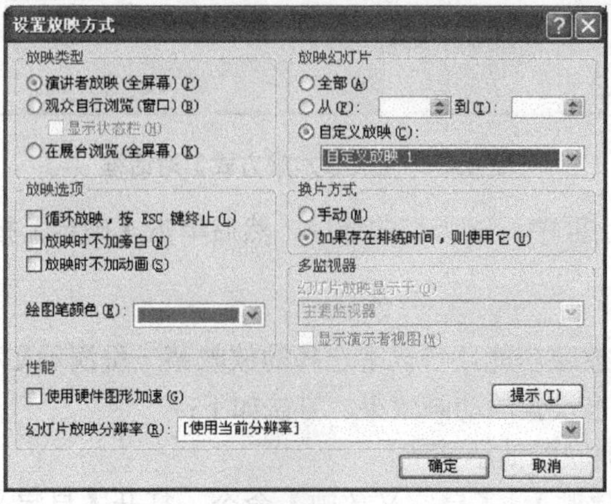

图 4.50 【设置放映方式】对话框

3. 设置幻灯片切换效果

在幻灯片放映过程中，为增加幻灯片放映的活泼性和生动性，可以为幻灯片添加切换效果。通俗地讲，切换效果就是在幻灯片的放映过程中，放完这一页后，这一页怎么消失，下一页怎么出来。设置幻灯片切换的方法为：

(1) 在幻灯片浏览视图中，选中要添加切换效果的幻灯片，然后选择中【幻灯片放映】|【幻灯片切换】命令。

(2) 弹出【幻灯片切换】任务窗格，里面有效果、换页方式、声音、切换速度及应用范围等选项，如图 4.51 所示。

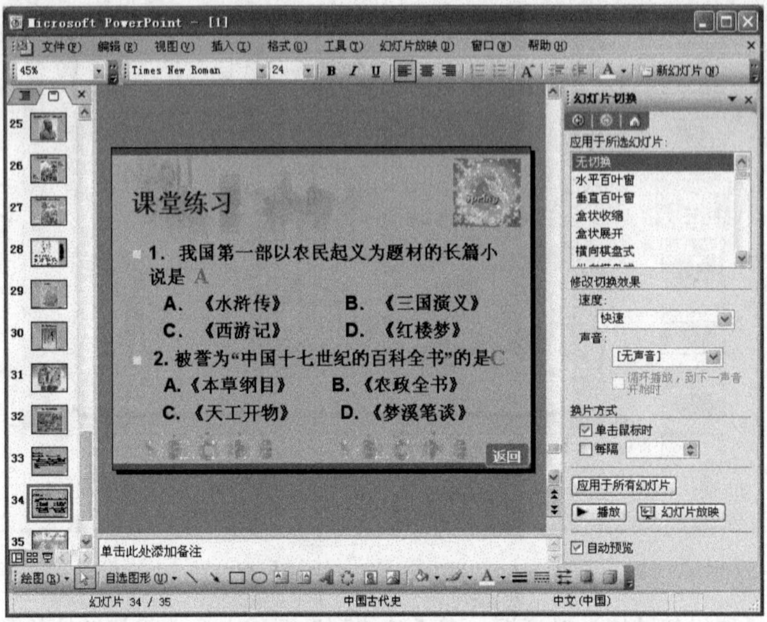

图 4.51　【幻灯片切换】窗格

(3) 在【效果】选项组中列出了 40 多种切换效果，选取其中一种效果。

(4) 设置【切换速度】，在【速度】下拉列表中选择【快速】。

(5) 接下来设置【换页方式】，如果不进行设置，默认状态为【单击鼠标时】，也就是在幻灯片放映过程中，点一下鼠标，幻灯片就换到下一页，同时显示换页效果；也可以取消这种换页方式，选取换页方式中的“每隔”，然后在下面的文本框中输入时间，那么幻灯片放映时，每隔指定的时间它就会自动切换到下一页。

(6) 单击【应用】按钮，就完成了切换方式的设置。按下 F5 键，可以看到切换效果。

4. 超链接及动作按钮

在 PowerPoint 2003 中，超链接即可以从一个幻灯到另一个幻灯片、自定义放映、网页或文件的连接。各种对象，例如文本、图片、图形、形状或艺术字等，都可以设置超链接。有时，也简单地把设置了超链接的对象也称为超链接。幻灯片放映时，将鼠标指针指向超链接，指针变成手型表示可以单击它从而实现跳转。

PowerPoint 2003 中还包括一组现成的按钮，能设置例如“下一项”、“前一项”、“播放声音”或者“播放电影”动作。在幻灯片放映中单击这些按钮，就能激活另一个程序、播放声音或影片，或者跳转到其他幻灯片、文件或 Web 页。

1) 添加超链接

(1) 选择要添加超链接的幻灯片，再选中要作为链接的对象，然后选择【插入】|【超链接】命令或单击【常用】工具栏上【插入超链接】按钮，如图 4.52 所示。

图 4.52 打开插入【超链接】窗口

(2) 弹出【编辑超链接】对话框，在【链接到】区域中，选择超链接的类型。例如单击【本文档中的位置】图标，如图 4.53 所示。

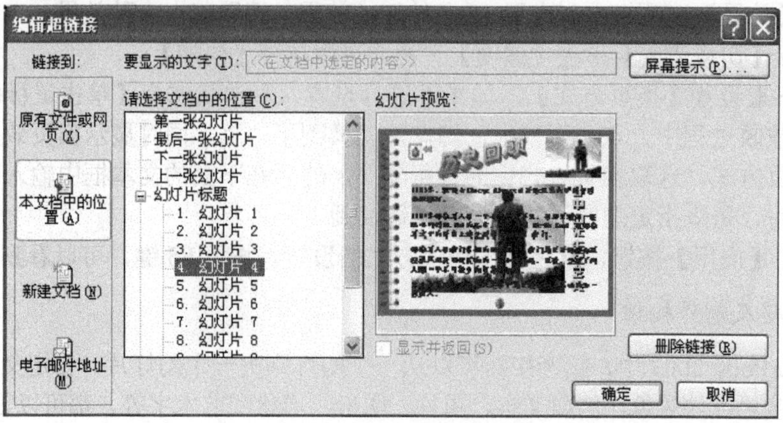

图 4.53 【编辑超链接】对话框

(3) 再在右边【请选择文档中位置】列表框中，选择想要跳转到的幻灯片。然后单击【确定】按钮。

2) 设置动作按钮的过程如下：

(1) 选择要添加动作按钮的幻灯片。

(2) 选择【幻灯片放映】|【动作按钮】命令，这时会出现一个动作按钮列表，如图 4.54 所示。

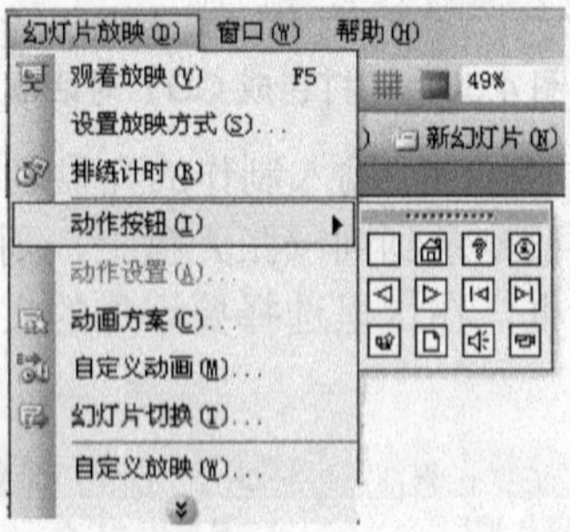

图 4.54　动作按钮列表

(3) 选择所需的动作按钮，然后在幻灯片中拖动鼠标，绘制所选的动作按钮，此时会出现【动作设置】对话框。

(4) 在【超级链接到】列表中，选则【放映结束】，如图 4.55 所示。

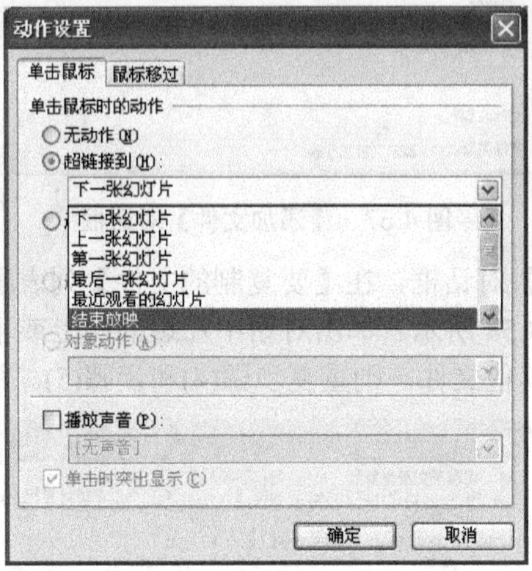

图 4.55　【动作设置】对话框

(5) 单击【确定】按钮即可。在放映幻灯片时，可单击这个动作按钮，就可将幻灯片切换到设置链接幻灯片上了。

5. 打包演示文稿

(1) 打开要打包的演示文稿。

(2) 选择【文件】|【打包成 CD】命令，打开【打包成 CD】对话框，如图 4.56 所示。

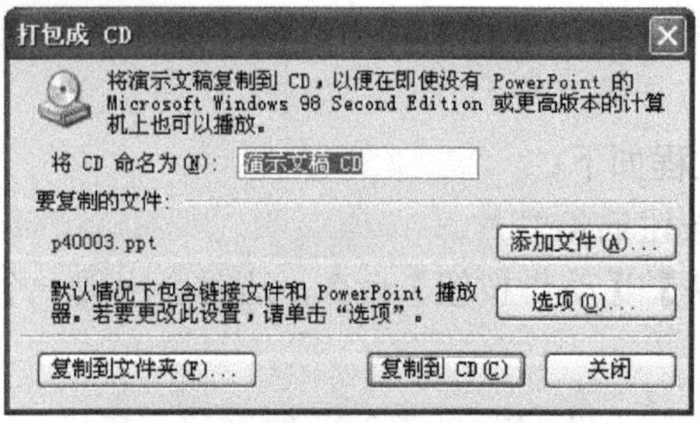

图 4.56 【打包成 CD】对话框

(3) 在【将 CD 命名为】文本框中，输入制作的光盘名称。

(4) 如果需要将多个演示文稿刻录到同一张光盘上，则单击【添加文件】按钮。

(5) 打开【添加文件】对话框，在这里选择要添加的文件，如图 4.57 所示，然后单击【添加】按钮。

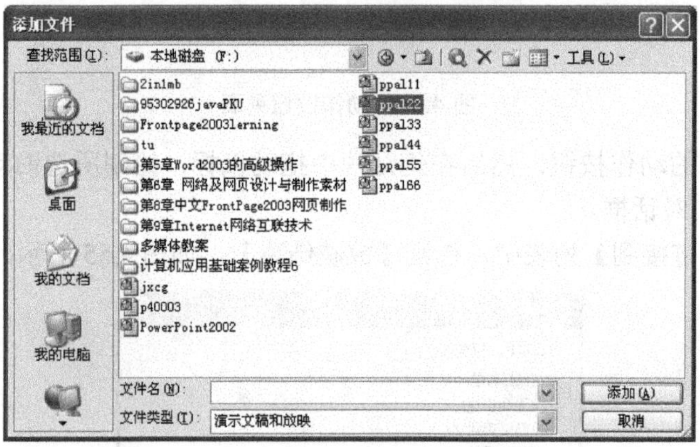

图 4.57 【添加文件】对话框

(6) 返回到【打包 CD】对话框，在【要复制的文件】列表框中，显示了要复制的演示文稿及其播放顺序，如图 4.58 所示。单击对话中左边的向上或下拉按钮，可以调整文件的播放顺序。如果还要添加其他文件，则重复步骤(4)和步骤(5)。然后单击【选项】按钮。

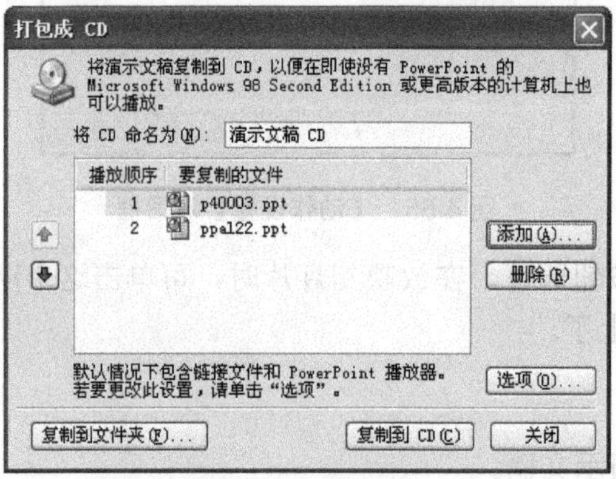

图 4.58 【打包成 CD】对话框

(7) 打开【选项】对话框如图 4.59 所示。一般来说，如果要在没有安装 PowerPoint 程序的计算机上放映打包的演示文稿，就需要 PowerPoint 播放器，因此，默认是选中【PowerPoint 播放器】复选框的。如果要排除播放器，则取消勾选；然后再选择演示文稿在播放器中的播放方式；如果演示文稿中带有超链接。则选中【链接的文件】复选框以确保在目标计算机上能打开它们。此外，还可以在【帮助保护 PowerPoint 文件】选区中，设置打开文件的密码和修改文件的密码。最后单击【确定】按钮。

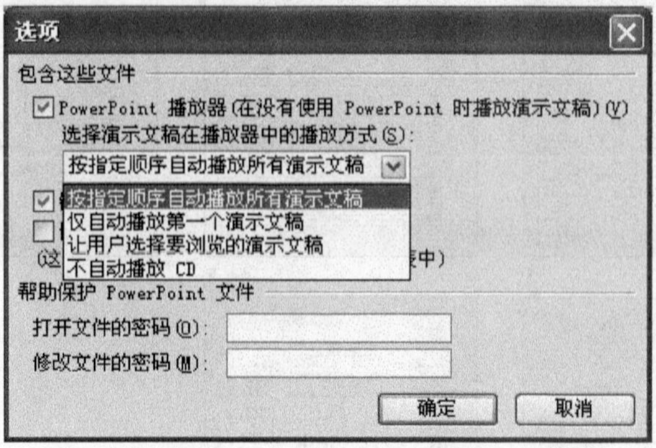

图 4.59　【选项】对话框

(8) 返回【打包成 CD】对话框中，单击【复制 CD】按钮。系统会弹出刻录进度对话框。刻录完成后，关闭【打包成 CD】对话框即可。

用户也可以用上述步骤将一个或多个演示文稿打包到计算机或某个网络上的文件夹中。

打包完演示文稿后，若果用户计算机上安装有 PowerPoint 2003，可直接放映其中的演示文稿文件。如果没有安装 PowerPoint 2003，则可以使用 Microsoft Office PowerPoint Viewer 播放器打开演示文稿。播放器程序 PPtview.exe 被安装到相同的文件夹中，双击播放器程序 PPtview.exe，再单击要运行的演示文稿，就可以在没有安装 PowerPoint 的计算机上放映演示文稿。

4.4.2　放映设置与发行操作案例：自定义放映链接的摘要幻灯片

1. 案例分析

在演示文稿中，创建一张列出演示文稿主题的摘要幻灯片，并为各主题创建相应的自定义放映及超链接。以实现幻灯片放映时，通过在摘要中单击不同的主题即可跳转至相关的幻灯片中。

2. 操作重点与难点

利用前面介绍的知识，创建 8 张幻灯片，具体内容如图 4.60 所示。

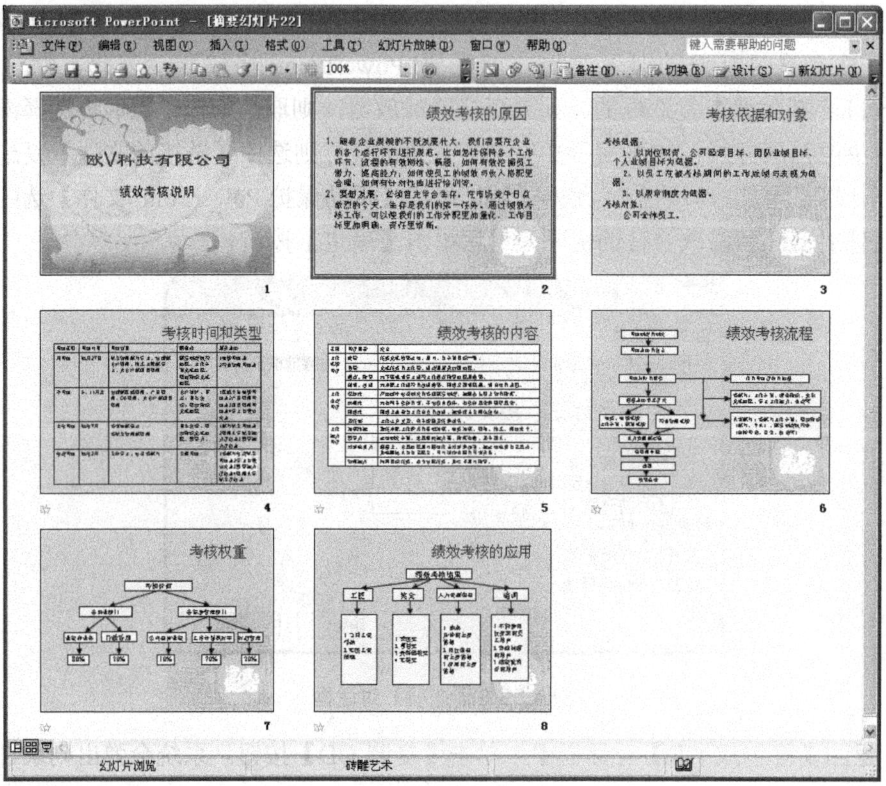

图 4.60　幻灯片浏览样张

3. 操作技巧

(1) 选择【幻灯片放映】|【自定义放映】命令，打开【自定义放映】对话框，单击【新建】按钮。

(2) 打开【定义自定义放映】对话框，如图 4.61 所示，在【幻灯片放映名称】文本框中输入自定义放映的名称，例如输入“考核的原因、考核依据和对象”。按住 Ctrl 键，单击第 2 张和第 3 张，再单击【添加】按钮，把它们都加入到【在自定义放映中的幻灯片】列表框中，然后单击【确定】按钮。

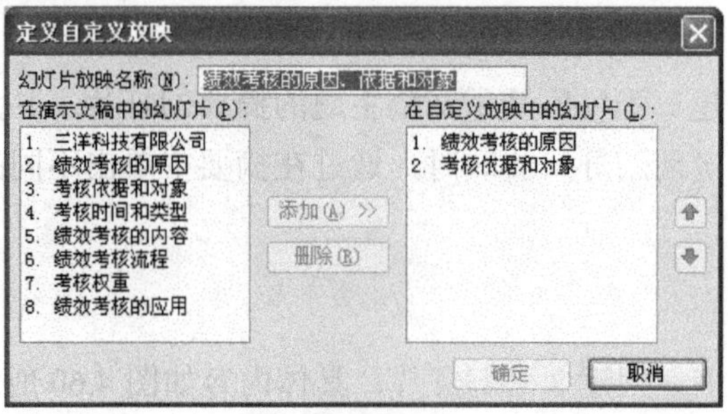

图 4.61　【定义自定义放映】对话框

(3) 返回到【自定义放映】对话框中，此时，在【自定义放映】列表框中显示出新建的自定义放映名称。重复步骤 1、2 建立如下 4 个自定义放映，如图 4.62 所示。

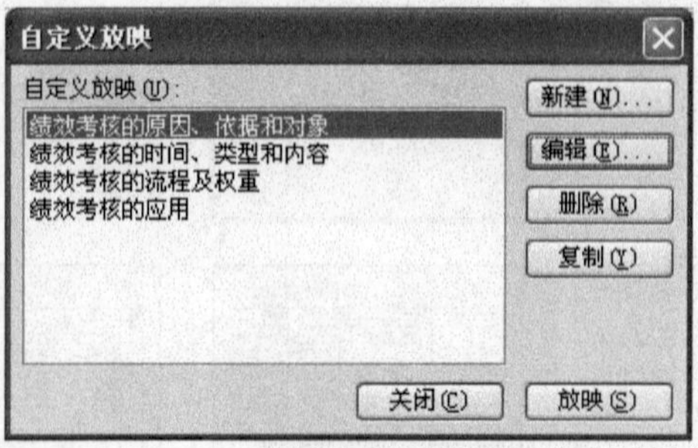

图 4.62　【自定义放映】对话框

(4) 单击关闭【关闭】按钮，关闭【自定义放映】对话框，切换到幻灯片浏览视图中，选中每一个自定义放映的第一张幻灯片。因为有多个自定义放映，所以需按住 Ctrl 键再单击所需的幻灯片这样可以同时选中多张幻灯片。再在“幻灯片浏览”工具栏上单击“摘要幻灯片”按钮，如图 4.63 所示。

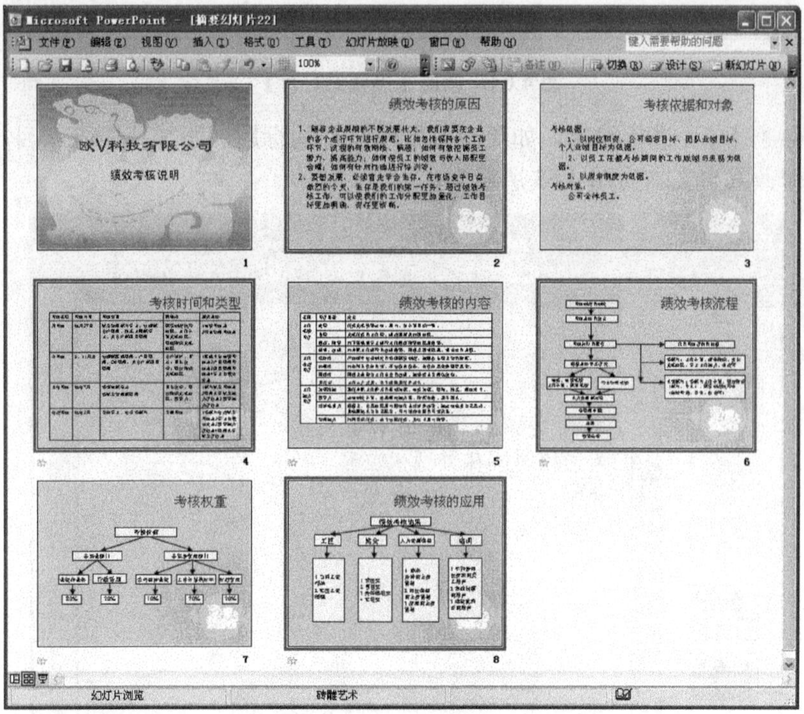

图 4.63　选中幻灯片

(5) 此时，可以看到，一张含有项目符号的新幻灯片出现在选中的第一张幻灯片之前如图 4.64 所示。它以“摘要幻灯片”作为幻灯片的标题，已被用户选中的幻灯片的标题为段落文本。双击新建的摘要幻灯片，切换到普通视图。

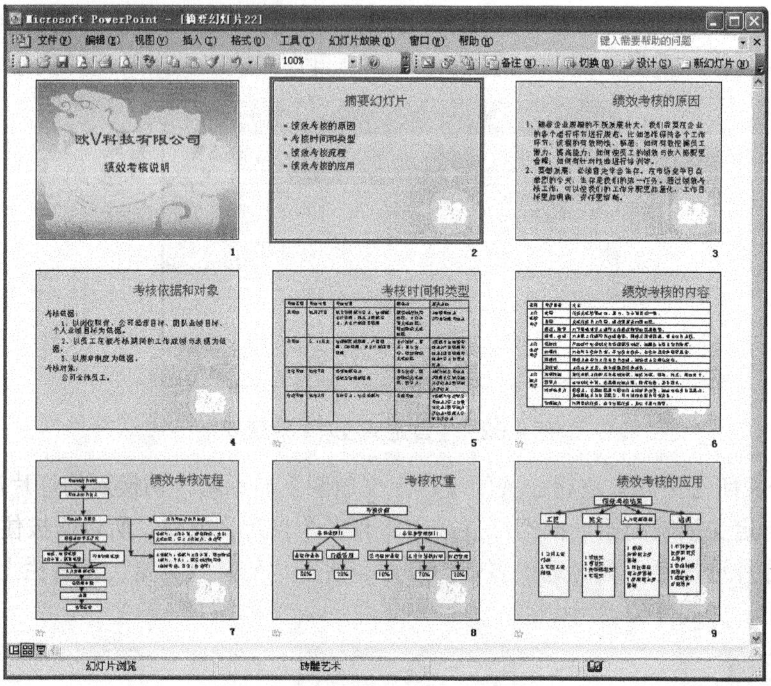

图 4.64　新建【摘要幻灯片】

(6) 对摘要幻灯片进行编辑，如更改摘要幻灯片的标题、添加或删除项目，更改字体等。例如，修改其中文本为图 4.65 所示文本。

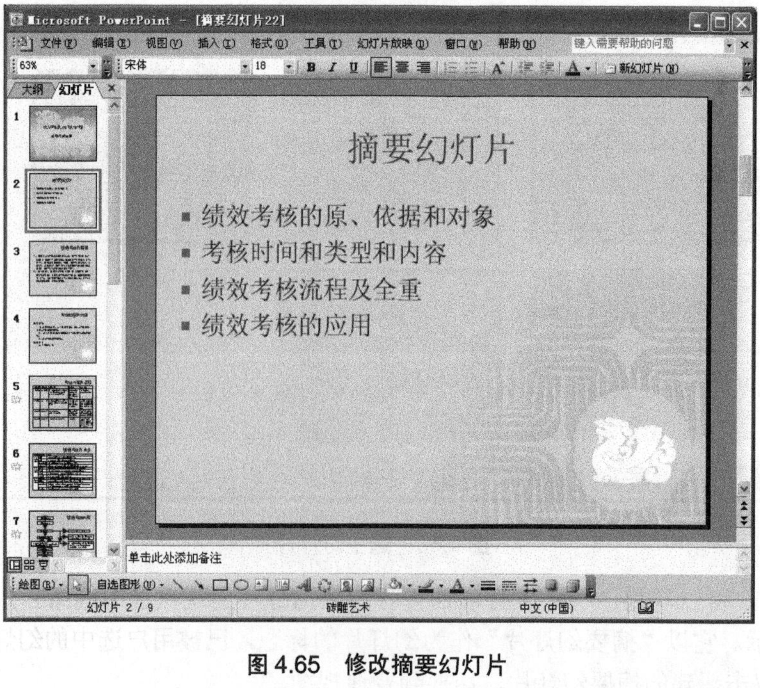

图 4.65　修改摘要幻灯片

(7) 在摘要幻灯片中，选中第一行项目文本，然后单击【常用】工具栏上的【插入超链接】按钮。打开【插入超链接】对话框，如图 4.66 所示。在【链接到】选项区中单击【本文档中的位置】图标，再在【请选择文档中的位置】列表框中单击第一个自定义放映的名称，即单击【绩效考核的原因、依据和对象】选项，然后单击【确定】按钮。

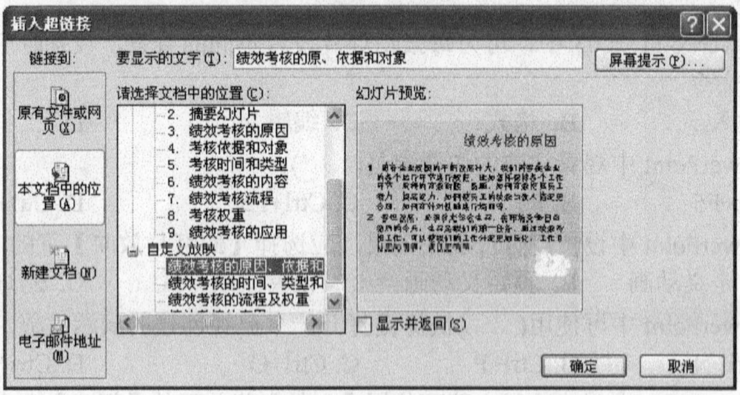

图 4.66　【插入超链接】对话框

(8) 返回到文档中，可以看到，设置了超链接的项目文本下方出现了下划线。重复步骤(7)，为摘要幻灯片上的每一个项目创建跳转至相应主题的自定义放映的超链接。

按 F5 键进入幻灯片放映模式。放映到摘要幻灯片时，单击幻灯片上不同的项目，即可跳转至不同的自定义放映中。

小　结

本章主要包括以下内容。

(1) PowerPoint 2003 的基本操作。介绍了 PowerPoint 2003 的启动与退出、窗口的组成、视图方式以及演示文稿与幻灯片的概念。

(2) PowerPoint 2003 的幻灯片制作与管理。介绍了选择幻灯片版式、处理文本、处理图形对象、介绍了更换版式、更换设计模板、更换配色方案、更改母版、设置背景等操作。

(3) PowerPoint 2003 的幻灯片放映设置。介绍了设置动画效果、设置切换效果、设置放映方式等操作。

(4) PowerPoint 2003 的幻灯片放映与打包。介绍了幻灯片放映、幻灯片打包等操作。

习　题　四

1. 判断题

(1) 新建的空演示文稿中没有幻灯片。　(　　)

(2) 幻灯片的版式一旦选择后，不能改变。　(　　)

(3) 幻灯片中的占位符不能改变位置，也不能改变大小。 (　　)

(4) 幻灯片最多有 5 级小标题。 (　　)

(5) 在大纲窗格中不能删除幻灯片。 (　　)

2. 选择题

(1) 在 PowerPoint 2003 中，可为每张幻灯片设置不同的背景，设置时应选(　　)菜单下的【背景】命令。

A. 插入　　B. 格式　　C. 编辑　　D. 工具

(2) 在 PowerPoint 中观看放映的快捷键是(　　)。

A. Alt+F5　　B. F5　　C. Ctrl+F5　　D. Ctrl+Alt+F5

(3) 在 PowerPoint 中设置幻灯片放映效果，应选择【幻灯片放映】下的(　　)命令。

A. 自定义动画　　B. 预定义动画　　C. 设置放映方式　　D. 幻灯片切换

(4) 在 PowerPoint 中可使用(　　)快捷键打开一个已经创建的演示文稿。

A. Ctrl+N　　B. Ctrl+P　　C. Ctrl+O　　D. Ctrl+S

(5) 在 PowerPoint 中创建演示文稿可使用【文件】菜单下的【新建】命令或单击(　　)的【新建】按钮完成。

A.【大纲】工具栏　　B.【常用】工具栏

C.【格式】工具栏　　D.【动画效果】工具栏

(6) PowerPoint 演示文稿的默认扩展名是(　　)。

A. .DOC　　B. .BMP　　C. .TXT　　D. .PPT

(7) 在演示文稿中，对插入的图片，不能进行的操作是(　　)。

A. 从矩形边缘裁剪　　B. 移动其中在演示文稿中的位置

C. 放大或缩小　　D. 修改其中的图形

(8) 在下述 4 个选项中，(　　)不属于 PowerPoint 2003 的视图方式。

A.【普通】视图　　B.【幻灯片浏览】视图

C.【页面】视图　　D.【幻灯片放映】视图

(9) 在编辑演示文稿时，要在幻灯片中插入表格、剪切画或照片等图形，应在(　　)中进行。

A.【备注页】视图　　B.【幻灯片浏览】视图

C. 幻灯片窗格　　D. 大纲窗格

(10) 关于幻灯片切换，下列说法正确的是(　　)。

A. 可设置进入效果　　B. 可设置切换效果

C. 可用鼠标单击切换　　D. 以上全对

3. 简答题

(1) 创建“演示文稿”有哪几种方法？

(2) 如何编辑动画对象的出场顺序？

(3) 启动幻灯片放映有哪几种方法？

(4) 打包工具有何用途？

第5章 网络技术基础

本章综述：

通过本章的学习，了解计算机网络的发展、组成，局域网的拓扑结构、网络中共享资源的使用方法、Internet 基础知识、资源的搜索与下载、电子邮件的收发等内容。了解 FrontPage 2003 的基本使用方法和网页设计的基本过程。

5.1 计算机网络概述

自从 1968 年美国国防部高级研究计划署(APRPA)主持研制的 APRPA 计算机网络投入运行以来，世界各地计算机网络建设犹如雨后春笋，迅速发展。

计算机网络是计算机技术和通信技术相互结合而形成的一门交叉学科，也是当今计算机应用的发展方向和热点之一。计算机网络是把分布在不同地理位置上的具有独立功能的多台计算机、终端及其网络设备在物理上互所连接的设备形成的计算机网络在规模上千差万别，而且差别非常悬殊，小者如两台家用计算机连接起来所组成的网络；大者如 Internet 网，它把全世界范围的难以计数的计算机连在一起，形成国际网络。

5.1.1 计算机网络的概念与发展

所谓计算机网络，就是把分布在不同地理区域的计算机与专门的外部设备用通信线路互连成一个规模大、功能强的网络系统，从而使众多的计算机可以方便地互相传递信息，共享硬件、软件、数据信息等资源。

计算机网络分为服务器与工作站，服务器是为网络提供和管理共享资源的计算机，工作站是用户在局域网上操作的计算机；用户可以从服务器中获取程序和数据，然后在工作站处理。

计算机网络的发展过程大致可以分为具有通信功能的单机系统、具有通信功能的多机系统、计算机网络 3 个阶段。

1. 通信功能的单机系统

早期的计算机很昂贵，是一种珍贵资源，只有数目有限的计算中心才拥有这种资源。使用计算机的用户要不远千里到计算中心去上机。这样，除浪费时间、精力和耗费大量资金外，需要及时处理的信息也无法得到及时的加工处理和应用。为了解决这个问题，在计算机内部增加了通信功能，使远地站点的输入输出设备通过通信线路直接和计算机相连，达到一边输入信息，一边处理信息的目的。

2. 具有通信功能的多机系统

上述联机系统有两个明显的缺点，首先是主机负担过重，它既要承担本身的数据处理任务，又要承担通信任务。在通信量很大时，主机几乎没有时间处理数据。其次线路利用率低，特别是在终端远离主机时尤为明显。

克服第一个缺点的办法，是在主机前设置一个前置处理机，专门负责与终端的通信工作，使主机能集中更多时间处理数据。

克服第二个缺点的常用办法，是在终端集中的区域设置线路集中器，大量终端先通过低速线路连到集中器上，集中器则通过高速线路与主机相连。

前置处理机和集中器常采用小型机，其内存容量较小，运算速度较低，指令类型较简单，但通信功能强。这类小型机，除了完成通信任务外，还能进行通信处理、信息压缩、代码转换等功能。这种系统已经具备了计算机网络的雏形。

3. 计算机网络

联机系统的发展，为计算机应用开拓了新的领域。随着计算机应用的发展和硬件价格的下降，一个部门或一个大公司通常有多台主机系统。这些系统分布在不同的地区，它们之间常要交换信息，进行各种业务联系。这种以传输信息为主要目的而用通信线路将各主机系统连接起来的计算机群，称为计算机通信网络。这种网络是计算机网络的低级形式。前面提到的 APRPA 网就是最早的计算机通信网。

随着计算机通信网络的发展和广泛应用，通信网络用户对网络提出了更高的要求，他们希望共享网络内的计算机系统资源，或使用网内几个计算机系统共同完成某项工作，这就形成了以共享资源为主要目的的计算机网络。为了实现这个目的，除了要有可靠、有效的计算机和通信系统外，还要求制定一套全网共同遵守的规则和网络操作系统。

计算机网络的主要功能如下。

(1) 数据通信(信息传输)，这是计算机网络的最基本功能。

(2) 资源共享。

(3) 信息的分布处理。

(4) 综合信息服务，通过计算机网络可以向全社会提供各种经济信息、科研情报和咨询服务。

计算机网络发展的基本方向是开放、集成、高性能(高速)和智能化。开放是指开放的体系结构，开放的接口标准，使各种异构系统便于互连和具有高度的互操作性。集成表现在各种服务和多媒体应用的高度集成。高性能表现在为网络应用提供高速的传输、高效的协议处理和高品质的网络服务。智能化表现在网络的传输和处理上能向用户提供更为方便、友好的应用接口，使得网络能随“用户指定”或“应用指定”动态地变化。

5.1.2　计算机网络的分类

了解网络的分类方法和类型特征是熟悉计算机网络技术的重要基础之一。计算机网络可以从不同的角度进行分类，方法很多。

从交换功能分：有电路交换网、报文交换网、分组交换网和混合交换网。

从拓扑结构分：有集中式网络、分散式网络、分布式网络。

从使用范围分：有公用网和专用网。

从覆盖范围分：有局域网、城域网和广域网。

从通信传播方式分：有点对点传播方式网和广播式传播方式网。

从通信线路划分：可分为有线网和无线网。

以下是常见的几种分类方法。

1. 按网络的地理范围进行分类

计算机网络按其地理位置和分布范围分类可以分成局域网、城域网和广域网。

1) 局域网(Local Area Network，LAN)

局域网是指将有限范围内(如一个实验室、一幢大楼、一个校园)的各种计算机、终端与外部设备互连成网络。局域网一般为一个单位所建，在单位或部门内部控制管理和使用，其覆盖范围没有严格的定义，一般认为在 10km 以内。局域网的传输速率为 10～100Mb/s，误码率低，侧重共享信息的处理。局域网技术发展迅速，应用日益广泛，是计算机网络中最活跃的领域之一。

2) 城域网(Metropolitan Area Network，MAN)

城市地区的网络常简称为城域网。城域网是介于广域网与局域网之间的一种高速网络。城域网设计的目标是满足几十公里范围内的大量企业、机关、公司的多个局域网互连的需求，以实现大量用户之间的数据、语音、图形与视频等多种信息的传输功能。

3) 广域网(Wide Area Network，WAN)

广域网也称为远程网。它所覆盖的地理范围从几十公里到几千公里。广域网覆盖一个国家、一个地区或横跨几个洲，形成国际性的远程网络。

比如几个城市之间，由许多大型主机系统相连接而组成的网络。比较典型的形式是全国性的系统网，如国内的专业银行网。其通信线路为租用或铺设专线。而广域网内部又可以包括若干局域网。

在广大的地理范围内，各种形式的 WAN、MAN、LAN 互相连接，实现资源共享和数据通信，即组成网际网网络。目前大家熟悉的 Internet 即是典型的例子。

2. 按网络的拓扑结构进行分类

网络的拓扑结构是指网络中通信线路和站点(计算机或设备)的几何排列形式。

1) 星型拓扑结构

星型拓扑结构是由中心结点和通过点对点链路连接到中心结点的各站点组成。星型拓扑结构的中心结点是主结点，它接收各分散站点的信息，再转发给相应的站点。目前星型拓扑结构几乎是双绞线网络专用的。星型拓扑结构的中心结点是由集线器或交换机承担的，如图 5.1 所示。

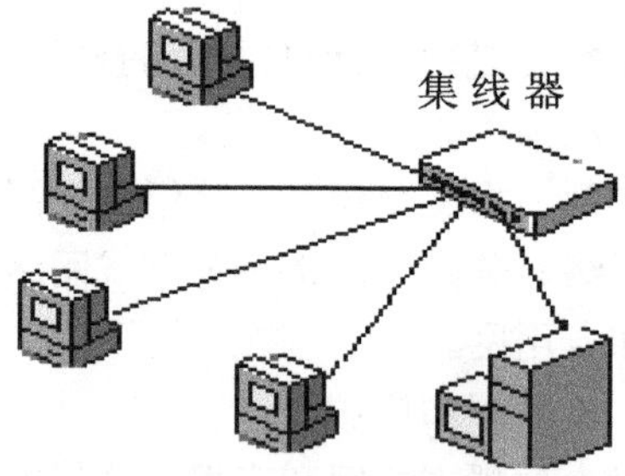

图 5.1　星型拓扑结构

星型拓扑结构有以下优点。

(1) 由于每个设备都用一根线路和中心结点相连，如果这根线路损坏，或与之相连的工作站出现故障时，在星型拓扑结构中，不会对整个网络造成大的影响，而仅会影响该工作站。

(2) 网络的扩展容易。

(3) 控制和诊断方便。

(4) 访问协议简单。

星型拓扑结构也存在着一定的缺点。

(1) 过分依赖中心结点。

(2) 成本高。

2) 总线型拓扑结构

总线型拓扑结构采用单根传输线作为传输介质，所有的站点(包括工作站和文件服务器)均通过相应的硬件接口直接连接到传输介质(或称总线)上，各工作站地位平等，无中心结点控制，如图 5.2 所示。

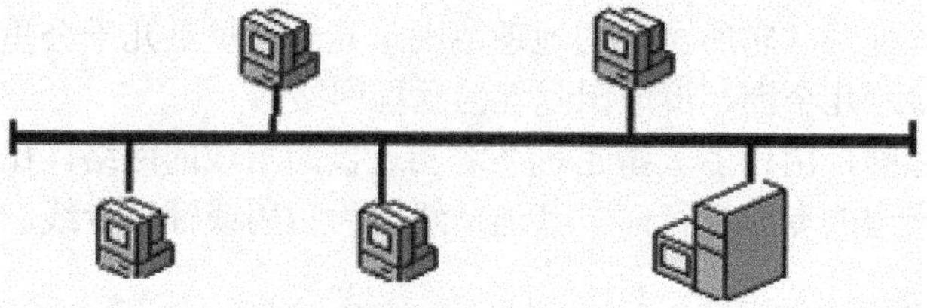

图 5.2　总线型拓扑结构

总线型拓扑结构的总线大都采用同轴电缆。总线上的信息多以基带信号形式串行传送。某个站点发送报文(把要发送的信息叫报文)，其传送的方向总是从发送站点开始向两端扩散，如同广播电台发射的信息一样，故又称为广播式计算机网络，在总线网络上的所有站点都能接收到这个报文，但并不是所有的都接收，而是每个站点都会把自己的地址与这个报文的目的地址相比较，只有与这个报文的目的地址相同的工作站才会接收。

在总线型拓扑结构中，由于各站点通过总线传输信息，并且各站点对于总线的使用权是平等的，因此就产生了如何合理分配信道的问题，这种合理解决信道分配问题的控制方法叫介质访问的控制方式。总线型拓扑结构的介质访问控制方式叫 CSMA/CD(载波监听多路访问/冲突检测)。

总线型拓扑结构主要有以下优点。

(1) 从硬件来看总线型拓扑结构可靠性高。因为总线型拓扑结构简单，而且又是无源元件。

(2) 易于扩充，增加新的站点容易。如要增加新站点，仅需在总线的相应接入点将工作站接入即可。

(3) 使用电缆较少，且安装容易。

(4) 使用的设备相对简单，可靠性高。

当然，总线型拓扑结构也存在一些缺点：故障隔离困难。在星型拓扑结构中，一旦检查出哪个站点出故障，只需简单地把连接拆除即可。而在总线型拓扑结构中，如果某个站点发生故障，则需将该站点从总线上拆除，如传输介质故障，则要切断和变换整个故障段总线。

3) 环型拓扑结构

环型拓扑结构是由若干中继器通过点到点的链路首尾相连成一个闭合的环，如图 5.3 所示。

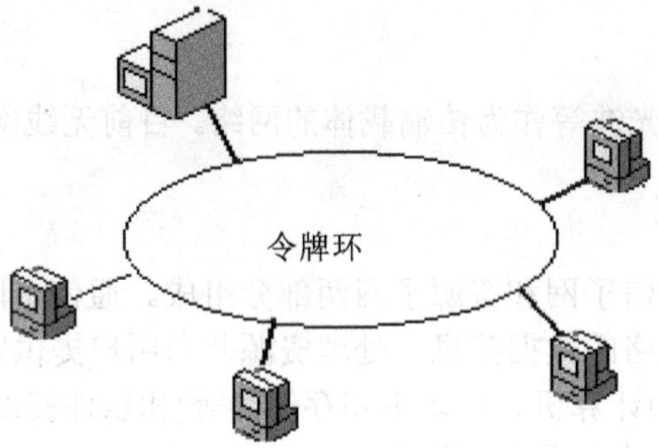

图 5.3 环型结构

环型拓扑结构使用电缆形成环型连接，每个中继器与两条链路相连，由于环型拓扑的数据在环路上沿着一个方向在各结点间传输，这样中继器能够接收一条链路上来的数据，并以同样的速度串行把数据送到另一条链路上，而不在中继器中缓冲。每个工作站对环的使用权是平等的，所以也存在着 “争用”和“冲突”的问题。在环路上发送和接收数据的过程大致如下。

发送报文的工作站(简称发送站)将报文分成报文分组，每个报文分组包括一段数据再加上某些控制信息，在控制信息中含有目的地址。发送站依次把每个报文分组送到环路上，然后通过其他中继器进行循环，每个中继器都对报文分组的目的地址进行判断，看其是否与本地工作站的地址相同，仅有地址相同的工作站才接收该报文分组，并将分组复制下来，当该报文分组在环路上绕行一周重新回到发送站时，由发送站把这些分组从环路上摘除。由此可看出环路上某一结点发生故障，它将不能正常地传送信息。

环型拓扑结构有以下优点。

(1) 路由选择控制简单。因为信息流是沿着固定的一个方向流动的，两个站点仅有一条通路。

(2) 电缆长度短。环型拓扑所需电缆长度和总线拓扑结构相似，但比星型拓扑短。

(3) 适用于光纤。光纤传输速度高，而环型拓扑是单方向传输，十分适用于光纤这种传输介质。

环型网络的缺点如下。

(1) 结点故障引起整个网络瘫痪。在环路上数据传输是通过环上的每一个站点进行转发的，如果环路上的一个站点出现故障，则该站点的中继器不能进行转发，相当于环在故障结点处断掉，造成整个网络都不能进行工作。

(2) 诊断故障困难。因为某一结点故障会使整个网络都不能工作，但具体确定是哪一个结点出现故障非常困难，需要对每个结点进行检测。

3. 按传输介质进行分类

传输介质是计算机网络中连接各种设备的物理通路，分为有线和无线两大类。计算机网络按其传输介质不同分为有线网和无线网两大类。

1) 有线网

采用双绞线、同轴电缆和光纤等作为传输介质。目前大多数的计算机网络都采用有线方式组网。

2) 无线网

采用微波、红外线和光波等作为传输载体的网络。目前无线网正发展迅速，前景美好。

5.1.3 计算机网络的组成

计算机网络主要由通信子网和资源子网两部分组成。通信子网负责全网中的信息传递和交换，资源子网代表网络的数据信息，处理资源并向用户提供网络资源和网络服务，其中网络资源含硬件资源(如计算机、打印机和存储器等)和软件资源(系统软件、应用软件和数据等)。计算机网络的组成如图 5.4 所示。

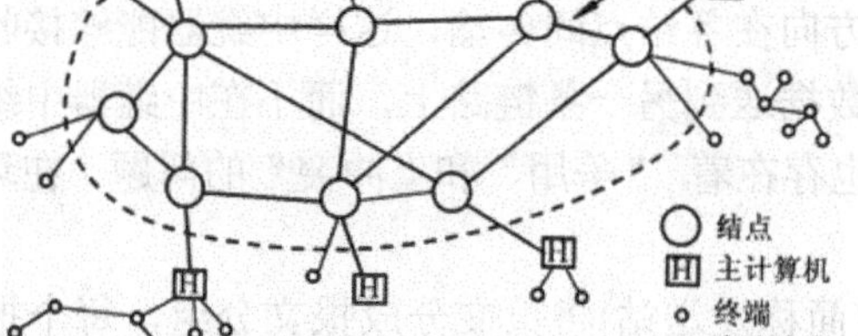

图 5.4 计算机网络的组成

1. 传输介质

网络传输介质是指用来传输计算机信息的通信线路，传输介质在很大程度上决定了网络数据传输速率的大小。常见的传输介质有以下几种。

1) 双绞线

组建局域网络所用的双绞线是一种由 4 对线(即 8 根线)组成的，其中每根线的材质有铜线和铜包的钢线两类。一般来说，双绞线电缆中的 8 根线是成对使用的，而且每一对都相互绞合在一起，绞合的目的是为了减少对相邻线的电磁干扰。双绞线分为屏蔽双绞线(STP)和非屏蔽双绞线(UTP)，双绞线的这 8 根线的引脚定义如表 5-1 所示。

表 5-1　双绞线的引脚定义

线路线	1	2	3	4	5	6	7	8
线路色	白橙	橙	白绿	蓝	白蓝	绿	白褐	褐
引脚定义	TX^+	TX^-	RX^+			RX^-		

在局域网中，双绞线主要用来连接计算机网卡到集线器或通过集线器之间级联口的级联，也可直接用于两个网卡之间的连接或不通过集线器级联口之间的连接，但它们的接线方式各有不同，如图 5.5 所示。

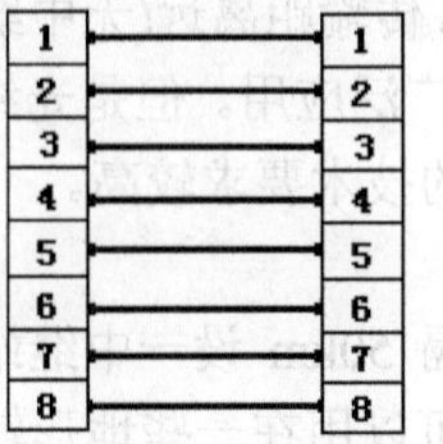

(a) 常规双绞线接法

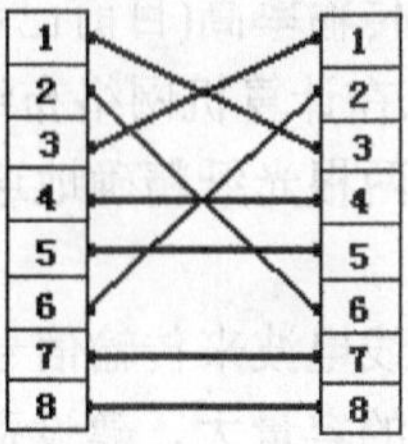

(b) 错线双绞线接法

图 5.5　双绞线的接法

2) 同轴电缆

同轴电缆的中央是铜质的心线(单股的实心线或多股绞合线)，铜质的心线外包着一层绝缘层，绝缘层外是一层网状编织的金属丝作外导体屏蔽层(可以是单股的)，屏蔽层把电线很好地包起来，再往外就是外包皮的保护塑料外层了，如图 5.6 所示。

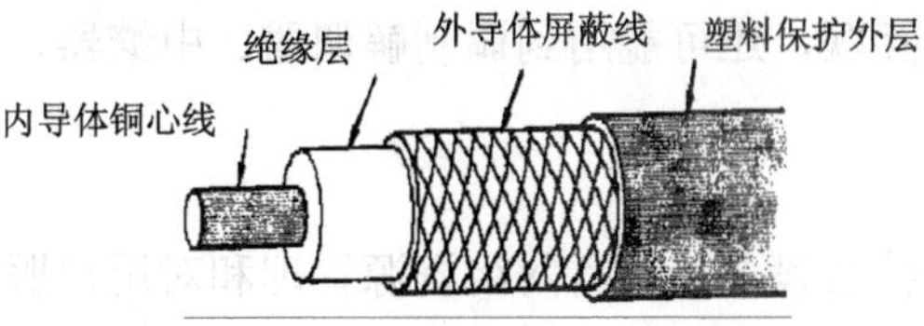

图 5.6　同轴电缆结构示意图

目前，用于局域网的同轴电缆通常有两种，一种是专门用在符合IEEE802.3标准以太网环境中且阻抗为50Ω的电缆，只用于数字信号发送，称为基带同轴电缆；另一种是用于频分多路复用(FDM)的模拟信号发送，阻抗为75Ω的电缆，称为宽带同轴电缆。

3) 光纤

光纤是一种细小、柔韧并能传输光信号的介质，一根光缆中包含有多条光纤。

在光纤上，有光脉冲信号表示1，没有光脉冲表示0。光纤通信系统由光端机、光纤(光缆)和光纤中继器组成。光端机又分成光发送机和光接收机。而光中继器用来延伸光纤或光缆的长度，防止光信号衰减。光发送机将电信号调制成光信号，利用光发送机内的光源将调制好的光波导入光纤，经光纤传送到光接收机。光接收机将光信号变换为电信号，经放大、均衡判决等处理后送给接收方。

光纤和同轴电缆结构相似，只是没有网状屏蔽层。中心是光传播的玻璃心。光纤分为单模光纤和多模光纤两类(所谓“模”是指以一定的角度进入光纤的一束光)。

光纤具有以下特点。

(1) 通信大容量。

(2) 抗电磁干扰性能好。

(3) 保密性好，无串音干扰。

(4) 信号衰减小，传输距离长。

(5) 抗化学腐蚀能力强。

由于光纤的数据传输率高(目前已达到1Gb/s)，传输距离远(无中继传输距离达几十至上百公里)的特点，所以在计算机网络布线中得到了广泛应用。但是光纤也存在一些缺点。这就是光纤的切断和将两根光纤精确地连接所需要的技术要求较高。

4) 微波

通过高频率的无线电波来传输信号。一般每隔50km设一中继站，通过接力的方式来传输信息。微波通信的容量大，建设费用较低，可以用在一些地形较复杂、不易架设线路的地区使用。

5) 卫星

由于3颗同步地球卫星可以覆盖全球范围内的地区，因此可利用卫星作为中继站来传输无线电信号。卫星通信的优点是容量大，距离远。目前国际之间的通信大多数是采用卫星通信手段来传输信息的。

2. 网络硬件系统

一般情况下，某一局域网通常由服务器、工作站、网卡、集线器和传输线等基本部件组成，由于网络的扩展和互联，还可能用到调制解调器、中继器、网桥、路由器、网关等硬件设备。

1) 服务器

服务器是局域网中的核心设备，负责网络资源管理和对用户服务。一般由一台高性能高配置的计算机担任，服务器上运行网络操作系统。

从应用的角度来分，服务器分为文件服务器(File Server，FS)和应用服务器(Application

Server，AS)两种。文件服务器为网络提供文件共享和文件打印服务。随着分布式网络操作系统的出现，应用服务器不仅要具有文件服务器功能，而且还要求能完成用户交给的任务。

按规模划分，PC 服务器分为小型、中型和大型 3 类。小型服务器一般只有一个处理器(CPU)，提供 PCI/EISA 总线，适用一般小型网络中；中型服务器一般具有两个专用处理器，除提供 PCI/EISA 接口外，还提供 SCSI 接口，适用于某一部门网络；大型服务器一般有 4～8 台处理器，并采用高速总线和对称多处理技术，以及错误检测纠正内存技术，性能优越，适合在企业网、校园网中担任服务器。

在实际应用中，一般要考虑服务器的 CPU 主频，总线结构形式，是否具备磁盘阵列、热备份和热插拔功能等因素。

2) 工作站

工作站(Work Station，WS)是在网络上除服务器以外能独立处理问题的个人计算机。工作站有可独立工作的操作系统，可选择上网使用或独立网络使用。它不同于平常所说的终端，终端通常只由键盘和显示器组成，没有内存和 CPU，所有处理全部在主机上完成，不能脱离主机而独立工作。

根据工作站本身是否有磁盘驱动器，通常分为有盘工作站和无盘工作站两种。

3) 网卡

网卡又称网络适配器，它安装在服务器或工作站的扩展槽中。服务器和工作站的连接是通过各自的网卡经电缆连到一起的。实际上，网卡在计算机和电缆之间提供了接口电路，实现数据缓存、编码和译码，接收和发送等功能。

根据数据宽度，网卡分为 8 位、16 位和 32 位几种。目前，工作站上多采用 16 位网卡，服务器上采用 32 位网卡。常见的网卡有 3COM 系列、NE 2000 及其兼容系列、D-LINK 系列和 ACTYON 系列等。

根据计算机总线的接口方式不同，网卡分为工业总线 ISA、扩展工业总线 EISA、外围扩展总线 PCI 和微通道总线 MCA 等。

根据速度来分，网卡有 10Mb/s 和 100Mb/s 两种。此外，还有一种 10/100Mb/s 自适应的网卡，既可当 10Mb/s 网卡用，又可当 100Mb/s 网卡使用。

根据协议不同，又分为 Ethernet 网卡、Token Ring 网卡、ARCnet 网卡和 FDDI 网卡几种。

网卡上配有不同的接口以适应连接不同的介质需要，如 T 型接口用于连接细缆；D 型 15 针的 AUI 接口用于连接粗缆；RJ-45 接口用于连接双绞线。

4) 集线器

在局域网的星型结构中，通常将若干台工作站经双绞线汇接到一个称为集线器(HUB)的设备中。集线器常见的有 8 口、12 口、16 口、20 口、24 口和 48 口等形式，每个端口可连接一台计算机，常见的型号有 ACCTON、D-LINK、3COM 等系列。

集线器的主要作用是对信号中继放大、扩展 100Mb/s 域网范围，同时也能实现故障隔离，即当一台工作站出现故障，不会影响网络上其他计算机的正常运行。

3. 局域网互联设备

在实际应用中，局域网通常不是孤立存在的，而是互联到一起的。常见的网间互联设备如下。

1) 中继器(Repeater)

在计算机网络中，当网络段超过最大距离时，就需要增设中继器。中继器对信号中继放大，扩展了网段的距离。例如细缆的最大传输距离为185m，增加4个中继器后，网络距离可延伸至约1km。

2) 网桥(Bridge)

网桥的作用是连接两个同一操作系统类型的网络。网桥的作用有两个，即“隔离”和“转发”。当信息是在局域网A中传送的，此时网桥隔离，该信息不允许传至另一局域网B；当信息要从局域网A发至局域网B中的某站点时，网桥则又起转发作用。

3) 路由器(Router)

路由器用在具有两个以上的同类网络器互联上。位于某两个局域网中的两个工作站之间通信时存在多条路径，路由器能根据网络上的信息拥挤情况选择最近、最空闲的路由器来传送信息。

路由器的主要功能有识别网络层地址、选择路由、生成和保存路由表等。常见的路由器有Cisco公司和Bay公司的系列产品。

4) 网关(Gateway)

当具有不同的操作系统的网络互联时，一般需采用网关。如局域网与大型机互联，局域网与广域网互联，要用到网关。网关除了具有路由器的全部功能外，还能实现不同网络之间的协议转换。

5) 调制解调器(Modem)

由于计算机中使用的是数字信号，而电话线路上传输的信号是模拟信号。因此，当计算机通过电话线连接时，必须连接一种信号转换设备。调制解调器的作用就是将计算机的数字信号转换成能在电话线上传输的模拟信号，在接收方，把传来的模拟信号再还原成数字信号。

有了调制解调器和电话线，很容易实现两地的计算机之间进行通信。尤其目前常采用电话拨号方式连入“因特网”。

根据结构来调制解调器可分为内置式和外置式两种。内置式调制解调器是一块可以直接接在计算机扩展槽中的电路板，具有体积小，价格便宜等特点。外置式调制解调器一般通过计算机的串行口经电缆来连接，具有安装方便，可靠性高等特点。

4. 常见网络操作系统简介

网络操作系统(NOS)是网络的心脏和灵魂，是向网络计算机提供服务的特殊的操作系统。网络操作系统运行在称为服务器的计算机上，并由联网的计算机用户共享，这类用户称为客户。

网络操作系统与运行在工作站上的单用户操作系统或多用户操作系统是有所差别的。

一般情况下，网络操作系统是以使网络相关特性最佳为目的的。如共享数据文件、软件应用以及共享硬盘、打印机、调制解调器、扫描仪和传真机等。而一般计算机的操作系统，如 DOS、Windows 98 等，其目的是让用户与系统及在此操作系统上运行的各种应用之间的交互作用最佳。网络操作系统都具有较好的安全性，可以设置和管理每个用户的访问权利，确保关键数据的安全保密。

目前较常用的网络操作系统主要如下。

1) Windows 95/98

Windows 95/98 可以创建对等网，实现共享文件和共享打印机等简单网络功能，对于不需要设置用户权限，对安全性要求不高的局域网可采用这种操作系统。并且 Windows 95/98 对等网具有操作简单、组网容易等特点。

2) Windows NT Server

Windows NT Server 是一个功能十分强大的网络操作系统，能安全、简便地运行几乎所有较新版的大众化软件，Windows NT 还支持多处理器操作，对网络提供了更高的可扩展性，为耗费内存较多的应用程序提供更多的内存。Windows NT 目前常用版本为 4.0 和 5.0。因为微软在其标准服务中捆绑了远程启动服务(RPL)，所以使用 Windows NT Server 可以实现无盘 DOS、Windows 3x 和 Windows 95/98 的远程启动。

3) Windows 2000 Server

Windows 2000 Server 是一个划时代的新产品，它吸取了 Windows 98 和 Windows NT 两者的优点，新增了大量的硬件驱动，支持即插即用，而且具有更高、更灵活的安全设置。但是它不再支持远程启动了，取而代之的是终端服务，前述各种无盘支持软件基本上都可以在此平台下运行，当然安装方法有些变化，Windows 2000 Server 许多新功能都可以应用到无盘网络，例如，Internet 共享、磁盘配额和 13 种之多的权限设置。而 Windows 2000 终端更能体现出 Windows 2000 的强大功能。

Windows 2000 是基于 Windows NT 框架的一个操作系统，有两大类 4 种操作系统。第一类工作站平台：Windows 2000 Professional。在商业环境中该产品作为 Windows 2000 的客户端操作系统替代了 Windows 95、Windows 98、Windows NT Workstation；第二类服务器平台共有 3 种：Windows 2000 Server、Windows 2000 Advanced Server 和 Windows 2000 Data Center Server。Windows 2000 Server 除了包含有 Windows 2000 Professional 的所有特性，还能提供简单的网络管理服务，比较适于在一般网络境下做文件和打印服务器、Web 服务器；Windows 2000 Advanced server 除了包含 Windows 2000 Server 的所有特性之外，提供了更好的可扩展性和有效性，支持更多的内存和处理器以及群集，比较适合于在大型企业网络和对数据库要求比较高的网络环境中应用；Windows 2000 Data Center Server 包含所有的 Windows 2000 Advanced Server 的特性，此外提供更多的内存和处理器的支持，适用于大型数据库、在线事务处理等。

4) Novell Netware

Novell 公司的 Netware 是基于 Intel 系列计算机的网络操作系统。在 20 世纪 80 年代末到 90 年代初，随着微型计算机的大量使用，Novell 网曾风靡一时。但近年来，由于受

Windows NT Server 的影响，其市场反应并不显著。不过在 1998 年，由于 Netware 5 的推出，Novell 的名字重新被大众接受。

Netware 操作系统对网络硬件的要求较低(工作站只要是 286 机就可以了)，同时兼容 DOS 命令，其应用环境与 DOS 相似，且应用软件较丰富，技术完善、可靠，尤其是无盘工作站的安装较方便，因而较低配置或整体档次不高的微机在组网时应选用 Netware。

5) UNIX/Linux

UNIX 操作系统的功能很强，可靠性很高。目前在金融业、Internet 等方面使用较广，主要有 SUN、AT&T、SCO 等不同版本。

UNIX 操作系统是由 AT&T 等公司于 20 世纪 70 年代推出的 32 位多用户多任务的网络操作系统，主要用于小型机、大型机上，目前有多种变形版本如 AIX、Solaros 和 Linux 等。主要协议为 TCP/IP，可以运行在以太网等多种网上。其主要特点是网络集成较好，安全可靠，在大负载时性能优，但用户界面不直观。

5.2 Internet 概述及应用

Internet 的本来意思就是互联网，全国自然科学名词审定委员会推荐的译名是“因特网”。

从网络技术角度讲，Internet 是一种计算机网络的集合。它以 TCP/IP 网络协议进行数据通信，把全世界众多的计算机网络和成千上万台计算机互相联接起来。这样原本分散的单台计算机上或限制在局部网络上的信息资源，就可以方便地相互交流。

从实用角度讲，Internet 提供一种机会，使得任何人都可以利用普通微机，通过网络就能与世界范围内上网的计算机用户进行科学方面的信息交流或实时的消息传递，也可以讨论普通问题或查找所需的资料。

目前，我国直接接入 Internet 的网络主要有以下几个。

1. 中国互联网 China Net(China Network)

China Net 是由邮电部建设的面向全社会提供的公用计算机网络，是目前国内最大的互联网络，能提供全部的 Internet 服务。

2. 中国教育科研网 CERNet(China Education Research Network)

CERNet 是由教育部建设的连接各大学的计算机网络，是国家批准的实施的“211 工程”的公共服务体系中重要的组成部分。其网管中心设在清华大学。

3. 中国科技网 CSTNet(China Science and Technology Network)

是由中国科学院建设的计算机网络，是我国科研领域的主干网络科技网，也是我国第一个联上 Internet 的网络，网管中心设在中国科学院计算机应用研究所。

4. 中国金桥网 ChinaGBN (China Golden Bridge Network)

ChinaGBN 是原电子工业部建设的国家共用经济信息通信网，主要面向工商界，网管公司设在吉通通信公司。

5.2.1　Internet 基础知识

1. IP 地址

在 TCP/IP 网络中，每个主机都有唯一的地址，它通过 IP 协议来实现。IP 协议要求在每次与 TCP/IP 网络建立连接时，每台主机都必须为这个连接分配一个唯一的 32 位地址，因为在这个 32 位 IP 地址中，不但可以识别某一台主机，而且还隐含着网际间的路径信息。这里的主机是指网络上的一个结点，不能简单地理解为一台计算机，实际上 IP 地址是分配给计算机的网络适配器(即网卡)的，一台计算机可以有多少个网络适配器，就可以有多个 IP 地址，一个网络适配器就是一个结点。

IP 地址由网络地址和主机地址两部分组成。IP 地址共有 32 位地址，一般以 4 个字节表示，每个字节的数字又用十进制表示，即每个字节的数的范围是 0~255，且每个数字之间用点隔开，例如，166.111.68.10 这种记录方法称为“点-分”十进制记号法。其中 166.111 表示清华大学，68 表示计算机系，10 表示 king 主机。它从左到右表示的范围是从大到小。IP 地址的结构如下：

网络类型	网络 ID	主机 ID

按照 IP 地址的结构和其分配原则，可以在 Internet 上方便地寻址：先按 IP 地址中的网络标识号找到相应的网络，再在这个网络上利用主机 ID 找到相应的主机。由此可看出 IP 地址并不只是一个计算机的代号，而是指出了某个网络上的某台计算机。当组建一个网络时，为了避免该网络的 IP 地址与其他网络上的 IP 地址发生冲突，必须为该网络向 InterNIC (Internet 网络信息中心)组织申请一个网络标识号，也就是整个网络使用一个网络标识号，然后再给该网络上的每个主机设置一个唯一的主机号码，这样网络上的每台主机都拥有一个唯一的 IP 地址。此外，国内用户可以通过中国互联网络信息中心(CNNIC)来申请 IP 地址和域名。如果网络不想与外网通信，就不必申请网络标识号，而自行选择一个网络标识号即可，只是网络内主机的 IP 地址不能相同。

2. 域名系统(DNS)

用户与 Internet 上的某个主机通信时，IP 地址的“点-分”十进制表示法虽然简单，但要与多个 Internet 上的主机进行通信，单纯数字表示的 IP 地址却非常难于记忆，于是就产生了“名称-IP 地址”的转换方案，只要用户输入一个主机名，计算机会很快地将其转换成机器能识别的二进制 IP 地址。例如：Internet 或 Intranet 的某一个主机，其 IP 地址为 192.168.0.1，按照这种域名方式可用一个有意义的名字“www.myweb.com”来代替。

DNS 规定名字要从左到右构造，表示的区域范围从小到大(即后面的名字所表示的区域包含前面的名字所表示的区域)。一个名字由若干元素或标号组成，由@或. 分开。例如，名字 wang@king.cs.tsinghua.edu.cn，从右向左可解释为：中国教育机构清华大学计算机系代号为 king 的主机上的 wang 用户账号。一个名字的最右端的标号是域名，除美国之外，它通常表示一个国家或地区。

顶级域名常见的有两类：国家级顶级域名及通用的顶级域名。常见的顶级域名如表5-2所示。

表5-2　常见的顶级域名代码

代码	机构名称	代码	国家(或地区)名称
com	商业机构	cn	中国
edu	教育机构	ca	加拿大
gov	政府机构	de	德国
int	国际组织	fr	法国
mil	军事机构	hk	中国香港
net	网络服务机构	jp	日本
org	非盈利机构	uk	英国

域名系统基于分布式数据库系统，并采用客户/服务器模式进行主机名称与IP地址之间的转换。通过建立DNS数据库，记录主机名称与IP地址的对应关系，并驻留在服务器端为处于客户端的主机提供IP地址的解析服务。这种主机名到IP地址的映射是由若干个DNS服务器程序完成的。DNS服务器程序在专设的结点上运行，因此，也把运行DNS服务器程序的计算机称为域名服务器。

在广域网络发展的初期，也就是在Internet网络还未形成规模以前，主要是通过在网络中发布一个统一的Hosts主机文件，就可完成所有的主机查找，而当Internet网络的规模越来越大时，这种使用主机文件查找主机的方法就很难适用了，主要原因有两个。一是维护和更新困难，二是它使用非等级的名字结构，虽然其名字简短，但当Internet网络上的用户数急剧增加时，由于要控制主机不能重名，所以用非等级名字空间来管理一个经常变化的名字集合就非常困难。因此，Internet后来采用了层次树状结构的命名方法，即DNS域名服务，这种管理就像全球邮政系统和电信系统一样。例如，一个电话号码是086-010-33445566，在这个电话中包含着若干层次，即086表示中国，010表示北京市区号，33445566表示该市某一个电话分局的某一个电话号码。同样，Internet也采用类似的命名方法，这样任何一个连接在Internet网络上的主机或路由器，都有一个唯一的层次结构名字即域名。这里的“域”(Domain)是名字空间中一个可被管理的划分。域名只是个逻辑上的概念，并不反映计算机所在的物理地点。

DNS数据库的结构如同一棵倒过来的树，它的根位于最顶部，紧接着在根的下面是一些主域，每个主域又进一步划分为不同的子域。InterNIC(Internet网络信息中心)负责管理世界范围的IP地址分配，它也管理着整个域结构，整个Internet的域名服务都是由DNS来实现的，与文件系统的结构类似，每个域都可以用相对的或绝对的名称来标识，相对于父域来表示一个域可以用相对域名，绝对域名指完整的域名。主机名指为每台主机指定的主机名称，带有域名的主机名叫全称域名。

最高层次是顶级域，又叫主域，它的下面是子域，子域下面可以有主机，也可以再分子域，直到最后是主机。要在整个 Internet 中识别特定的主机，必须用全称域名。

3. TCP/IP 的概念

TCP/IP 是两个协议，TCP(Transmission Control Protocol)即传输控制协议，IP(Internet Protocol)即互联协议。TCP/IP 协议的主要目的是提供与底层硬件无关的网络之间的互联，它包括了各种物理网络技术。TCP/IP 协议并不是单纯的两个协议，而是一组通信协议的集合，所包含的每个子协议都具有特定的功能，完成相应的 OSI 各层的任务。

(1) 应用层：向用户提供一组常用的应用程序，如文件传输协议、过程访问协议等。

(2) 传输层：提供应用程序之间端到端的通信，并把数据分成组可靠地传到下一层。

(3) 网间网层：负责相邻计算机之间的通信。其功能主要是处理来自传输层的分组发送请求，并将该分组装入 IP 数据包，填上含有发送方和接收方的 IP 地址的数据包的头部，使用路由算法明确接收方的物理地址及到达目的主机路径，然后将此数据包发送到适当的网络接口，再把它交到下一层。

(4) 网络接口层：负责接收 IP 数据报并通过网络发送，或者从网络上接收物理帧，抽出 IP 数据报交给 IP 层。

TCP/IP 数据的传输分 4 层结构(即应用层、传输层、网间网层和网络接口层)，如图 5.7 所示。数据在传输时，每通过一层就要在数据上加个包头，其中的数据供接收端同一层协议使用，而在接收端，每经过一层要把用过的包头去掉，以保证传输的数据完全一样。

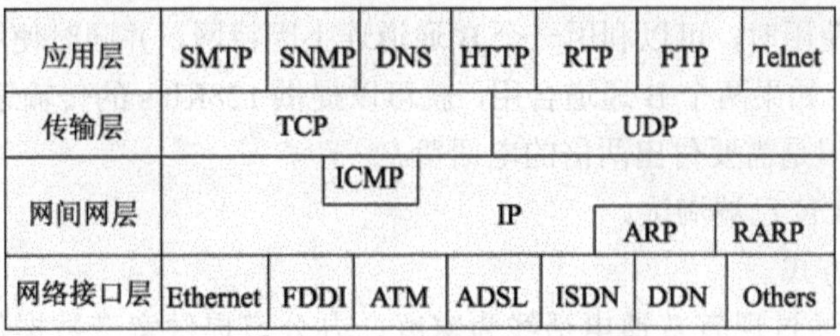

图 5.7　TCP/IP 数据传输协议结构

4. 接入 Internet 的方法

要访问 Internet 上的资源，首先需要将计算机和 Internet 相连。目前，有多种方式可以连入 Internet，不过早期绝大部分用户是利用电话线和调制解调器(Modem)拨号上网。但由于普通电话线路本身的局限性，信息的传输率较低，最大为 56Kb/s，这样的速度显然已经无法满足大量数据传输(特别是多媒体数据传输)的要求。所以，宽带接入 Internet 已是现在常用的方式。

什么是宽带？其实并没有很严格的定义，一般是以拨号上网速率的上限 56Kb/s 为分界，将 56Kb/s 及其以下的接入称为“窄带”，之上的接入方式则归类于“宽带”。现在的接入速率要求为 10Mb/s，今后将发展到 100Mb/s，甚至会更高。下面绍几种常见的连入 Internet 的方式：

1) SLIP/PPP 接入方式

SLIP/PPP 方式是早期普通用户上网所采用的最常见方式，也就是通常所说的电话拨号上网方式。它的最大传输速率为 56Kb/s(理论值最大为 64kb/s)。用户只需要一台 PC 机和一个调制解调器(Modem)，安装了家庭电话，另外加上拨号软件就可以了。当用户通过 Modem 拨号叫通 Internet 服务商的 Modem 后，通过 PPP/SLIP(点对点协议或串行线路 Internet 协议)和电话线就和 Internet 连通了。

电话拨号上网方式使用于偏远山区无法安装宽带的用户，随着宽带的发展和普及，这种接入方式逐渐被淘汰。

2) ISDN 接入方式

ISDN 称为“一线通”，是综合业务数字网(Integrated Service Digital Network)的简称。ISDN 是一种应用了 10 年的数字电话联结系统，这一系统可以让整个世界的点对点联结同时进行数据传输。ISDN 是最早为人们所接受的宽带上网方式，除了具备 128Kb/s 的传输速率外，ISDN 可以在上网同时打电话而不受到影响。由于价格中等，ISDN 可以说是最早进入个人宽带上网的服务。

ISDN 电话线和一般家用电话最大的不同点在于它是“数字”的，而一般家用电话线则是“模拟”的。因为使用“数字”传输，所以 ISDN 除了具有比一般家用电话线较快的传输速率外，即使在打一般语音电话时，也能享受更多的附加服务，例如，来电显示、通话时间、多方通话等。ISDN 提供了两个数字通道，称为 B 通道。每个 B 通道可以提供 64Kb/s 的传输速率，分开使用时，可以利用一个 B 通道连上因特网，并同时使用另一个 B 通道打电话、收发传真等。如果两个 B 通道合用，就可以提供 128Kb/s 的传输速率，这也是 ISDN 最快的传输速率，但是需要付出两倍的电话费。

不过，目前 ISDN 已被淘汰。

3) ADSL 接入方式

ADSL 是一种通过现有普通电话线为家庭、办公室提供宽带数据传输服务的技术。ADSL 即非对称数字信号传送，它能够在普通电话线上提供高达 8Mb/s 的下行速率和 1Mb/s 的上行速率，远高于 ISDN 速率。

与 ISDN 相同，ADSL 也是借用电话线上网，也可以在上网同时拨打和接听电话，但是 ADSL 在对铜线上分别传送数据和语音信号，数据信号并不通过电话交换机设备，减轻了电话交换机的负载，并且不需要拨号，一直在线，属于专线上网方式，因此没有电话使用费用。

ADSL 采用星型拓扑结构，为每个用户提供固定、独占的保证带宽，而且可以保证用户发送数据的安全性。而有线电视采用的是总线型拓扑结构，其 10Mb/s 甚至是 30Mb/s 的信道带宽是一群用户共享的，一旦用户数增多，每个用户所分配的带宽就会急剧下降，而且共享型网络拓扑的致命缺陷就是它的安全性。数据传送基于广播机制，同一个信道的每个用户都可以接受到该信道中的数据包，可见其安全性比较差。

ADSL 接入方式如图 5.8 所示。如果是单机连网，还可以省去集线器。

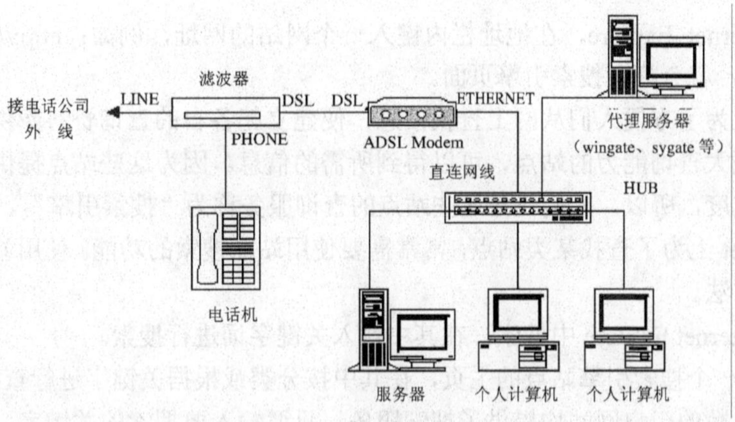

图 5.8　ADSL 接入方式

5. Internet 的主要功能

Internet 的主要功能有以下几方面。

1) 远程登录 Telnet

远程登录是指在网络通信协议 Telnet 的支持下，用户的计算机通过 Internet 在远程计算机登录，即允许一个地点的用户在另一个地点的计算机上运行应用程序，进行交互对话，读、写操作等。

全世界的许多大学图书馆都通过 Telnet 对外提供联机检索服务，一般政府部门、研究机构也将它们的数据库开放，供用户通过 Telnet 查阅。

2) 通信

电子邮件 E-mail、IP 电话等就属于通信。

计算机网络可以作为通信媒介，用户可以在自己的计算机上把电子邮件(E-mail)发送到世界各地，这些邮件中可以包括文字、声音、图形、图像等信息。电子邮件(E-mail)在日益扩大的范围内得到应用，成为人们的日常工具。

3) 网上信息查询

信息浏览大概是互联网上使用最多的功能，一般使用“浏览器”(搜索引擎)来访问相关的网站网页，常用的浏览器有 Microsoft 公司的 Internet Explore 和网景公司的 Netscape。

4) 文件传输 FTP

文件传输可以是下载、也可以是上传，主要是主机之间的电子文档的交流。

5) 信息发布 BBS(电子公告板)和电子商务

通过 BBS，可以在网上发布信息，因其低成本、交互性等独有特点被称为“第四媒体”。登录 BBS 的方法有两种，一种是直接用浏览器登录，另一种是使用专用登录程序如 Telnet(Windows 自带)和 cterm 等登录。

5.2.2　网络信息搜索

浏览器实际上是一种普通的应用程序，它可以对 Internet 上的 HTML 文件进行解释，然后将 HTML 文件中的文字、图片或多媒体信息还原出来。

打开 Internet Explore，在地址栏内键入一个网站的网址，例如：http://www.google.cn 后按 Enter 键，就会打开搜索引擎页面。

许多站点为了方便人们从网上查找信息，便建立起各自的查询资料库供人们使用，通过这些具有强大查询能力的站点，可以得到所需的信息。因为这些站点提供全面的信息查询和良好的速度，所以，人们就把这些站点的查询服务称为“搜索引擎”。

在 Internet 上为了查找某类站点，常常需要使用站点搜索的功能。使用站点的搜索主要有以下两种方法。

(1) 用 Internet Explore 中搜索，在其中输入关键字词进行搜索。

(2) 进入一个搜索引擎站点的主页，在其中按分类或根据关键字进行查找。

目前，多数的门户网站均提供了搜索服务，只要输入要搜索的关键字，即可查找到所需的资料。我们可以在网上搜索含相关内容的网站、网页、新闻、游戏、免费软件等。著名的搜索网站有 Yahoo、Sohu、新浪、网易等。

关键字检索就是由用户指定一些词语，然后通过搜索引擎自动搜索和这些词语相关的网站。例如，如果希望寻找与 OICQ 有关的网站，那么可以在搜索文本框中输入“OICQ”字样，然后单击【搜索】按钮。

可以用“+”号或者“-”号将多个关键字组合起来进行搜索。“+”号的意思是限定关键字一定要出现在结果中，“-”号限定关键字一定不要出现在结果中。例如“计算机+软件-硬件”的含义是搜索包含“计算机”和“软件”字样，但是不包含“硬件”字样的网站。空格的含义和加号相同。

5.2.3 下载文件

将网上的文件传送到本地计算机磁盘上并保存起来叫“下载文件”(Download)，将本地的文件传送到 FTP 服务器的操作叫“上传文件”(Upload)。提供“文件下载”和“文件上传”的服务器称为 FTP 服务器，我们经常要从 FTP 服务器上下载共享软件、工具软件等。接下来介绍目前文件下载的主要方式。

1. 使用 Web 页面下载软件

这是目前使用得最多，也是最简单的下载软件方式。现在，大部分网站都在网页上设置了软件下载区，直接访问它，就可以找到相应的软件。要下载这些软件，只需用鼠标单击，然后根据屏幕提示，选择本地存放位置后，单击【确定】按钮，即可开始下载。不过使用 Web 页面下载软件速度较慢，如果在下载过程中掉线，将不得不重新下载。

2. 使用下载软件工具下载软件

虽然使用 Web 页面方式下载比较方便，但它不支持断点续传，速度也较慢。为了解决这个问题，可以借助其他下载软件工具，如“网络蚂蚁”、“迅雷”等。“网络蚂蚁”是国内开发的软件，它具有支持断点续传、支持多任务、多进程下载、下载速度快等特点。

迅雷(Thunder)是一款集 FlashGet 和 BT 优点于一身的新型 P2P 下载软件。它在多线程下载的同时，摆脱了传统 P2P 软件只能在客户端进行点对点内容传递的局限性，即在没有其他用户分享资源(种子)的时候，迅雷一样能对有网络镜像的流行游戏和电影实现多服务器超速下载，并在下载的过程中，动态实现互联网上的智能路由和下载源的实时筛选，从而保证下载效率的最大优化、更快的速度、更高的下载成功率和更大的可扩展性。同时，Thunder 支持页面右击“下载”、“断点续传”等功能。

双击“迅雷”图标，启动迅雷。迅雷主界面分为菜单栏、功能按钮区、【任务管理】列表区、信息区、广告区、悬浮窗和娱乐 7 个部分。

迅雷的配置一共分为【常规】、【类别/目录】、【任务默认属性】等 8 个大块，单击【工具栏】中的【配置】按钮，打开【配置】对话框，即可进行配置。

迅雷下载文件的操作过程如下。

(1) 右击要下载的文件链接，选择【使用迅雷下载】命令。

(2) 打开【建立新的下载任务】对话框，在这里选择下载文件的存储位置，并指定文件名。

(3) 单击【确定】按钮开始下载。

3. 使用 Internet Explore 直接访问 FTP 服务器

在 Internet Explore 的地址栏中输入服务器域名，如 ftp://ftp.pku.edu.cn，按 Enter 键，即可登录该 FTP 服务器。一般地，FTP 能够传输 ASCII 文件或者二进制文件。通常，在登录 FTP 时，需要输入用户名和口令才能和远程主机建立通信连接，当输入的口令得到远程主机的审核认可后，就具备了进行文件传输的权限，此后，就可以从远程计算机上下载或上传文件。通常网络上支持文件传输服务的计算机都支持匿名的服务，因此如果不知道“用户名”和“口令”在登录时仅仅需要以 anonymous 作为用户名，使用自己的电子邮件地址作为口令即可登录，登录后就可以存取远程主机上的文件了。通过浏览找到所需文件后，双击该文件，即弹出【文件下载】对话框。

4. 使用 Windows 提供的 FTP 命令

单击【开始】按钮，选择【运行】命令，在打开的【运行】对话框中输入：ftp ftp 服务器域名，如 ftp ftp.pku.edu.cn。然后单击【确定】按钮，登录 FTP 服务器后，就使用 FTP 命令下载所需文件。由于 FTP 命令较难使用，目前已很少有人使用这种方式下载软件了。

5.2.4 电子邮件

电子邮件好比是邮局的信件，不过它的不同之处在于，电子邮件是通过 Internet 与其他用户进行联系的手段，它具有快速、简洁、高效、价廉的优点。例如，E-mail 比通过传统的邮局邮寄信件要快得多，同时在不出现黑客蓄意破坏的情况下，信件的丢失率和损坏率也非常低。

一个完整的电子邮件地址由用户账号和电子邮件域名两部分组成，中间使用“@”相连。如 liu2007@sina.com、gzjxk@sina.com 等。用来收发电子邮件的软件很多，它们在功能、界面等方面各有特点，但都有以下几个基本的功能。

(1) 传送邮件：将邮件传递到指定的电子邮件地址。

(2) 浏览信件：可以选择某一邮件，查看其内容。

(3) 存储信件：可将邮件转储在一般文件中。

(4) 转发信件：用户如果觉得邮件的内容可供其他人参考，可在信件编辑结束后，根据有关提示转寄给其他用户。

1. 免费信箱简介

免费信箱就是不需要付钱就可以使用的电子信箱。免费信箱的容量一般不大，但申请非常方便。

在申请邮箱之前，先介绍 SMTP 和 POP3 两个概念。

SMTP(Simple Mail Transfer Protocol)：TCP/IP 电子邮件交换协议的简称，用于电子邮件的发送工作。

POP(Post Office Protocol)：邮件协议的简称，POP3 为它的第三个版本，用于电子邮件的接收工作。

现在，大部分免费信箱都同时支持 Web 和 POP3 取信方式，其功能相当强大和方便。使用 Web 收发信需要打开网页，浏览网页上的图像或其他信息，速度和效率较低，但使用比较直观，维护功能较强；使用 POP3 收发信不需打开网页，速度快，但需要使用 E-mail 软件(如 Foxmail、Outlook Express)并进行配置后才能实现。

2. 申请免费邮箱

目前，提供免费电子邮箱的门户网站非常多，申请免费的电子信箱的步骤基本都一样，下面以在新浪网上申请免费邮箱为例来说明。

(1) 在浏览器的地址栏里键入 http://mail.sina.com.cn，打开新浪免费邮箱的首页。

(2) 单击主页上的【注册免费邮箱】按钮，打开一个新页面。在该页面按要求在相应文本框中键入自己命名的新邮箱名。单击【下一步】按钮。

(3) 按要求填写相关内容，然后单击【提交】按钮，这样就申请到了一个免费的电子信箱了。

如果要使用这些网站的 SMTP 和 POP3 服务器提供的服务，就要知道该网站 SMTP 和 POP3 服务器的名称，这两个服务器的名称可以从该网站的帮助信息中获得。如新浪免费邮箱的 POP3 为 pop3.sina.com.cn，SMTP 为 smtp.sina.com.cn。

3. Outlook Express 的使用

Microsoft Outlook Express 是目前常用的一个电子邮件收发软件，包括 Internet 邮件客户程序、新闻阅读程序和 Windows 通信簿。它不仅方便易用、界面友好，而且具有可管理多个邮件和新闻账号，可脱机撰写邮件，以通信簿存储和检索电子邮件地址，并可使用数字标识对邮件进行数字签名和加密、在邮件中添加个人签名或信纸以及预订和阅读新闻组等多种功能。下面简单介绍如何使用 Outlook Express 收发电子邮件。

(1) 单击【开始】按钮，选择【程序】|【Outlook Express】或单击快速启动栏上的 Outlook Express 图标，启动 Outlook Express，如图 5.9 所示。

图 5.9　Outlook Express 的启动界面

(2) 选择【工具】|【账户】命令，打开【Internet 账户】对话框，如图 5.10 所示。

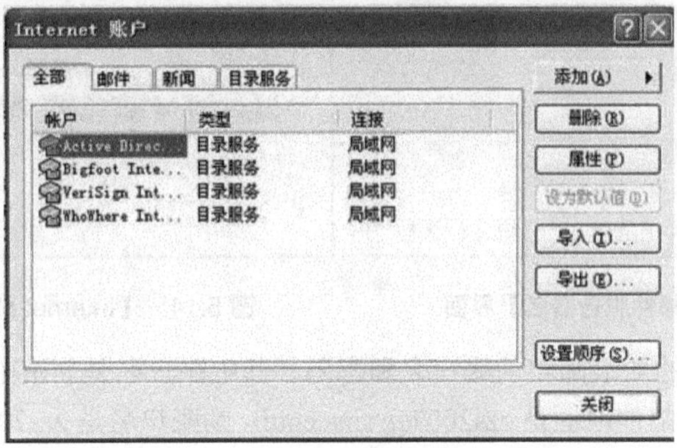

图 5.10　【Internet 账户】对话框

(3) 单击【添加】按钮，从弹出的菜单中选择【邮件】命令，打开 Internet 连接向导，如图 5.11 所示。

(4) 在【显示名】文本框中输入姓名，此姓名将出现在所发邮件的【寄件人】栏中。单击【下一步】按钮，打开 Internet 电子邮件地址界面，如图 5.12 所示。

(5) 在【电子邮件地址】文本框中输入电子邮件地址，如 zzs2007@sina.com。单击【下一步】按钮，打开【电子邮件服务器名】界面，如图 5.13 所示。

(6) 系统默认“我的邮件服务器”为“POP3”，不需要修改；在“邮件接受服务器”和“邮件发送服务器”中分别填入 ISP 接收(POP3 和 IMAP)和发送(SMTP)邮件服务器的地址(如新浪免费邮箱 POP3 服务器地址为：pop3.sina.com.cn，SMPT 服务器地址为：smpt.sina.com.cn)。单击【下一步】按钮，打开【Internet Mail 登录】界面，如图 5.14 所示。

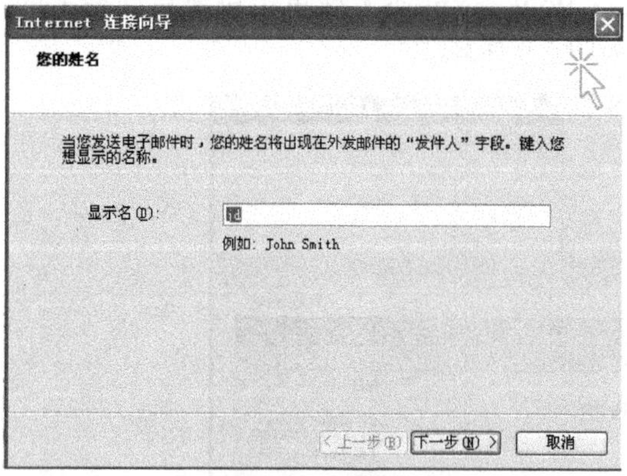

图 5.11　Internet 连接向导

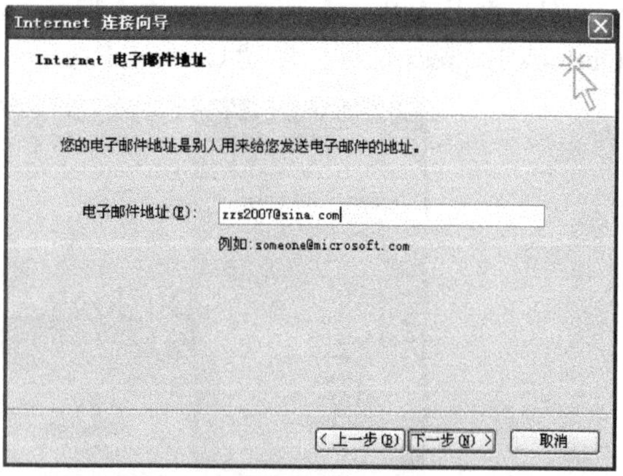

图 5.12　【Internet 电子邮件地址】界面

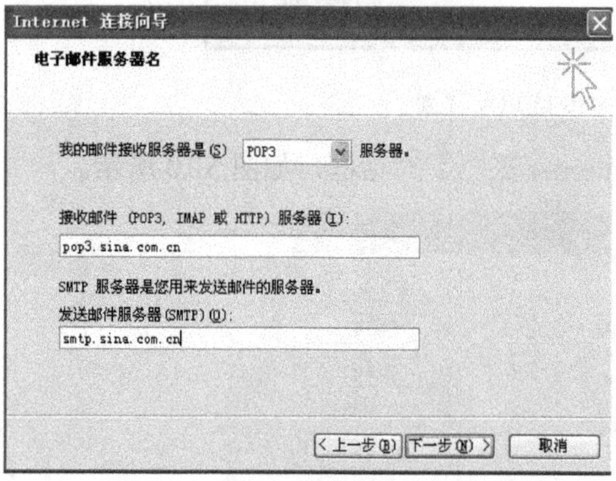

图 5.13　【电子邮件服务器名】界面

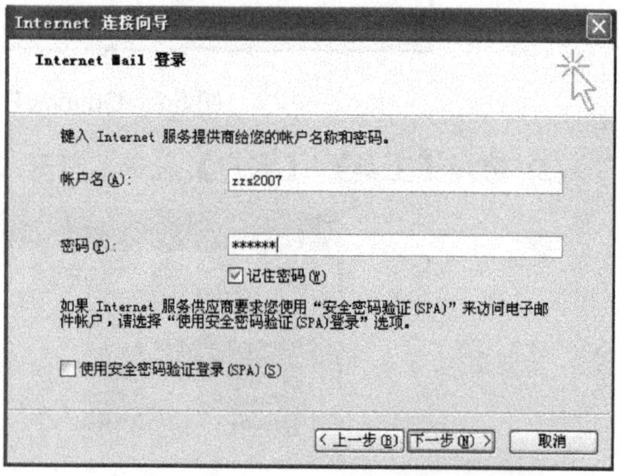

图 5.14　【Internet Mail 登录】界面

(7) 分别输入您的新浪邮箱的账户名和密码。其中账户名是新浪邮件地址中@符号前面的部分，例如新浪邮件地址是 zzs2007@ sina.com，则账户名是 zzs2007；为了确保安全，密码显示为星号。如果没有输入密码或输入密码有误，系统会在接收邮件时提示输入密码。

(8) 单击【下一步】按钮，弹出【祝贺您】对话框，再单击【完成】按钮，返回【Internet 账号】对话框。

(9) 在【Internet 账号】对话框中，单击【属性】按钮，打开【POP3.sina.com.cn(1)属性】对话框，单击【服务器】选项卡，选中【我的服务器要求身份验证】复选框，如图 5.15 所示，然后单击【确定】按钮返回。

(10) 完成以上设置以后，单击窗口中的【发送/接收】按钮就可以接收或发送电子邮件了。

如果有多个邮箱账号，可用上面的方法把每个邮箱账号都添加到 Outlook Express 中，这样，就可以用 Outlook Express 收发所有的邮件了。

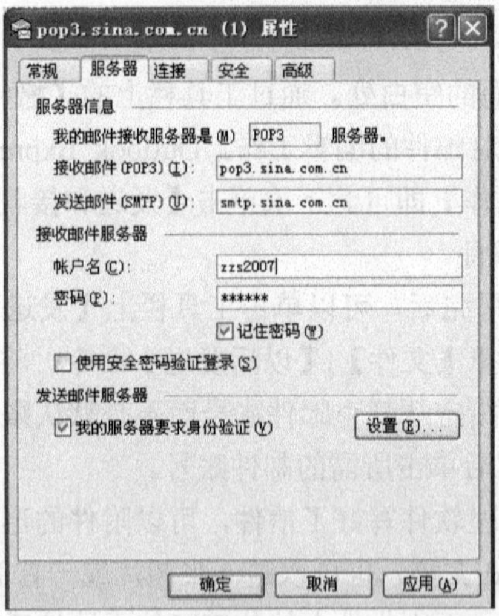

图 5.15　Internet 账号属性设置对话框

4. 用 Outlook Express 创建和发送电子邮件

启动 Outlook Express 后，单击工具栏的【新邮件】按钮就会弹出【新邮件】窗口，如图 5.16 所示。

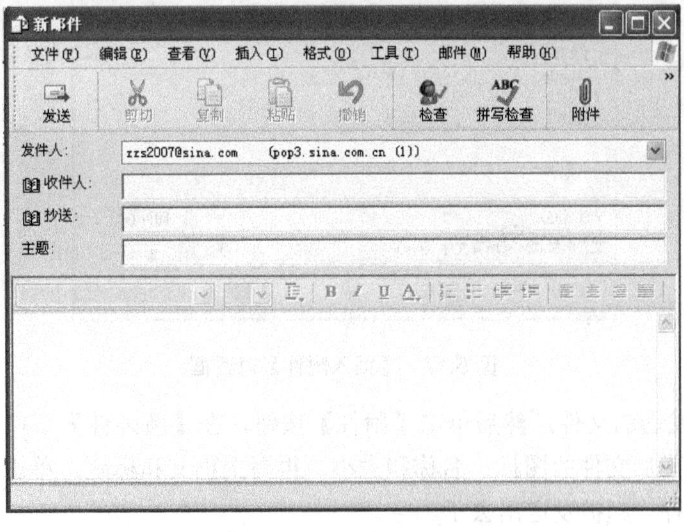

图 5.16　【新邮件】窗口

(1) 填写“收件人”的邮件地址。不同的电子邮件地址用逗号或分号(;)隔开。也可以从通信簿中取得电子邮件名，单击【新邮件】窗口的【选定收件人】图标，然后选择要添加的电子邮件名即可。而【抄送】和【密件抄送】是把一封信同时发给多个人时使用。这两种方式也是有区别的，“抄送”人收到信件后可以看到其他收件人的 E-mail 地址，“密件抄送”人收到信件后，不知道哪些人也收到此信。

(2) 填写这封信的“主题”，这部分是使收信人能快速地了解这封信的大意，因此最好输入相应的内容。

(3) 将信的正文写在下面的空白处。通过工具栏上的【撤销】、【剪切】、【复制】、【粘贴】等按钮。可以实现对邮件的编辑工作。Outlook Express还允许脱机创建新邮件，只需选择【文件】|【脱机工作】即可。下次单击【发送和接收】时，Outlook Express会重新连接到Internet，并发送邮件。

(4) 发送邮件。新邮件写完后，可以单击工具栏上【发送】按钮将它发送出去，如果正在脱机撰写邮件，也可选择【文件】|【以后发送】命令，将邮件保存在“发信箱”中。如果有多个邮件账号，并想指定从某个邮件账号而不是默认账号发送文件，可以选择【文件】|【发送邮件】命令，然后单击所需的邮件账号。

如果已经用其他文字处理软件写好了信件，可以附件的形式发送。附件文件类型是没有限制的，不仅可以是Word文稿，也可以是一张图片或一首MP3歌曲，还可以是一个程序文件。不过附件不能太大，否则收件人的信箱可能无法接受此邮件。添加附件文件的具体方法如下。

(1) 单击工具栏上的【为邮件附加文件】按钮，打开【插入附件】对话框，如图5.17所示。

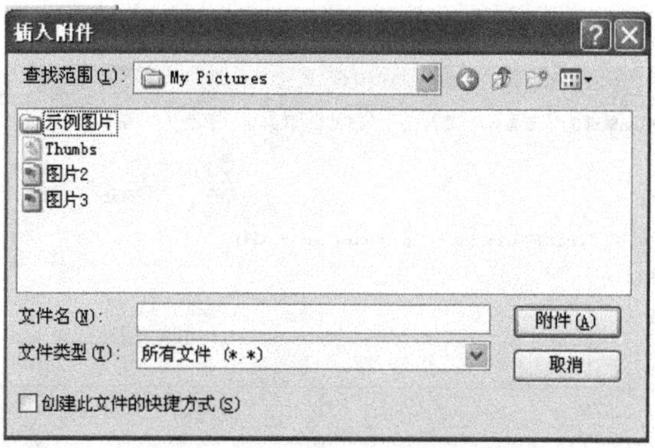

图5.17 【插入附件】对话框

(2) 选择要发送的文件，然后单击【附件】按钮，在【新邮件】窗口下方出现一个新格子，里面就是附加文件的图标、名称和大小。再写上正文和标题，单击【发送】按钮，附加文件就和邮件一起被发送出去了。

5.3 FrontPage概述

计算机技术和网络技术的发展速度之快是人们所料不及的。几年前还是少数人所涉及的Internet、WWW，现如今已经为世界上几乎每一个人所知道。以前，只有掌握HTML(超文本语言)的专业人员才能设计制作Web站点，并在WWW上发布。现在，因为有了功能强大的Web发布程序FrontPage，使得不具备HTML知识的大部分用户得以自己设计制作和发布具有专业外观的网站。

FrontPage 2003 是由 Microsoft 公司开发的 Web 发布软件，相对于 FrontPage 以前的版本来说，FrontPage 2003 具有很大的改进，其中包括文本搜索、论坛、表单提交、CGI 脚本、Java 小应用程序、ActiveX 控件、数据库访问等许多高级 Web 技术。

5.3.1　网站规划与设计

制作一个网站，其内容要有自己的特点。这里所说的特点指的是要有新意，否则网站将会淹没在茫茫的 Internet 大海里。

所制作的网站一定要便于维护和更新，且要经常维护和更新。

在 Web 页面上的颜色搭配、美术效果等一定要合理。有些初学者所制作的网页采用深色背景和浅色文字，但由于网速的原因，在深色的背景还没有调入时，浅色的文字往往非常难以辨认。

在 Web 网页的设计过程中有许多技巧，下面简单介绍几点。

(1) 在制作的每一个网页上都应加上一个“返回主页”的超链接，这样能使 Web 网页构成一个环路。

(2) 在制作网页时，一个网页最好不要过长。如果某一个网页内容很多，最好把它们分成多个，这样做的好处是不会使 Web 网页由于网络速度的问题，影响用户的浏览。

(3) 在网页上适当地使用一些动画，增加网页的动感和趣味。

(4) 在主页上还应加上一个计数器，以便能够了解目前已经有多少人访问过网站。

(5) 在网站中还应有联系方式，如电话、通信地址或 E-mail 地址以及联系人等，这样可建立与浏览者联系和交流的桥梁。

(6) 如果在网页中有比较大的图像，要想办法进行处理，以加快网页显示的速度。否则即使制作的网页很好看，用户也没有耐心等待整个图片下载完毕。

5.3.2　认识 FrontPage

1. FrontPage 2003 的启动

1) 从 Windows XP【开始】菜单中启动

启动 Windows XP 后，单击【开始】按钮，选择【所有程序】|【Microsoft Office】|【Microsoft FrontPage 命令】，即可启动。

2) 通过桌面的 FrontPage 2003 图标启动

如果 FrontPage 2003 的快捷图标被放在桌面上了，可用鼠标双击图标来启动 FrontPage 2003。

启动 FrontPage 2003 后，其界面如图 5.18 所示。

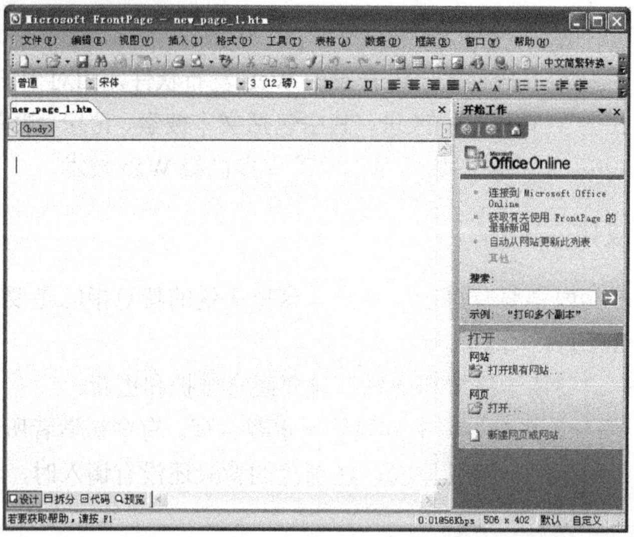

图 5.18　FrontPage 2003 主界面

FrontPage 2003 窗口由以下部分组成。

(1) 标题栏：显示当前使用的应用程序，即 FrontPage 2003 的名称和正在编辑的文件名称。

(2) 菜单栏：用来执行 FrontPage 2003 的命令。

(3) 工具栏：FrontPage 2003 编辑过程中最常用的工具集。

(4) 任务窗格：FrontPage 2003 提供常用命令的窗口。单击任务窗格的【开始工作】，可以打开“任务窗格”的下拉菜单。

(5) 工作区：管理网站和制作网页的主要场所。

(6) 视图区：选择编辑模式。编辑模式包括 4 种，分别是设计、拆分、代码和预览。用户可在设计模式下编辑网页；在代码模式下查看、修改和编辑 HTML 代码。HTML 是一种撰写网页的程序设计语言，它使用标记符指示浏览器按照一定的格式显示文字、得到图形以及播放声音等。在拆分模式下，编辑区拆分为上下两个区域，上面显示当前的文档 HTML 代码，下面显示当前文档的内容；在浏览模式下观看文档在浏览器中运行的效果。

(7) 状态栏：位于窗口的底部，显示页面及操作信息。

2. 创建站点

创建站点的方法如下。

(1) 选择【文件】|【新建】命令，打开【新建】任务窗格。

(2) 单击【新建】窗格下的【由一个网页组成的网站】的链接，弹出【网站模板】对话框，如图 5.19 所示。

(3) 在【常规】选项卡中选择【只有一个网页的站点】，单击【浏览】按钮，弹出【新网站的位置】对话框，如图 5.20 所示。

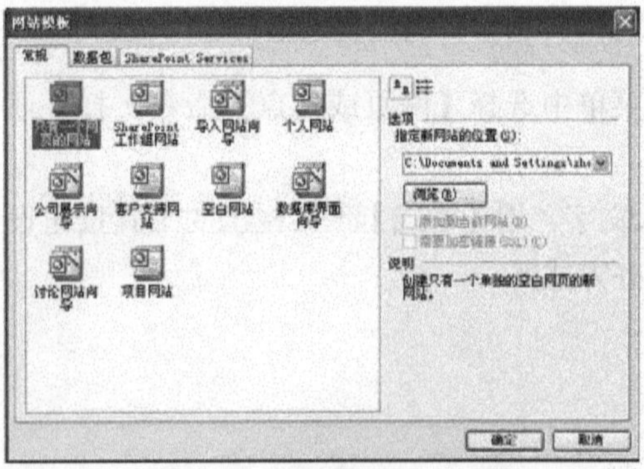

图 5.19　【网站模板】对话框

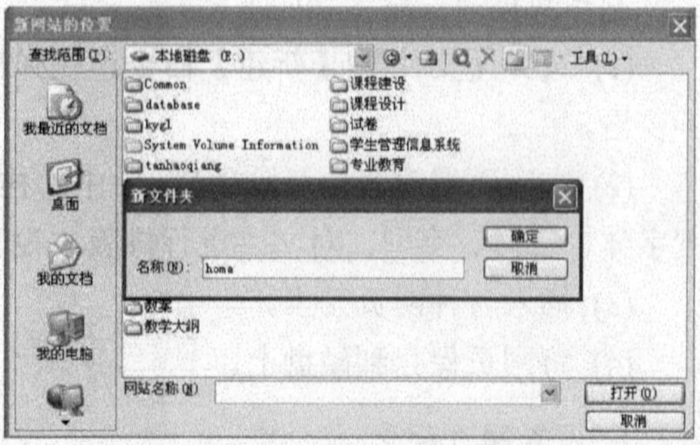

图 5.20　【新网站的位置】对话框

(4) 在【查找范围】下拉列表中选定 E 盘，单击【新建文件夹】按钮，在弹出的【新文件夹】中输入 home 作为站点文件夹名称，也可以选定一个已经存在的文件夹作为站点文件夹。单击【确定】按钮，再单击【打开】按钮，返回到【网站模板】对话框，如图 5.21 所示。

图 5.21　【网站模板】对话框

(5) 单击【确定】按钮，FrontPage 2003 开始创建站点，完成创建站点，站点中包括两个文件夹和一个 index.htm 主页文件。在左侧文件夹列表框中列出了当前站点的文件夹，在右侧列表中列出了当前站点的文件。

注意：如果左侧没有出现文件夹列表，则选择【视图】|【文件夹】命令即可。

设计站点时通常使用上述只有一个“空白主页”的网站模板，也可以用已提供更多信息的其他模板。

5.3.3　FrontPage 2003 的基本操作

本节简要介绍 FrontPage 2003 的使用和建立网页的基本方法和常用功能，使用户对网页的设计过程有一个初步了解。

制作网页的一般步骤如下。

(1) 选择【文件】|【新建】命令，在弹出的菜单中选择【网页或站点】命令，打开任务窗格。

(2) 在网页编辑器中，像在 Word 中那样键入文字，用【格式】工具栏上的工具按钮设置字体、字号、字型，对文字进行排版，设置对齐方式等。

(3) 插入各种网页元素。

(4) 将网页保存到磁盘上。

1. 设置网页背景

设置网页背景的方法如下。

(1) 选择【格式】|【背景】命令，如图 5.22 所示，打开【网页属性】对话框。

(2) 在【格式】选项卡的【颜色】栏中，可以对背景及图片的颜色进行修改。

(3) 如果要用图片做背景，可选中【背景图片】复选框，再单击【浏览】按钮，选择一个图片文件，如图 5.23 所示。该图片文件将平铺于网页上。

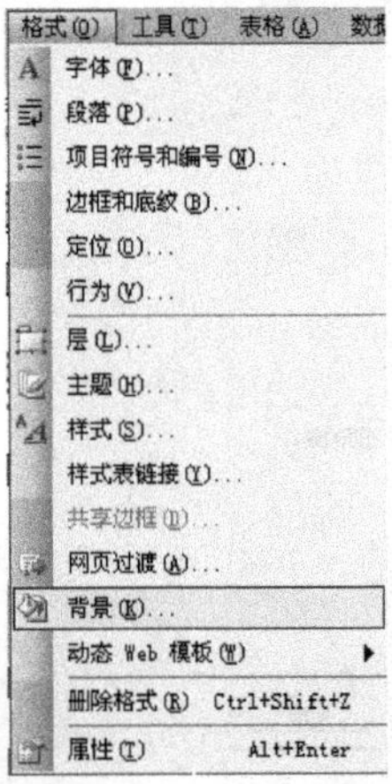

图 5.22 【格式】菜单

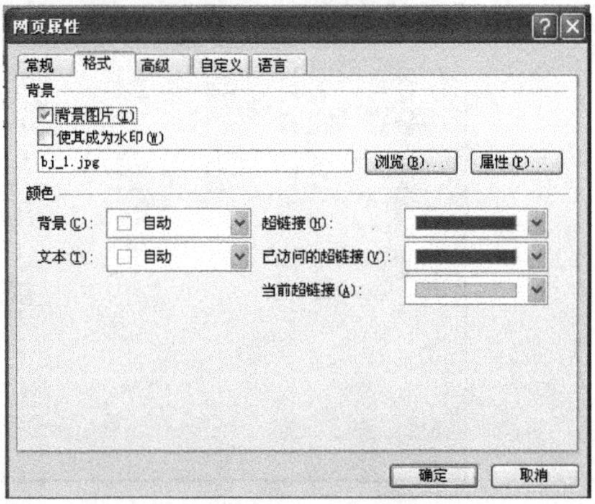

图 5.23 【格式】选项卡

(4) 在【高级】选项卡中，选择【启用超链接翻转效果】复选框，之后当将鼠标指针指向超链接时会显示翻转的效果。

(5) 如果想添加音乐背景，可以在【常规】选项卡中为网页添加音乐背景。

2. 使用表格

创建表格的方法如下。

(1) 在网页编辑状态下，确定要插入表格的位置，将鼠标指针移到该位置。

(2) 选择【表格】|【插入】|【表格】命令，打开【插入表格】对话框，如图 5.24 所示。

(3) 在【行数】和【列数】框中分别输入数字。

(4) 在【布局】栏中可以设定表格的对齐方式、边框及单元格的一些属性，分别根据需要进行设定。如果边框粗细为“0”，在浏览器或预览中就看不到表格的网格线。

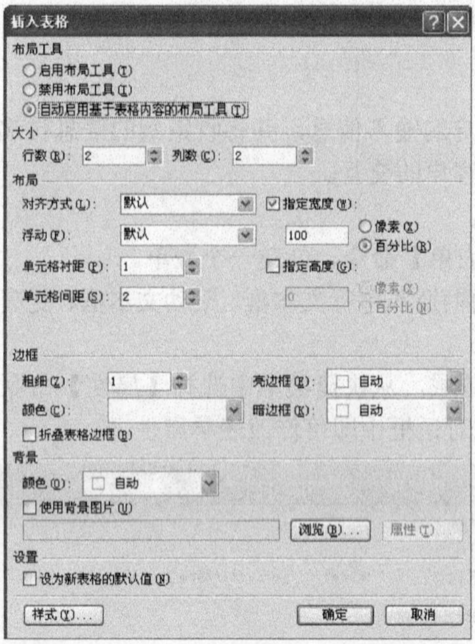

图 5.24　【插入表格】对话框

(5) 选中【指定宽度】复选框，则下面的设置框将变为可选，其中还有两种方式可选择。

(6) 单击【确定】按钮，即可插入一个新表格。

3. 使用图片

在网页中插入图片方法如下。

(1) 打开要插入图片的网页。

(2) 选择【插入】|【图片】|【来自文件】命令，在打开的对话框中，选择一幅合适的图片。

(3) 设置图片属性，在【格式】菜单中选择【属性】命令。

(4) 保存含图片的网页。

4. 使用超链接

超级链接(即超链接)是指从一点到另一个目的端点的链接关系。每一个超链接至少有两个部分：链接项、链接目标。

创建和编辑超链接的步骤如下。

(1) 在网页编辑器【普通】选项卡中，选择用做超链接的文本或图形。

(2) 选择【插入】|【超链接】命令，打开【插入超链接】对话框。

(3) 根据需要，在【链接到】下面的列表中，选择链接目标类型，然后继续选择具体的目标。

(4) 单击【确定】按钮，返回网页编辑器。

5. 表单的操作

表单的作用是收集客户的输入信息，并将收集到的信息传递给设置的表单处理程序，以进行处理，从而实现与客户的交互。

创建表单的步骤如下。

(1) 选择【插入】|【表单】命令，创建一个表单。

(2) 在表单中(虚线框内)插入单行文本框、滚动文本框、复选框、单选按钮、下拉菜单、标签等表单域。

(3) 双击或右击某表单域，从快捷菜单中选择【属性】命令。打开【表单属性】对话框，如图 5.25 所示。在该对话框中即可修改表单属性。

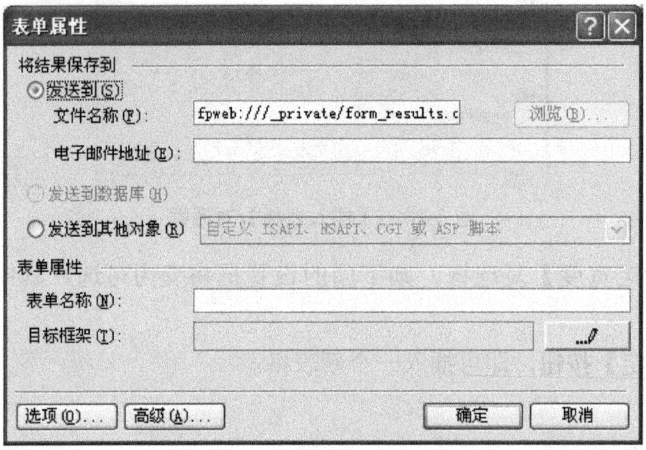

图 5.25 【表单属性】对话框

创建表单是为收集信息，对应地还应该创建一个“确认表单”，用于在服务器收到用户表单之后，向浏览者返回一个确认信息，证实服务器收到了浏览者提交的信息。FrontPage 2003 通过表单处理程序来完成这个任务，表单处理程序是服务器端的一个程序，可以处理浏览者发送来在表单上填写的内容，用户可选择该程序的类型并进行必要的相关设置。

5.3.4 FrontPage 2003 组件

FrontPage 2003 组件实质上是 FrontPage 2003 程序中的一个原始程序对象，它能方便地在网页中添加一些移动的功能，其中有一部分属动态元素，如悬停按钮、横幅广告管理器、滚动字幕、站点计数器等，还有一些特殊功能的组件，如日期时间戳、目录、注释、预定图片等。其中有些组件是服务器依赖的，服务器端需安装有“FrontPage Server Extensions”或发布后才能看到。

1. 日期和时间

在 Internet 上，经常看到许多网页上都有一个最新更新日期，用来告诉用户页面上一次更新的时间。

当活动网页被重新编辑或自动更新之后，时间标记会自动改变。设置起来也很容易，要在页面末尾输入“更新时间”，方法是选择【插入】|【日期与时间】命令，在【日期和时间】对话框中选择【上次编辑此网页的日期】，如图 5.26 所示。如果要改变日期的格式，可以单击打开【日期格式】下拉列表，在其中选择合适的格式。

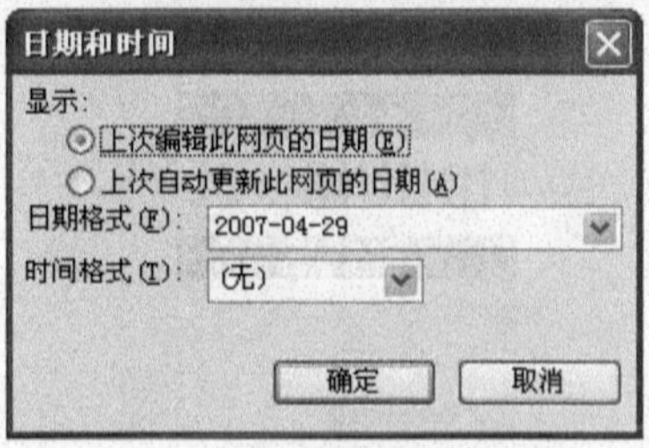

图 5.26 【日期和时间】对话框

2. 滚动字幕

制作滚动字幕的步骤如下。

(1) 首先选择插入点，然后选择【插入】|【Web 组件】命令，打开图 5.27 所示的【插入 Web 组件】对话框。

(2) 在【组件类型】列表中选择【动态效果】，再在【选择一种结果】列表中选择【字幕】，打开如图 5.28 所示的【字幕属性】对话框。在【文本】文本框中输入相关内容，然后根据要求选择其他设置，最后单击【确定】按钮。

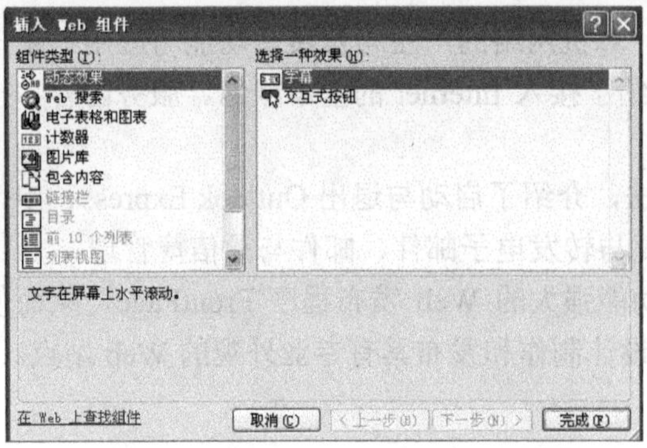

图 5.27 【插入 Web 组件】对话框

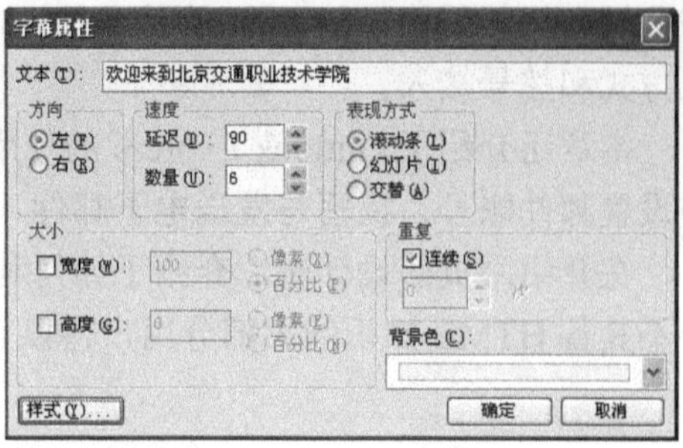

图 5.28 【字幕属性】对话框

字幕的字体、字号、颜色是可以调整的。调整字体、字号或颜色的方法是，在字幕上右击，选择【字体】命令，打开【字体】对话框，进行修改。当然也可以打开【字符间距】选项卡来改变字符的间距，最后单击【确定】按钮。这时字符的外观就改变了。

3. 站点计数器

站点计数器用来记录网页被点击的次数。

在网页中适当的位置输入“你是本站第×××位访问者”，定位光标在“第”和“位”间，选择【插入】|【Web 组件】命令，在【组件类型】列表中选择【计数器】，单击【完

成】按钮，弹出图 5.29 所示的【计数器属性】对话框，在该对话框中可进行与计数器有关的设置，然后单击【确定】按钮，即可将计数器插入到指定的位置。

图 5.29 【计数器】属性对话框

只有当将站点发布到 Web 服务器，并设置了网站的 FrontPage 服务器扩展后，计数器才能正常显示。

小 结

本章在介绍计算机网络基础时，介绍了计算机网络的产生与发展、功能与应用、组成与分类、拓扑结构，Internet 的基本知识，介绍了接入 Internet 的基本概念、服务内容、接入方式和拨号接入。

本章还介绍了 Outlook Express 的使用方法，介绍了启动与退出 Outlook Express、申请与设置邮件账号、撰写与发送电子邮件、回复与转发电子邮件、邮件与通信簿管理。

在介绍网页的设计时，介绍了如何利用功能强大的 Web 发布程序 FrontPage，从而使得不具备 HTML 知识的大部分用户得以自己设计制作和发布具有专业外观的 Web 站点。

习 题 五

1. 选择题

(1) 合法的 IP 地址是(　　)。

A. 199:1:300:55　　B. 199.2.144.1

C. 199.1.300.55　　D. 199,55,134,2

(2) WWW 是(　　)。

A. 一种硬件　　B. 因特网上的第一个信息网站

C. 一台服务器　　D. 中文译名是“万维网”

(3) 在 Internet 中，收发电子邮件的条件是(　　)。
A. 双方都要有电子邮箱
B. 双方都要有电子邮箱且系统装有收发电子邮件的软件
C. 系统装有收发电子邮件的软件
D. 有自己的电子邮箱

(4) Internet 的缺点是(　　)。
A. 不能传输文件　　B. 不能传送声音
C. 不能实现现场对话　　D. 安全性差

(5) 局域网的地理范围一般为(　　)。
A. 1km 以内　　B. 10km 以内　　C. 100km 以内　　D. 500m 以内

(6) 有关 Internet 互联网的概念，下列说法错误的是(　　)。
A. Internet 即国际互联网络
B. Internet 具有网络资源共享的特征
C. Internet 是局域网的一种
D. Internet 是分布式计算机控制系统

(7) 中国作为第(　　)个国家级别加入 Internet。
A. 71　　B. 17　　C. 7　　D. 86

(8) Netware 操作系统是(　　)操作系统。
A. 单用户单任务　　B. 单用户多任务
C. 多用户单任务　　D. 多用户多任务

(9) Novell 网的“心脏”是(　　)。
A. 网络工作站　　B. 文件服务器
C. 网络通信系统　　D. 通信介质

2. 填空题

(1) 在 Internet 中，WWW 的中文含义是________；FTP 的中文含义是________；E-mail 的中文含义是________。

(2) 计算机网络的组成，从逻辑上可分为两级子网，外层是资源子网，内层是________。

(3) IP 地址是一个位的二进制数。它分成组，每组可表示的最大数是________。

(4) IP 地址可分为 A、B、C、D、E 五类，其中 A 类地址第一组数的取值范围是________；B 类地址第一组数的取值范围是________；C 类地址第一组数的取值范围是________。

(5) 现有一个 IP 地为 191.28.1.1，它属于________类地址。

(6) 为用户提供网络服务的机构或单位经常被称为________。

(7) 因特网使用的通信协议是________。

(8) 域名中 com 的含义是________，cn 的含义是________，edu 的含义是________。

(9) 当个人计算机以拨号方式接入 Internet 网时，必须使用的设备是 Modem，它的中文名称是________。由于电话网传输的模拟信号，在发送端，Modem 需要将发送的数字信号变换成模拟信号，这种变换过程称为________；在接收端，Modem 需要将发送的模拟信号还原成数字信号，这种还原过程称为________。

(10) 在计算机网络中，通常把提供并管理共享资源的计算机称为________。

(11) 在计算机网络中，通信双方必须共同遵守的规则或约定称为________。

(12) 为了实现不同网络之间的互联，必须使用________。

3. 判断题

(1) 网页是网络信息的载体。（ ）

(2) FrontPage 2003 也有所见即所得的特点。（ ）

(3) FrontPage 2003 与 Word 一样都可以用来设置文字的属性。（ ）

(4) 没有只有一个网页的站点。（ ）

(5) 网页中的图片越大，其浏览的速度越快。（ ）

(6) 文字建立连接前后颜色一样。（ ）

(7) 具有调制和解调功能的装置称为路由器。（ ）

(8) Modem 的主要作用是对信号进行放大和整形。（ ）

(9) 一台带有多个终端的计算机系统称为计算机网络。（ ）

第 6 章 计算机保养与常见故障排除

本章综述：

本章将介绍计算机在日常使用过程中的保养与清洁方法；计算机日常使用注意事项；常见的各类故障原因及排除方法。

6.1 计算机的保养与清洁

计算机与其他电器一样，在给我们工作、生活带来便利的同时，需要定期进行保养维护，另外，良好的使用环境与使用习惯也会延长计算机的寿命。

6.1.1 计算机的使用环境

1. 理想温度

计算机理想的环境温度是 10～30℃，太高或太低都会影响计算机配件的寿命，计算机的安放位置应尽可能地远离热源。

2. 理想湿度

计算机适合的湿度为 30%～80%的相对湿度，太高会影响 CPU、显卡等配件的性能发挥，甚至引起一些配件的短路；太低易产生静电，同样对配件的使用不利。

3. 灰尘的影响

注意环境清洁。灰尘侵入计算机内部，经过长期的积累后，容易引起软驱、光驱读写错误，严重时还容易引起电路的短路，你的计算机在运行一段时间后，应进行相应的清洁工作。

4. 远离电磁干扰

计算机经常放置在有较强的磁场环境下，就有可能造成硬盘上数据的损失，甚至这种强磁场还会使计算机出现一些其他的故障现象，如：显示器可能会产生花斑、抖动等。这种电磁干扰主要有：音响设备、电机、大功能电器、甚至日光灯等。因此在使用计算机时，应尽量使计算机远离这些干扰源。

5. 电源的稳定性

如果市电电压不够稳定，最好考虑给计算机配备一个稳压电源。如果市电经常停电，考虑到数据的安全性，就应该给计算机配备一个UPS，现在大多数UPS都带稳压功能。

6.1.2 计算机日常使用注意事项

1. 硬件方面

(1) 正确开关机。正确的开机的顺序是：先打开外设(如显示器、打印机、扫描仪等)的电源，后开主机电源。关机顺序则相反：先关闭主机电源，再关闭各种外设的电源。

由于计算机在刚加电和断电的瞬间会有较大的电冲击，会给主机发送干扰信号导致主机无法启动或出现异常，因此，在开机时应该先给外部设备加电，然后才给主机加电。

(2) 不要频繁地开关机，每次关、开机之间的时间间隔应不小于30秒。暂时不用时，可用屏幕保护或休眠。

(3) 定期清洁计算机。尤其要频繁清洁鼠标、键盘等输入设备，因为这些设备使用频率高容易残留污渍滋生细菌。每半年，对计算机进行一次大扫除，彻底清除内部的污垢和灰尘，尤其是机箱内部。

(4) 在增、删计算机的硬件设备时，必须要先断掉与市电的连接，并确认身体不带静电时，才可进行操作。这包括上面提到的清洁操作。

(5) 在接触电路板时，不应用手直接触摸电路板上的铜线及集成电路的引脚，以免人体所带的静电，击坏这些器件。

(6) 计算机在加电之后，不应随意地移动和振动计算机，以免由于振动，而造成硬盘表面的划伤，以及意外情况发生，造成不应有的损失。电源关闭30秒以后，才可以搬运计算机或硬盘。

(7) 定期开机，特别是潮湿的季节里，否则机箱受潮会导致短路，经常用的计算机反而不容易坏。但如果家居周围没有避雷针，在打雷时不要开计算机，并且将所有的插头拔下。

(8) 夏天时注意散热，避免在没有空调的房间里长时间用计算机，冬天注意防冻。

(9) 不用计算机时，要用透气、遮盖性强的布将显示器、机箱、键盘盖起来，能很好地防止灰尘进入计算机。

(10) 计算机周围不要放置水或流质性的东西，避免不慎碰翻流入引起麻烦。

(11) 系统非正常退出或意外断电，应尽快进行硬盘扫描，及时修复错误。因为在这种情况下，硬盘的某些“簇链接”会丢失，给系统造成潜在的危险，如不及时修复，会导致某些程序紊乱，甚至危及系统的稳定运行。

2. 软件方面

(1) 不要乱删、乱动自己不知用途的文件或文件夹，不太懂时不要使用有破坏作用的工具或命令，如分区(FDISK)、格式化(FORMAT)、低格(LFORMAT)、克隆(GHOST)等。

(2) 不要随便关机或重新启动，遇死机时应先按住 Ctrl 和 Alt 不动，再点 Del 键打开任务管理器，结束已经死机的程序。

(3) 不要在系统盘存放重要文件，以免重装系统时误删。养成对文档、文件的备份习惯。

(4) 对重要的系统软件(如随机附送的驱动程序或特制软件)做好备份，以备不时之用。常备一张系统盘。

(5) 安装并定期升级杀毒软件和木马防火墙，并定期对计算机进行全盘扫描。

(6) 接入外部存储设备后应先杀毒后打开使用。

(7) 养成良好的上网习惯，不要随便打开不熟悉的网站或违法网站，不要随便点击各种不确定安全性的网页链接，以免受到病毒或黑客攻击或中“陷阱”。

6.1.3 计算机清洁工具和清洁前的准备工作

1. 常用的计算机清洁工具

作为计算机使用者，应该常备一些清洁工具，用于对计算机外部的经常性清洁和机箱内部的清洁，常用的计算机清洁工具与用途如下。

1) 毛刷

用于清洁各种板卡表面的灰尘。最好选用软毛质地的毛刷。

2) 清洁喷剂

清洁喷剂的作用在于其内涵的碳酸氢钠电解水，柠烯和乙醇，这种干洗液体可用于个人计算机和打印机等设备的清洗。离子的力量可将顽固的污秽彻底清除。另外，由于被擦拭物体的表面具有带电离子，这样可以防止灰尘再次附着。清洁喷剂是不可以直接擦拭液晶显示器的。

3) 清洁泡

清洁泡是不可以擦拭液晶显示器的。它是采用特殊的去污泡沫配方，可迅速分解尘埃，泥垢，油渍等污垢。清洁泡不易低落或流淌，能直达每一角落及缝隙，发挥最佳清洁效能。

4) 清洁巾

润湿抗静电擦纸，每筒为若干抽。适用于 CRT 显示器(阴极射线管显示器)、笔记本屏、相机镜头、投影机和任何无涂层玻璃表面和滤光镜。它柔软湿润，可快速清洁，不会留下任何污渍。擦拭后也无须用干拭纸擦干，自然晾干即可。最大好处就是简单、方面、通用，抽出即可用。

5) 皮老虎

除尘用吹气球，橡胶制。有效吹去机箱内部各部件见缝隙处的灰尘。也适用于多种光学仪器、照相机、手表等设备。

2. 清洁前的准备工作

在进行清洁操作前要先将手洗净，然后接触接地的金属物体以释放身体上的静电，如果能找到防静电手套最好。而品牌机在质保期内，建议不要自己打开机箱进行清洁，因为这样就意味着失去了保修的权利。在质保期内的品牌机可以拿到专业的维修点请专业人员进行内部除尘。除此之外，在开始清洁前还应注意以下几点。

(1) 打开机箱之前先要确认计算机的各个配件的质保期；

(2) 一定要轻拿轻放，特别是硬盘；

(3) 拆卸时注意各插接线的方向，如电源线、硬盘线等，以便正确还原。可以先将这些接线的方向记录下来，以免还原时出错；

(4) 用螺丝固定各部件时，应首先对准部件的位置，然后再上紧螺丝。尤其是主板，位置略有偏差就可能导致插卡接触不良甚至造成短路；

(5) 由于计算机板卡上的集成电路器件多采用MOS技术制造，这种半导体器件对静电高压相当敏感。当带静电的人或物触及这些器件后，就会产生静电释放，释放的静电高压将损坏这些器件。维护计算机时要特别注意静电防护。

6.1.4 外部设备的清洁

1. 显示器的清洁

显示器的清洁分为外壳清洁和显示屏清洁两个部分。

如果是一般的CRT显示屏上有污垢，可以用少量的开水湿润镜头纸来清洁。如果是液晶显示屏，则在清洁时先用毛刷轻轻地刷掉表层的灰尘，然后再用清洁相机镜头的专用镜头纸来擦拭。

显示器散热缝隙处的灰尘，可以用毛刷顺着缝隙的方向轻轻扫动，并辅助使用皮老虎吹掉这些灰尘。

注意： 显示屏都带有保护涂层，所以在清洁时不能使用任何溶剂性清洁剂，可以采用眼镜布或镜头纸擦拭。擦拭方向应顺着一个方向进行，并多次更换擦拭布、纸，防止已经沾有污垢的布、纸再次划伤涂层。

2. 清洁键盘及鼠标

键盘和鼠标是日常最常接触的外设，要经常进行清洁。

清洁键盘时，应先将键盘倒置，拍击键盘，将键盘内部的碎屑拍出键盘。然后用柔软干净的湿布擦拭键盘，用小毛刷扫除掉进键盘缝隙中的碎屑。可以用中性清洁剂或计算机专用清洁剂清除键盘上难以清除的污渍，用湿布擦拭并晾干键盘。

清洁鼠标，由于现在最普及的光电鼠标多采用密封设计，所以灰尘和污垢不会进入内部。平时只需用柔软干净的湿布擦拭表面即可。另外，鼠标垫也要经常性的进行清洁。

注意：所有的清洁工作都不要用医用酒精，以免对塑料部件产生腐蚀。清洁过程一定要在关机状态下进行。使用的湿布不要过湿，以免水进入设备内部。

3. 机箱外壳和其他外设的清洁

由于机箱通常都是放在计算机桌下面的，平时不是太注意清洁卫生，机箱外壳上很容易附着灰尘和污垢。和机箱外壳相似，音响等其他外设也存在类似的情况，清洁时可以先用干布将浮尘清除掉，然后用沾了清洗剂的布蘸水将一些顽渍擦掉。机箱后部各种接口处可用毛刷轻轻刷掉其表面的灰尘。

6.1.5　主机内部的清洁

由于机箱并不是密封的，所以一段时间后机箱内部就会积聚很多灰尘，灰尘会严重影响硬件的散热，这样对计算机硬件的运行非常不利，甚至造成烧毁硬件的严重后果，因此，对主机内部的除尘非常重要，而且需要定期执行，一般以三个月一次为宜。

1. 拆卸主机

拆卸主机前，一定要关机，然后放掉身上的静电或者带上防静电手套。最好将拆卸前连线的接续方式和螺丝的位置记录下来，以便清洁完成后重新安装。

(1) 将主机置于水平、平稳的位置后，转到机箱的后面，把主机上所有的连接线拆下来。

(2) 用螺丝刀拧下机箱后侧的螺丝，取下机箱盖。

(3) 将主机卧放，使主板背面向下，用螺丝刀拧下固定插卡的螺丝，然后用双手捏紧接口卡的上边缘，竖直向上拔下各种适配卡。

(4) 接着将硬盘、光驱和软驱的电源插头沿水平方向向外拔出，数据线的拔出方式与拔电源线相同。用螺丝刀拧下驱动器支架两侧固定驱动器的螺丝，并取下驱动器。

(5) 拔下插在主板上的各种接线插头。

(6) 拧下机箱后面连接电源的四个螺丝，取下电源。在拧最后一颗螺丝时，要用手托住电源。否则，电源会掉下来砸到主板。

(7) 将内存插槽两头的塑胶夹脚向外扳动，使内存条能够跳出，然后取下内存条。

(8) 拆卸 CPU 散热器。先拔掉 CPU 电源插头，然后用螺丝刀按下卡子，并让卡子脱离 CPU 插槽的卡座，最后取出 CPU 散热器。

(9) 卸掉主板上的固定螺丝，将主板从主机箱中拿出来。

2. 进行清洁

(1) 清洁主板。先用皮老虎吹进灰尘，再用毛刷先将主板表面的灰尘清理干净。然后用油画笔清洁各种插槽接口处。

(2) 清洁内存条和适配卡。可先用刷子轻轻清扫各种适配卡和内存条表面的积尘，然后用橡皮擦擦拭各种插卡的金手指正面与反面，清除上面的灰尘、油污或氧化层。

(3) 清洁 CPU 散热器。用小十字螺丝刀拧开风扇上面的固定螺丝，拿下散热风扇。用较小的毛刷轻拭风扇的叶片及边缘，然后用吹气球将灰尘吹干净，用刷子或湿布擦拭散热片上的积尘，再用皮老虎将余下的灰尘吹干净。

(4) 清洁电源。用螺丝刀将电源上的螺丝拧开，取下电源外壳，将电源部分的电路板拆下，使电路板和电源外壳分离，然后是用皮老虎和毛刷进行清洁。最后用小毛刷清除电源外表与风扇的叶片上的灰尘。

(5) 清洁光驱。将回形针展开插入光驱面板上的应急弹出孔，稍稍用力将光驱托盘打开，用镜头纸将所及之处轻轻擦拭干净，如果光驱的读盘能力下降，可以将光驱拆开，用脱脂棉或镜头纸轻轻擦拭除去透镜表面的灰尘，最后装好光驱即可。在清洁透镜表面时一定要用柔软的干布擦拭。

(6) 清洁机箱内部。

3. 重新安装

完成所有的清洁工作后，将所有部件还原即可，还原时可以参考前面装机的顺序。待确认所有硬件已经连接完好后，要等擦拭过的硬件完全风干再通电开机，否则将会对硬件造成严重的损伤。

6.2 计算机常见故障的排除

计算机的故障可分为硬件故障和软件故障两大类。在排除故障时应遵循如下的原则。

(1) 先静后动：先分析考虑问题可能在哪，然后动手操作，切忌武断操作；

(2) 先外后内：首先检查计算机外部电源、设备、线路，后再开机箱；

(3) 先软后硬：先从软件原因判断入手，然后再考虑硬件故障。

6.2.1 开机故障

开机故障往往是最让计算机使用者头疼的一类故障，因为各种开机故障会直接导致用户无法进入操作系统等图形操作界面，不便于发现故障原因，最大限度地限制了计算机的各项功能。同学们要着重学习这部分知识。

1. 计算机开机启动过程

在解决各种开机故障之前，有必要了解一下计算机启动的过程，这样方便对各种开机故障进行分析、处理，做到有的放矢。

一台计算机的启动过程可以概括为 10 个步骤，具体如下。

(1) 按下电源开关时，电源就开始向主板和其他设备供电，CPU 在此刻不会马上执行指令。当芯片组检测到电源已经开始稳定供电了，CPU 马上就从系统 BIOS 的地址范围开始执行指令。

(2) 系统 BIOS 进行 POST(Power－On Self Test，加电后自检)，POST 的主要任务是检测系统中关键设备是否存在和能否正常工作。由于 POST 是计算机启动过程中最早进行的检测的一步，如果系统 BIOS 在进行 POST 的过程中发现了一些致命错误(如没有找到内存或者内存有问题)，那么系统 BIOS 就会发出报警声来报告错误，声音的长短和次数代表了错误的类型(这个在下一个小节中详细讲解)。POST 结束之后就会调用其他代码来进行更完整的硬件检测。

(3) 接下来系统 BIOS 将查找显卡的 BIOS，找到显卡 BIOS 之后就调用它的初始化代码，由显卡 BIOS 来初始化显卡，此时多数显卡都会在屏幕上显示出一些初始化信息，介绍显卡芯片类型、显存等内容。系统 BIOS 接着会查找其他设备的 BIOS 程序，找到之后同样要调用这些 BIOS 内部的初始化代码来初始化相关的设备。

(4) 查找完所有其他设备的 BIOS 之后，系统 BIOS 将显示出它自己的启动画面，其中包括有系统 BIOS 的类型、序列号和版本号等内容。

(5) 接着系统 BIOS 将检测和显示 CPU 的类型和工作频率，然后开始测试所有的 RAM，并同时在屏幕上显示内存测试的信息。

(6) 内存测试通过之后，系统 BIOS 将开始检测系统中安装的一些标准硬件设备，包括硬盘、CD-ROM、串口、并口、软驱等设备，另外绝大多数较新版本的系统 BIOS 在这一过程中还要自动检测和设置内存的定时参数、硬盘参数和访问模式等。

(7) 标准设备检测完毕后，系统 BIOS 内部的支持即插即用的代码将开始检测和配置系统中安装的即插即用设备，每找到一个设备之后，系统 BIOS 都会在屏幕上显示出设备的名称和型号等信息，同时为该设备分配中断、DMA 通道和 I/O 端口等资源。

(8) 到这一步为止，所有硬件都已经检测配置完毕了，多数系统 BIOS 会重新清屏并在屏幕上方显示出一个表格，其中概略地列出了系统中安装的各种标准硬件设备，以及它们使用的资源和一些相关工作参数。

(9) 接下来系统 BIOS 将更新 ESCD(Extended System Configuration Data，扩展系统配置数据)。ESCD 是系统 BIOS 用来与操作系统交换硬件配置信息的一种手段，这些数据被存放在 CMOS(一小块特殊的 RAM，由主板上的电池来供电)之中。通常 ESCD 数据只在系统硬件配置发生改变后才会更新，所以不是每次启动机器时我们都能够看到“Update ESCD… Success”这样的信息。

(10) ESCD 更新完毕后，系统 BIOS 的启动代码将进行它的最后一项工作，即根据用户指定的启动顺序从软盘、硬盘或光驱启动。以从 C 盘启动为例，系统 BIOS 将读取并执行硬盘上的主引导记录，主引导记录接着从分区表中找到第一个活动分区，然后读取并执行这个活动分区的分区引导记录，而分区引导记录将负责读取并执行 IO.SYS，这是 DOS 和 Windows 最基本的系统文件。Windows 的 IO.SYS 首先要初始化一些重要的系统数据，然后就显示出我们熟悉的蓝天白云，在出现这幅画面之下，Windows 将继续进行 DOS 部分和 GUI(图形用户界面)部分的引导和初始化工作。

2. 开机黑屏(开机无显示)

开机黑屏有可能是以下几种原因。

(1) 显示器断电。应检查显示器数据线是否接触不实，开关是否打开，如确定为显示器损坏，应送专业维修机构进行维修；

(2) 电源问题。此类故障可通过观察电源风扇是否在转，CPU 风扇是否在转判断，如确定为电源损坏，应送专业维修机构进行维修；

(3) 内存故障。常为灰尘或接触不良，处理方法为擦拭内存金手指部分与主板插槽部分，再重新安装；

(4) 显卡故障。常见故障及处理办法与内存类原因相同；

(5) CPU 故障。温度过高，超频，接触不良或损坏都可能导致 CPU 故障，如确定为损坏应送专业维修机构进行维修；

(6) 主板故障。引起主板故障的原因较多，常见的有：灰尘、接触不良、短路、电容损坏、兼容性问题、BIOS 受损等，如清洁并重新安插后故障依旧存在，建议送专业维修机构进行维修。

那么怎么通过计算机开机黑屏时，机箱内传出的报警声来断定是哪部分硬件设备出现问题呢？

不同的主板报警声音所代表的含义是不一样的，下面是几种常见的主板报警声所代表的含义。

- Award BIOS：

1 短：系统正常启动。表明机器没有任何问题。

2 短：常规错误，请进入 CMOS Setup，重新设置不正确的选项。

1 长 1 短：内存或主板出错。换一条内存试试，若还是不行，只好更换主板。

1 长 2 短：显示器或显示卡错误。

1 长 3 短：键盘控制器错误，检查主板。

1 长 9 短：主板 Flash RAM 或 EPROM 错误，BIOS 损坏。

不断地响(长声)：内存条未插紧或损坏。

- AMI BIOS

1 短：内存刷新失败。更换内存条。

2 短：内存 ECC 校验错误。在 CMOS Setup 中将内存关于 ECC 校验的选项设为 Disabled 就可以解决，不过最根本的解决办法还是更换一条内存。

3 短：系统基本内存检查失败。换内存。

4 短：系统时钟出错。

5 短：CPU 出现错误。

6 短：键盘控制器错误。

7 短：系统实模式错误，不能切换到保护模式。

8 短：显示内存错误。显示内存有问题，更换显卡试试。

9 短：BIOS 芯片检验和错误。

1 长 3 短：内存错误或内存损坏。

1 长 8 短：显示测试错误。显示器数据线没插好或显示卡没插牢。

3. 反复开机多次才能成功启动

有些计算机会出现一种故障现象，就是首次开机总是不成功，要反复按 RESET 键好几次，或反复关机后再开才能开机成功。出现这种故障，首先要区分故障机器是否为新购计算机，然后再区别对待。

1) 新购的机器

新机器出现这类故障多半是电源跟主板或是显卡有冲突，或是供电不足造成的。

(1) AGP 显卡与电源。因为现在 AGP 显卡随着性能的增强、运算速度的加快，要求的功率也相应地大幅飞升，加上硬件逐步降价，很多人又加装了刻录机、双硬盘什么的，整机的供电可能不足，所以就出现首次开机不成功的现象。这种情况下就要考虑更换大功率的电源以解决这种问题。

(2) 主板的 BUG。另外一个可能的原因是，主板设计上或是 BIOS 里有些 BUG，因为 ATX 的电源，插头加上以后，电源就已经开始工作了，等你按下 POWER 键的时候，主板因为无法提供开机所需足够的瞬间电压，导致了首次开机的失败。这时候可以先换一个功率较大的优质电源，如果不奏效的话，可以刷新 BIOS，再不奏效，就只能尝试在每次关机后，拔掉插头，然后在下次开机的时候才插上开机了。

(3) 机箱设计不合理。有的机箱内部空间太小，主板放进去以后，加上再装好硬盘、光驱等硬件后，压迫了 RESET 键和 POWER 键的位置，也可能会造成这两个键不能正常复位，导致开机异常。这种情况下可以把主板拿出机箱外只加 CPU 和显卡、内存检查一下，如果能正常开机，可确认是这个原因无疑，就需要更换一个空间更大的机箱了。

2) 旧机器或是升级后的问题

有的旧机器，原来使用一直正常，但突然出现这种开机不正常的现象，或是升级了某个部件后出现这种故障。原因可能有：

(1) 主板与新增硬件的冲突。新增加的 IDE 设备，有个和原来的 IDE 设备设置主从跳线的问题。有的主板上，因为 BIOS 和架构的问题，不能把新硬盘设为主盘，否则就不能开机启动。解决办法：尝试各种跳线接法，直到找到稳定方式为止。

(2) CMOS 中 ACPI 管理影响。有的主板在刷新了 BIOS 后，ACPI(Advanced Configuration and Power Management Interface，高级配置和电源管理接口)部分可能会被修改，或是进行系统优化的时候，不经意改了 ACPI 管理的选项，这都可能会引起电源的不正常，影响启动，你可以尝试读取 BIOS 默认值试试。

(3) 主板短路或是灰尘的影响。由于不注意保持清洁，机箱内部积累了太多的灰尘，此时也可能会导致接触不良、开机异常。

6.2.2 计算机蓝屏故障

蓝屏故障和其他计算机故障一样，根据成因大致可以分为软件和硬件两个方面。遵循先软后硬的原则来看看故障的成因和解决办法。

1. 软件引起的蓝屏故障

1) 重要文件损坏或丢失引起的蓝屏故障(包括病毒所致)

Windows 中的 VxD(虚拟设备驱动程序)或是.DLL 动态链接库之类的重要文件丢失，会出现“蓝屏警告”。

这类问题可以通过 Sfc(系统文件检查器)来解决。一般情况下执行 sfc/scannow 就可以对系统文件进行恢复了，时间一般在 10 分钟左右。

2) 注册表损坏导致文件指向错误所引起的蓝屏

其现象表现为开机或是在调用程序时出现蓝屏，并且屏幕有出错信息显示(包含出错的文件名)。

解决办法是恢复以前正常可用的注册表文件，具体操作是开机时进入 DOS 模式状态(开机时按“F8”调出多重引导菜单，选择“Command Prompt Only”)，在提示符后键入“scanreg /restore”，进入菜单界面，选择一个备份文件，进行恢复即可。

2. 硬件引起的蓝屏故障

1) 内存超频或不稳定造成的蓝屏

内存引起的蓝屏故障多见为随机性蓝屏。解决这种故障先恢复内存正常频率运行，若还有问题。找一根好的内存条进行故障的替换查找，一般可以解决。再就是应当注意当 CPU 离内存很近时内存的散热问题。

2) 硬件的兼容性不好引起的蓝屏

最常见的就是将不同规格的内存条混插引起的故障。注意在使用一条以上的内存时要使用同一生产厂家，内存颗粒和批号都相同的。

3) 硬件散热引起的“蓝屏”故障

处理这类故障，应该做到：超频的降频，超温的降温。其实不一定所有的故障都那么复杂，有时候从简单的方面考虑，也能很好地解决问题，要学会触类旁通。

4) I/O 冲突引起的蓝屏现象

这种现象出现得比较少，如果出现了，可以从系统中删除带！号或？号的设备，重新启动计算机进行确认。

6.2.3 简单的硬件故障排除方法

考虑到计算机硬件故障的排除涉及纷繁复杂的各类硬件知识，而且在不具备一定计算机、电工电路知识的基础上深度解决硬件故障可能会给计算机造成更大的、不可逆的伤害，这里只介绍几类常见的、简单的硬件故障排除方法。

1. 内存故障及解决方法

(1) 升级内存后，内存的容量并没有增加。

解决方法：可以把内存条互相换个插槽试一试，或内存条在主板上的不同插槽换插试一试。不同型号的内存条插进后，有的内存计算机检测不到，这是因为主板和不同种类的内存之间不兼容造成的。如果是这样的情况，一定要换相同规格的内存条才行。

(2) Windows 系统运行不稳定，经常产生非法错误，如：“Windows Protect Error”。

解决方法：产生这个故障的原因大概有以下几种：一是可能是内存条上的内存芯片质量不好，或者是某些内存条上面的小贴片电容被弄掉了。可以更换一条内存试试。二是内存工作在超负荷的情况下，如本来工作在 100MHz 频率下的内存条，让它强行工作在 124MHz 甚至 133MHz 频率下，就会出问题，我们可以在 CMOS 里重新改到正常状态。

另外，如果内存条不兼容，虽然能够正常启动，但仍然会出现这样那样的错误，这就是不同型号的内存条之间有着明显的兼容问题，拿掉其中的一种内存条，问题一般会解决。

(3) Windows 注册表经常无故损坏，提示要求用户恢复。

解决方法：此类故障因为内存条质量不佳引起，一般是更换内存解决。还有就是超频过高造成的，建议降回正常值。

(4) Windows 经常自动进入安全模式。

解决方法：此类故障一般是主板与内存条不兼容或内存条质量不佳引起的，常见于 PC133 内存用于某些不支持 PC133 内存条的主板上。可以尝试在 CMOS 设置内降低内存读取速度看能否解决问题，如若不行，那就只有更换内存条了。

2. 显卡故障及解决方法

(1) 频繁死机或感觉计算机比以前慢了很多。

解决方法：出现此类故障多见于非 Intel 芯片的主板与显卡不兼容或主板与显卡接触不良，显卡与其他扩展卡不兼容也会造成死机。对于不兼容造成的问题，我们可以先进入 CMOS，将设置恢复成出厂默认值，然后保存后退出，再看计算机正常不正常。

如果还不正常的话，就尽量找到这个主板和显示卡的最新驱动和补丁安装，现在的主板和显示卡厂商如果发现产品有问题就会马上更新驱动来解决。当显卡与其他扩展卡不兼容造成死机时，我们可以把其他的扩展卡换一个插槽，直到正常为止。还有就是主板的 AGP 插槽供电不足造成故障，一般都是采取换大功率电源解决，还不行的话只有换主板或显示卡。

(2) 开机启动后屏幕上显示的是乱码。

解决方法：此类故障主要是因为：①显示卡的质量不好，特别是显示内存质量不好。这样只有换显示卡了。②系统超频，特别是超了外频，导致 PCI 总线的工作频率由默认的 33MHz 超频到 44MHz，这样就会使一般的显示卡负担太重，从而造成显示乱码。把频率降下来即可解决问题。③主板与显卡接触不良。重新插好就可以了。④刷新显示卡 BIOS 后造成的。因为刷新错误，或刷新的 BIOS 版本不对，都可以造成这个故障。只有找一个正确的显示卡 BIOS 版本，再重新刷新。

(3) 屏幕出现异常杂点或图案，甚至花屏。

解决方法：此类故障一般是显示卡质量不好造成的，在显示卡工作一段时间后(特别是在超频的情况下)，温度升高，造成显示卡上的质量不好的显示内存、电容等元件工作不稳定而出现问题。如果你的计算机是超频状态下(有些发烧友可是 CPU 和显示卡同时超频)而出现问题，建议还是降回来。另外也可能是显卡与主板接触不良造成的，可以清洁一下显示卡的金手指，然后重新插上试试。

3. 硬盘故障及解决方法

1) 系统不认硬盘

系统从硬盘无法启动，从光盘或软驱启动也无法进入 C 盘，使用 CMOS 中的自动监测功能也无法发现硬盘的存在。这种故障大都出现在连接电缆或 IDE 端口上，硬盘本身故障的可能性不大，可通过重新插接硬盘电缆或者改换 IDE 口及电缆等进行替换试验，就会很快发现故障的所在。如果新接上的硬盘也不被接受，一个常见的原因就是硬盘上的主从跳线，如果一条 IDE 硬盘线上接两个硬盘设备，就要分清楚主从关系。

2) 硬盘无法读写或不能辨认

这种故障一般是由于 CMOS 设置故障引起的。CMOS 中的硬盘类型正确与否直接影响硬盘的正常使用。由于目前的 IDE 都支持逻辑参数类型，硬盘可采用“Normal、LBA、Large”等，如果在一般的模式下安装了数据,而又在 CMOS 中改为其他的模式，则会发生硬盘的读写错误故障，因为其映射关系已经改变，将无法读取原来的正确硬盘位置。

3) 系统无法启动

造成这种故障通常是基于以下四种原因：主引导程序损坏、分区表损坏、分区有效位错误、DOS 引导文件损坏。

4) 硬盘出现坏道

当用系统 Windows 系统自带的磁盘扫描程序 SCANDISK 扫描硬盘的时候，系统提示说硬盘可能有坏道，这些坏道大多是逻辑坏道，是可以修复的。首先我们应该重新使用各品牌硬盘自己的自检程序进行完全扫描。如果检查的结果是“成功修复”，那可以确定是逻辑坏道，假如不是，就应该及时送到专业维修部门进行维修。

6.2.4 常见的操作系统故障排除方法

操作系统的故障种类众多、原因复杂，如要全部归纳总结很难，这里列举一些常见的故障及其应对方法。

1. 输入法状态条消失

执行【我的计算机】|【控制面板】|【区域和语言选项】命令，在【语言】标签页下的【详细信息】中，点击【设置】标签页下的【语言栏设置】按钮，选择【在桌面显示语言栏】后点击【确定】即可。

如不起作用，打开注册表编辑器，找到 HKEY_USERS\.DEFAULT\Control Panel\Input Method 分支，将右边窗口中 Show Status 的键值修改成“1”（“1”为显示状态条，“0”为不显示状态条)，然后重新启动系统，输入法状态条就出来了。

2. 窗口弹出过慢

可以通过修改注册表来改变窗口从任务栏弹出，以及最小化回归任务栏的动作。打开注册表编辑器，找到 HKEY_CURRENT_USER\Control Panel\Desktop\WindowMetrics 子键分支，在右边的窗口中找到 MinAnimate 键值，其类型为 REG_SZ，默认情况下此键值的值为 1，表示打开窗口显示的动画，把它改为 0，则禁止动画的显示，接下来从开始菜单中选择【注销】命令，激活刚才所作的修改即可。

3. Windows 自动更新不成功，关闭自动更新功能

对于大多数的用户来说，Windows XP 的 Windows Update 功能似乎作用不大，可以去掉它。打开注册表编辑器，找到 HKEY_CURRENT_USER\Software\MicrosoftWindows\CurrentVersion\Policies\Explorer 子键分支，选择【编辑】菜单下的【新建】命令，新建一个类型为 REG_DWord 的值，名称为 NoCommonGroups，双击新建的 NoCommon Groups 子键，在【编辑字符串】文本框中输入键值“1”，然后单击【确定】按钮并重新启动系统即可。

4. 频繁出现错误报告，关闭错误报告功能

既然计算机总出现这个问题，就说明计算机的软件系统存在问题。但若不想看到这个报告错误也可以，在【运行】中输入 msconfig，在这里面选择【服务】，把 Error Reporting Service 单选框的勾点掉。以后就再也不会出现程序因错误或兼容性不好被强行关闭后弹出的报告错误对话框，但这样用户也发现不了自己的问题所在。

5. 系统所在分区的磁盘空间不停减少

如果可以确定不是病毒导致，那么应该对系统进行一次“减肥”。具体可以从这几个方面入手。

(1) 把“我的文档”、IE 的临时文件夹都转到硬盘其他分区。

(2) 把虚拟内存也转到硬盘其他分区。

(3) 将应用软件装在硬盘其他分区。

(4) 如用 ntfs 格式分区(可以使用命令：“Convert X:/fs:ntfs”，X 代表系统所在分区盘符)，节省磁盘空间。

6. 开机变慢

开机变慢是一个很普遍又很复杂的故障现象，归结起来，有这么几种原因，可以根据具体情况采取相应的解决办法。

(1) 在开机时加载太多程序。可以利用“msconfig”命令去掉不必随开机启动的程序。

(2) 定期用磁盘清理工具清理硬磁盘空间。

(3) 关闭 activedesktop。

(4) 删除一些不必要的字型。

(5) 设定足够的虚拟内存。

(6) 最后也是最重要的一点，定期更新杀毒软件和木马防火墙，定期对计算机进行全盘杀毒。

小　　结

本章讲解了计算机在使用过程中应该注意的事项，和计算机的保养清洁常识，另外，介绍了一些常见的计算机故障现象和排除方法。

习 题 六

简答题

(1) 简述计算机理想的使用环境。

(2) 试列举五个计算机日常使用的注意事项。

(3) 清洁液晶显示器屏幕不能使用哪种清洁剂？内存应该怎样清洁？

(4) 计算机开机黑屏有可能是哪几种硬件出现故障导致的？

(5) 系统重要文件损坏和丢失可以用什么命令恢复，这个命令有哪些参数，各代表什么含义？

(6) 计算机开机变慢，应从哪几方面进行治理？

第 7 章 实用工具软件的安装和使用

本章综述：

随着多媒体技术和 Internet 的发展，计算机的功能已经不再局限于科学计算和文档处理，开始承担了越来越多的任务，多种多样的软件应运而生，同时人们也需要更好的软件来与计算机进行沟通，提高计算机的工作效率。本章系统地介绍了实用工具软件的概念和分类，讲解了日常工作生活中最容易接触到的、最实用的几种有代表性的计算机实用工具软件。

7.1 计算机实用工具软件概述

一台完整的计算机系统，分为硬件系统和软件系统两部分。而软件系统又分为系统软件和应用软件两大类别。应用软件(application software)是设计用于实现用户的特定需要而非计算机本身问题的软件，Microsoft Office 和 Adobe Photoshop 就是分别为实现办公自动化、图像处理这些用户需求的功能而开发的。随着计算机技术的发展和家用计算机的普及，人们在使用计算机中发现，需要一些介于系统软件和主要应用软件之间的软件方便管理计算机，提高计算机的工作效率，填补操作系统和大型商业软件之间功能的真空。为此，实用工具软件产生了。

7.1.1 认识计算机实用工具软件

按国家标准对于信息技术中软件工程术语的定义(GB/T 11457—2006)，实用软件是指计算机程序或例行程序，其设计目的是为其应用软件、操作系统或系统用户提供他们所要求的某些通用支持功能。

实用工具软件是为某种特定的用途而开发的各种应用软件。一般来说，工具软件是指除操作系统、大型商业应用软件之外的一些软件。大多数工具软件是小型计算机软件开发团体或者软件厂商开发的小型化商业软件。

实用工具软件具备如下特点。

(1) 使用方便：软件的功能专一，用户界面简洁，方便用户短时间掌握其使用方法。

(2) 规格较小：软件体积一般在百兆以下，方便互联网传播，安装部署快，一些工具软件甚至不需要安装就可以直接使用。

(3) 费用低廉：售价低，大部分工具软件都以试用版本或免费版本的形式服务非商业用户。

实用工具软件如同日常生产工作中使用的五金工具一样，看似简单，却是解决一些特定问题的最佳方案。

7.1.2 计算机实用工具软件的分类

1. 按软件实现的功能分类

计算机实用工具软件种类繁多，应用领域也十分广泛，按其实现的功能可以分为以下几类。

1) 磁盘管理软件

主要用于对磁盘进行管理操作的软件，包括分区、格式化、检查逻辑/物理错误，碎片整理。如：DM，Partition Magic 和 DiskGenius 等。还用于对磁盘中存储数据的管理，备份/还原/复制，如 Norton Ghost，Acronis True Image 等。

2) 系统安全软件

在互联网时代，集中为计算机软硬件系统提供全面的保护的软件。如瑞星杀毒软件套装，360 安全卫士，金山毒霸等。一般具备病毒查杀和恶意广告软件防护与移除的功能。一些安全软件还包括软件防火墙，抵御一般网络攻击，并利用远程数据库对网络钓鱼和垃圾邮件等网上操作中遇到的安全威胁进行防护。

3) 文件压缩

随着计算机技术的不断发展，文件，特别是多媒体文件占用的存储空间越来越大，使得保存、传输占用的时间和空间资源越来越多。压缩软件是利用特定算法将文件内容处理，在达到在保留文件信息的同时，使文件体积缩小的应用软件。压缩软件一般分为有损压缩和无损压缩两种形式，有损压缩一般用于多媒体视听文件的处理，以降低画质和音质的代价来获得更小的文件，如常见的 mp3、wma、rmvb 等。无损压缩则多用于程序和文档文件的缩小，从 Internet 网站下载的软件多为无损压缩文件，如 zip、rar 等。为方便用户使用，压缩软件一般同时具备解压缩的功能。

4) 光盘制作

由于软盘的容量太小，大容量 USB 闪存又受制于成本高，光盘凭借其大容量和低成本的优点得以广泛使用。但光盘的存储原理比较特殊，里面存储的信息不能被轻易地改变。如果用户要将信息保存在光盘上，需要软件进行写入，这个过程被称作刻录。而相应的光盘制作软件也叫做刻录软件，如 Ahead Nero。

5) 多媒体录放软件

流行的多媒体信息，如 MP3 和视频等，不能在计算机上直接使用。从文件中读取信息流，在输出设备上还原图像和声音的软件叫做多媒体播放软件，而多媒体制作软件则将传统设备上记录的影音信息转换成文件的形式，保存在计算机的存储设备上。

6) 网络应用软件

主要包括浏览器，即时通讯软件和文件传输软件。互联网技术的发展使计算机用户不仅能通过浏览器浏览信息，还可以即时和其他在线用户进行信息沟通，更可以上传下载日益丰富的多媒体文件。目前这类软件应用最广，代表性的软件如 QQ、迅雷等。

2. 按软件授权许可分类

按实用工具软件制作方授权用户使用的方式来说，又分为商业软件，共享软件和免费软件。

(1) 商业软件(commercial software)：在计算机软件中，指被作为商品进行交易的软件。

(2) 共享软件(shareware)：互联网时代商业软件的新形式，允许使用者通过多种途径获取并任意分发软件的试用版本，在试用后决定是否购买。绝大多数的共享软件有试用时间或功能上的限制，只有付费注册，才能长期使用软件的全部功能。

(3) 免费软件(freeware)：也被称为自由软件，任何人可以自由免费地使用，并无限制地复制传播，所有过程不必给开发者支付任何费用。

7.2　磁盘管理软件简介

磁盘管理软件主要分为两类：对磁盘上的数据进行管理和对磁盘本身进行管理。

1. Norton Ghost

Norton Ghost 是美国赛门铁克公司开发的一款出色的硬盘备份还原工具，可将磁盘整体或分区上的全部数据备份为镜像文件，实现常用的多种硬盘分区格式(FAT16、NTFS、OS2、Linux Ext)和整盘的备份还原。支持同一块或多块硬盘分区之间数据的备份、复制和还原，或将硬盘上的数据通过镜像文件导出到磁带机或光存储设备中。其较新版本加入了网络复制功能和灵活多变的“还原点”功能，支持在计划的时间段将指定的信息通过网络备份到多台计算机上，或将其恢复到指定日期的数据状态。

2. Partition Magic

新硬盘添加到计算机上，要安装操作系统，必须对其进行分区。分区的实际操作对一般的计算机用户而言，是一件复杂的工作，其中主要原因是很多操作都要在 DOS 操作系统下，以命令行方式进行。而对硬盘进行分区将清除相应部分的所有数据，所以对多块硬盘分区或对已有一部分数据的硬盘进行再分区时，如操作不当，将严重影响数据安全，极易造成不可恢复的数据损失。

Partition Magic 提供了在 Dos/Windows 下的双平台图形界面，直观的用图表显示磁盘分区信息并且使用户可以在友好的提示界面下对磁盘进行高级操作。在应用修改之前，一切操作都可撤销，极大地保证了数据的安全性。最大的优势是在保证当前数据无损的情况下对已有数据的硬盘进行二次分区，这一点是传统的软件无法实现的。

7.3 系统安全软件的安装和使用

7.3.1 瑞星杀毒软件

瑞星杀毒软件是国内最早开发的反病毒软件之一，经过近 20 年的发展，现在已实现由杀毒软件到全功能安全软件的全面进化。瑞星 2010 是一款基于瑞星“云安全”系统设计的新一代杀毒软件。其“整体防御系统”可将互联网威胁拦截在用户电脑以外。深度应用“云安全”的全新木马引擎、“木马行为分析”和“启发式扫描”等技术保证将病毒彻底拦截查杀。再结合“云安全”系统的自动分析处理病毒流程，能第一时间将最新病毒的解决方案实时提供给用户。

1. 瑞星杀毒软件的安装

(1) 将光盘放入光驱，系统自动弹出程序安装界面。

(2) 选择要安装的程序语言设置，单击【确定】继续。

(3) 等待安装向导程序启动，阅读用户许可协议后，进入组件选择界面，如图 7.1 所示，用鼠标在复选框勾选需安装的组件后，单击【下一步】继续。

(4) 安装向导询问要安装到的文件夹。

(5) 一切设置完成后，安装程序会生成一个关于安装全部设置信息的列表，并显示在下边的文本框中，确认无误后单击【下一步】。安装程序将会自动进行复制和组件注册等操作。

图 7.1 安装组件选择

(6) 文件复制完成后，大部分计算机都会被要求重新启动。如果不希望立刻重启，单击【重新启动电脑】复选框清除它。反之，单击【完成】将立刻重新启动。

注意：重新启动计算机前应保存所有工作数据，防止丢失。

2. 瑞星杀毒软件的初始设置

重新启动计算机后，系统在进入桌面环境前自动弹出瑞星设置向导，设置向导共分 4 步。

(1) 询问用户是否加入瑞星的“云安全”网络，共享病毒数据。

(2) 设置瑞星发现病毒后的处理方式。

引擎或防御级别设置包括以下内容。

① 低：占用系统资源最小，最大限度降低系统负担，但探测威胁能力降低，适合较低配置的计算机。

② 中：系统资源占用和探测威胁能力之间的平衡，适合大部分计算机，特别适合没有配置经验的用户。

③ 高：采用最全面的检查，系统安全保护能力最高，但是在低配置计算机上会影响正常运行速度。

发现病毒的处理方式选项包括以下内容。

① 清除病毒：在发现病毒或存在安全威胁程序时自动修复程序或删除病毒文件。

② 询问我：发现一切病毒或有安全威胁程序的时候自动弹出对话框，询问用户如何处理。

③ 不处理：不对扫描中的出现的一切异常处理，仅将其记录在日志中。

检测到木马和其他恶意程序的处理选项还包括以下内容。

① 自动处理：在发现安全威胁的时候，瑞星安全软件将自动拦截它，不提示用户做出选择。

② 直接拒绝：直接拒绝存在安全隐患的程序加载到内存。

设置完毕后，单击【下一步】继续。

(3) 辅助功能选项。可通过勾选或清除复选框来进行诸如文字提示、声音和助手等辅助功能的设置。

(4) 前三步设置完毕后，瑞星设置向导将启动扫描功能对系统做一个全面诊断。待检测结束后，单击“完成”关闭窗口。

3. 瑞星杀毒软件的使用

瑞星杀毒软件包括主程序和实时监控两部分。主程序用于进行软件设置和扫描等功能，而实时监控在 Windows 启动后自动运行，负责对用户访问的文件进行安全性分析。

1) 主程序的启动

系统设置完成，进入桌面，双击桌面上或单击开始菜单中的快捷方式，进入瑞星杀毒软件主界面，如图 7.2 所示。主界面分为标签页、菜单栏和工作区三个主要部分。在任何状态下，都可以通过菜单栏来查看使用日志，对系统进行设置，更改外观或查看帮助。如果遇到可疑文件或使用瑞星杀毒软件无法清除的顽固病毒或木马，还可以将该文件上传至瑞星安全中心，由专业人员直接处理。标签页实现不同安全功能的分类，工作区实现当前标签页的具体功能。各标签页功能对照见表 7-1。

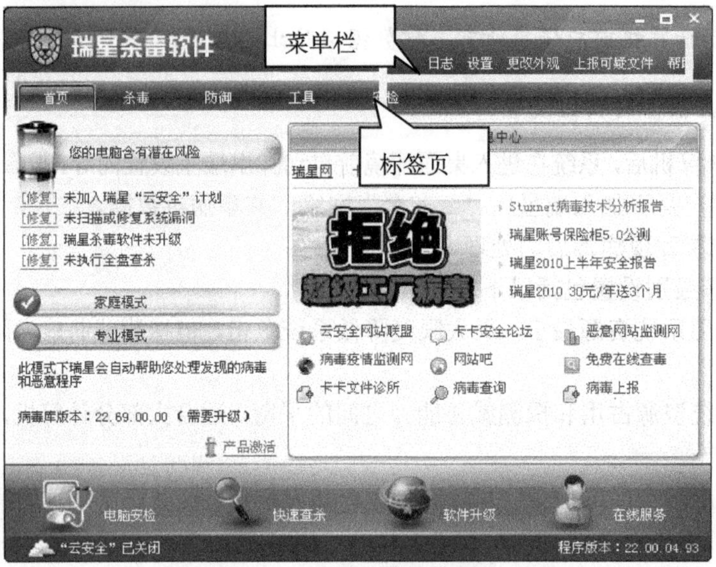

图 7.2　瑞星杀毒软件主程序主界面

表 7-1　主界面标签卡功能一览

标签页	对应功能
首页	默认标签，提供了常见功能和快捷控制选项，无需掌握丰富的专业知识即可轻松的使用瑞星杀毒软件。同时在连接上互联网的条件下，为用户提供最新安全信息
杀毒	为有一定计算机安全知识并熟悉操作的用户提供可定制的反病毒方式，用户可以选择查杀目标和快捷方式，还可以在设置栏对病毒的处理方式和隔离区空间大小等进行调节
防御	允许根据当前系统的实际情况，定制防御规则，使主动防御可以最大限度地保护系统，阻止威胁系统安全的程序执行
工具	包括常用辅助软件，如卡通界面的瑞星助手、账号保险柜、系统引导区备份/还原工具和瑞星杀毒软件自身的备份工具等。用于保护上网时的账号密码安全，启动失败的修复和瑞星杀毒软件的还原
安检	为当前系统进行全面的安全检测，并根据检测结果提供相应建议，可以单击“刷新”按钮来随时进行一次新的检测

图 7.3　实时监控图标

2) 实时监控程序的使用

实时监控模块在设置完毕后第一次自动启动。在以后的日常应用中，它将随 Windows 自动启动，系统任务栏右下角出现小雨伞图标，如图 7.3 所示。鼠标指针悬停在小雨伞上可查看当前病毒库版本和更新日期。

一般情况下，如果在第一次安装后进行了设置，那么监控程序无需额外设置也可以正常运行。当第一次设置不合理或需要更改设置时，可右击小雨伞图标，在弹出的菜单(图 7.4)上单击进入详细设置(图 7.5)，具体说明与安装向导的设置相同。

图 7.4　实时监控图标快捷菜单

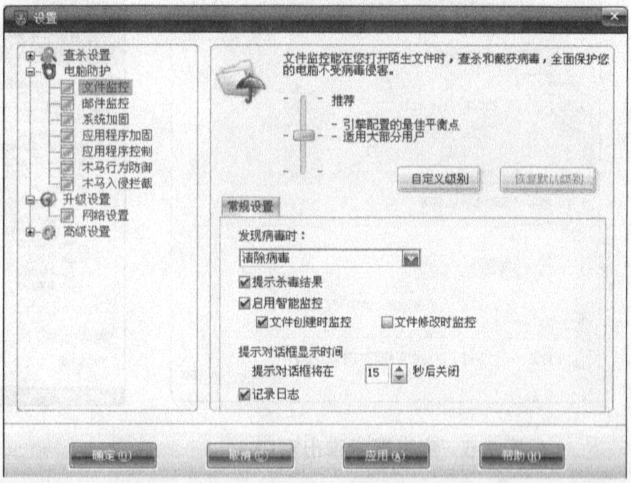

图 7.5　详细设置界面

【例 7.1】 实时监控程序自动发现安全威胁的处理。

C 盘根目录下有一染毒测试文件 Test.exe，在使用【我的电脑】或【资源管理器】时访问到该文件夹时，如实时监控设置为“发现病毒时询问我”，那么监控系统将弹出警示窗口，如图 7.6 所示。单击【清除病毒】按钮，瑞星杀毒软件将尝试将染毒文件修复或删除病毒程序本体，如果确信该文件无毒，单击【不处理】按钮将不对其进行任何操作。勾选对话框下方的【不再显示该对话框，以后使用相同的处理方式】，则以后发现类似问题时自动按这次是否处理的选择进行。15 秒(可在详细设置→文件监控中调节，如图 7.4，图 7.5)内没做出任何选择，瑞星杀毒软件将执行保守操作——清除病毒。

如果计算机不得不经常接触可能染毒的文件，可在详细设置中将发现病毒时的下拉列表设为【清除病毒】，这样瑞星杀毒软件在发现病毒时将不再弹出询问对话框，直接自动尝试清除病毒并将结果记录到日志中，结束后只弹出一个无须用户确认【已处理病毒】的提示。

【例 7.2】 扫描 USB 闪存和系统内存，检测是否有安全威胁。

启动瑞星杀毒软件，进入主程序，单击【杀毒】标签页，在查杀目标中勾选对应复选框，选中闪存和系统内存(图 7.7)。单击【开始查杀】按钮，系统开始扫描指定区域中的所有文件。如程序检测到安全威胁，将弹出与实时监控相同的对话框(图 7.6)，处理方法与之相同。

4. 瑞星杀毒软件的升级

互联网的普及在为计算机使用者提供了方便的同时，也为病毒和恶意程序的传播提供了新的途径，这严重的威胁了越来越多的计算机系统安全。因此，只有不断更新杀毒软件程序，才能确保计算机不被病毒困扰。

瑞星杀毒软件提供了每日升级服务，当实时监控模块处于活动状态(小雨伞图标为绿色)，将自动完成升级工作而无需用户干预。如因网络问题升级失败，进入主程序，单击首页选项卡下方的“软件升级”即可。

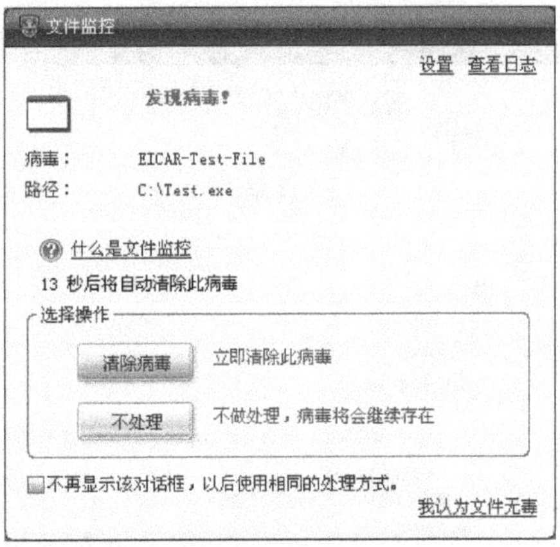

图 7.6　病毒警示弹出窗口

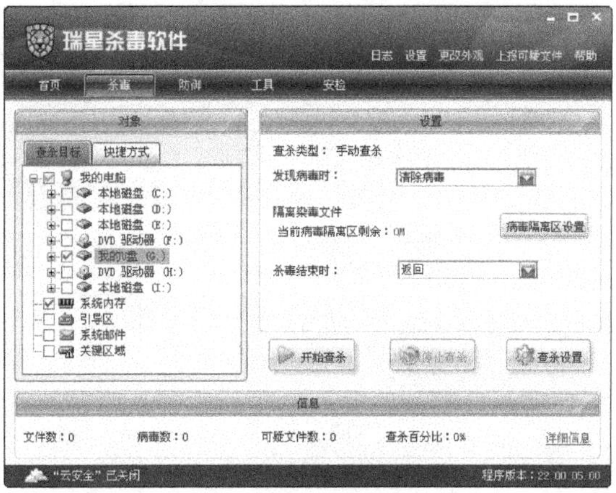

图 7.7　杀毒标签页

自动升级频率可进入主程序，单击【设置菜单】→【升级设置】进行修改，选项包括每天检测一次更新到每月检测一次更新。虽然可以设置为不自动升级，但这样计算机抵御安全威胁的能力将严重下降。如不希望在计算机工作时弹出瑞星升级程序窗口，可勾选升级设置窗口下方的“静默升级”复选框，这样瑞星杀毒软件升级时，将仅在完成时在任务栏弹出一个气泡提示。

7.3.2　金山急救箱

金山急救箱是由金山公司推出的小型化木马查杀软件，可快速诊断系统是否有安全隐患并清除常见木马。其特色功能是注重对遭受病毒破坏后系统的修复，可将已损坏的系统环境和上网设置恢复到正常状态，修复能力甚至超过一些大型商用软件。

1. 安装

金山急救箱完全免费，如图 7.8 所示，任何用户都可从金山公司的主页上下载(http://labs.duba.net/jjx.shtml.)，得到安装程序。

图 7.8　金山急救箱下载页面

通过下载或复制等方式取得安装程序后，双击其图标进行安装。首先安装向导会要求进行最终用户许可协议的确认，然后设置要安装到的文件夹。接下来在安装过程中，安装向导还会询问用户是否安装金山公司出品的其他免费软件，如勾选对应复选框，安装向导将从 Internet 上下载该程序并安装。

安装完毕，双击桌面上的快捷方式启动，进入主界面。

2. 金山急救箱的使用

如图 7.9 所示，金山急救箱的主程序界面非常简洁，只有【木马云查杀】和【问题反馈】两个选项卡标签和【设置】菜单。

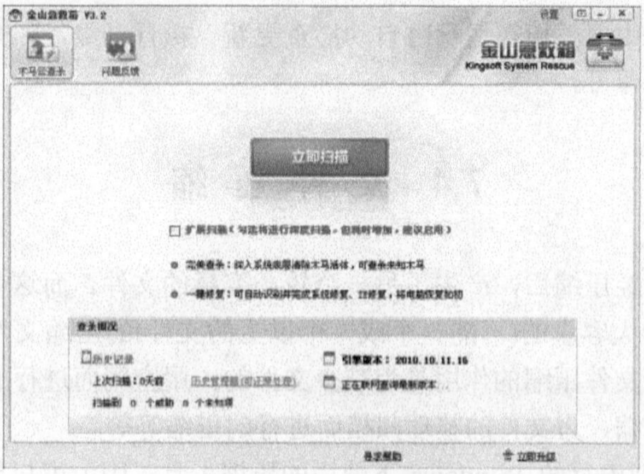

图 7.9　金山急救箱主界面

要扫描系统安全威胁，只需单击【立即扫描】即可。可通过勾选【扩展扫描】复选框决定是否进行更严格，但耗时更长的深度扫描方式。

金山急救箱将在扫描过程中对系统设置信息和内存中的重要进程做安全性检验。扫描完毕后，以列表形式提供详细的扫描结果，单击扫描结果中的条目，可以查看此问题的具体信息和金山急救箱提出的建议。如确认某些问题不需修复，可清除该条目前的复选框来将其排除在修复队列外。

单击【立即处理】按钮，金山急救箱将尝试对扫描结果中所有的安全隐患进行修复。待修复完成，程序自动返回主界面，可单击工作区下方的【历史】记录查看之前所有的操作记录(图 7.10)，若对修复结果不满意，可单击历史记录条目右侧的【还原】按钮将系统环境返回修复前的状态。

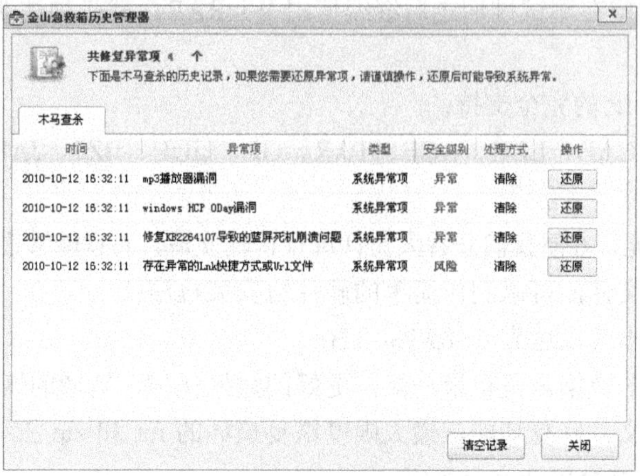

图 7.10　历史记录

若遇到无法自动修复的问题，单击主界面上的【问题反馈】选项卡，可直接和金山公司的技术人员联系，咨询相关问题或请求协助解决。

3. 金山急救箱的升级

一般情况下，金山急救箱在运行时自动检查更新、执行升级，如升级失败，单击主界面右下方的立即升级即可。

7.4 文件压缩

一个较大的文件经压缩后，产生了另一个较小容量的文件。而这个较小容量的文件，我们就叫它是这些较大容量的(可能一个或一个以上的文件)的压缩文件。而压缩此文件的过程称为文件压缩。文件压缩的作用是为减少文件的占用空间而进行的压缩、为提高网络传输而进行的文件压缩、为文件的整理归档而进行的压缩等等。

WINRAR 是目前流行的 Windows 下使用的压缩工具，因为用户界面友好，操作方便简单，功能实用强大，压缩率比高，它在压缩率和速度方面更有很好的表现。

1. WINRAR 概述

WinRAR 由 Eugene Roshal(所以 RAR 的全名是：Roshal ARchive)开发。首个公开版本 RAR 1.3 发布于 1993 年。WinRAR 是一个允许用户创建、管理和控制压缩文件的强大工具。WinRAR 的主要功能是非常强大的，有常规压缩和多媒体压缩、处理非 RAR 压缩文件、支持长文件名、建立自解压缩文件(SFX)的能力、损坏的压缩文件的修复、身份验证、内含的文件注释和加密。WinRAR 有 40 种不同的语言版本，支持 Windows 95/98/NT/2000/ME/XP。命令行版本的 RAR，可应用于 Linux、FreeBSD、DOS、OS/2、MacOSX。

目前最新版本为 WinRAR 3.93 release。

WinRAR 是共享软件。可以很方便的在网上、工具光盘里面得到它，并在 40 天的测试期内使用它。如果希望在测试过期之后继续使用 WinRAR，就必须注册。

主要特点如下。

(1) 对 RAR 和 ZIP 的完全支持；

(2) 支持 ARJ、CAB、LZH、ACE、TAR、GZ、UUE、BZ2、JAR、ISO 类型文件的解压；

(3) 多卷压缩功能，方便我们分卷大文件进行传输交流，而且能够很好地解压合并文件；

(4) 创建自解压文件，可以制作简单的软件自安装程序；

(5) 压缩文件大小可以达到 8 589 934 TB；

(6) 锁定和强大的数据恢复记录功能，更好的数据保护，新增的恢复卷的使用功能；

(7) 强大的压缩文件修复功能，最大限度恢复损坏的 rar 和 zip 压缩文件中的数据，如果设置了恢复记录，甚至可能完全恢复；

(8) 支持用户身份校验(AV 校验，必须注册)；

(9) 强大简易的备份功能；
(10) 工业标准 AES 加密；
(11) 提供固实格式的压缩算法，在很大程度上增加类似文件的压缩率；
(12) 在压缩前估计文件的压缩率的功能；
(13) 可以保存 NTFS 数据流和安全数据；
(14) 与资源管理器整合，操作简单快捷；
(15) 支持 Unicode 编码文件名；
(16) 强大的常规、文本、多媒体和可执行文件压缩；
(17) 不用解压缩，就可以在未锁定的压缩包内添加删除文件；
(18) 可以对压缩包内所需要的部分文件进行释放而不用全部解压；
(19) 方便使用的后台执行。

2. WINRAR 使用方法

1) 下载与安装

可以从 WinRAR 的官方网站(www.WinRAR.com.cn)下载这个软件，目前较新的版本为 3.93。软件安装程序的大小为 1410KB。

安装下面就以 WinRAR3.93 版本为例进行说明。

WinRAR 的安装十分简单，你只要双击下载后的压缩包，就会出现图 7.11 所示的安装界面。

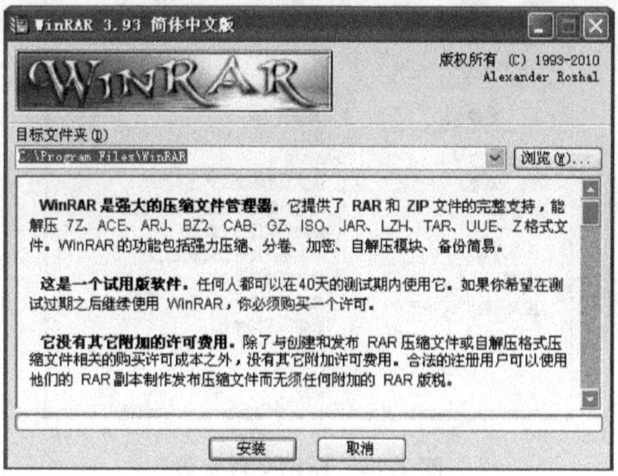

图 7.11 WinRAR 安装向导

按照提示操作完成安装。

2) 使用 WinRAR 快速压缩和解压

WinRAR 支持在右键菜单中快速压缩和解压文件操作十分简单。当在需要压缩的文件上点右键的时候，就会看见如图 7.12 所示界面，其中用圈标注的部分就是 WinRAR 在右键中创建的快捷键。

(1) 快速压缩。如图 7.12 所示，选中 Ghost 文件夹并右键点击，在弹出的菜单中选择“添加到‘Ghost.rar’”，选择此命令即在当前位置创建 Ghost 文件夹的压缩文件如图 7.13 所示。

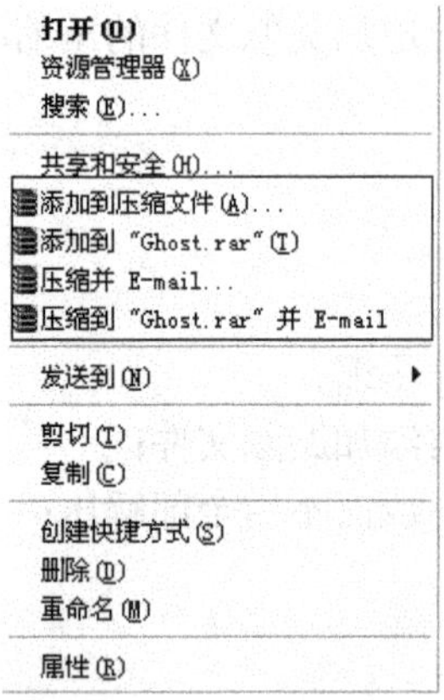

图 7.12　WinRAR 右键快捷菜单

图 7.13　压缩文件

此外对将压缩文件进行高级设置例如选择添加路径、分卷、设置解压密码等，要在右键弹出菜单中选择“添加到压缩文件...”，在弹出的“压缩文件名和参数”菜单中进行相应设置。如图 7.14 所示。

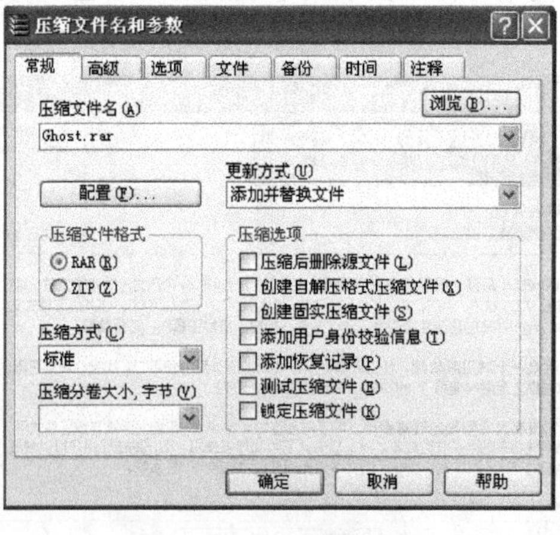

图 7.14　压缩文件参数

(2) 快速解压。右键点击所要解压缩的文件，在弹出的菜单中选择【解压到当前文件夹】或者【解压到 Ghost 文件夹\】，即可解压完成，当需要将解压的文件释放到指定的路径，在右键弹出菜单中选择【解压文件...】，在弹出的【解压路径和选项】菜单中进行设置。

(3) WinRAR 的主界面。其实对文件进行压缩和解压的操作，运用右键菜单中的功能就足以胜任了，一般不用在 WinRAR 的主界面中进行操作，但是在主界面中又有一些额外的功能，所以有必要对它进行了解，下面将对主界面中的每一个按钮做一个说明。

点击【开始】|【所有程序】|WinRAR，WinRAR 的图标后出现的主界面如图 7.15 所示。

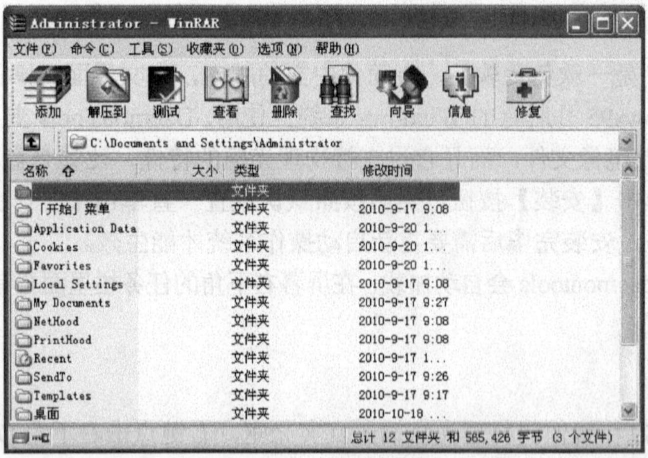

图 7.15　WinRAR 主界面

【添加】按钮就是前面已经熟悉的压缩按钮，当点击它的时候就会出现前面已经解释过的界面，在此就不多说了。

【解压到】按钮就是前面已经介绍过的解压按钮，在此不作解释。

【测试】按钮时在选择好一个压缩文件后，检查压缩文件是否完好的。在测试完成后会出现相应提示。

【查看】按钮是在选择好一个压缩文件后，在主界面窗口中显示该压缩文件中的内容，

【删除】按钮的功能十分简单就是删除选定的文件。

【查找】按钮的功能就是在指定的位置(包括压缩文件内)找寻指定的文件。

WinRAR 除了有以上常用的功能外还有一些高级功能，由于篇幅有限这里就不详细介绍了。

文件压缩的工具除了 WinRAR 外，还有 Winzip、7-Zip、WinMount、好压等，都是免费的压缩管理工具，有兴趣的可以从网上找到它们的安装程序以及使用方法，在这里就不一一介绍了。

7.5　光 盘 制 作

7.5.1　Daemon Tools

1. 简介

Deamon Tools 是一种模拟(CD-ROM)工作的工具软件，可以生成和用户计算机上所安装的光驱功能一模一样的虚拟光驱，一般光驱能做的事虚拟光驱一样可以做到，其工作原理是先虚拟出一部或多部虚拟光驱后，将光盘上的应用软件，镜像存放在硬盘上，并生成一个虚拟光驱的镜像文件，然后就可以 Windows95/98/NT 中将此镜像文件放入虚拟光驱中来使用，所以当您日后要启动此应用程序时，不必将光盘放在光驱中，也就无需等待光盘的缓慢启动，只需要在插入图标上轻按一下，虚拟光盘立即装入虚拟光驱中运行，快速又方便。

2. 安装

DaemonTools 是一款免费软件，有简体中文的版本，中文界面，操作起来也方便些。它可以在除 Windows95 外所有的 Windows 系统上使用。DaemonTools 支 ISO，CCD，CUE，MDS 等各种标准的镜像文件，而且它也支持物理光驱的特性，比如光盘的自动运行等等。双击安装文件，单击【安装】按钮，然后按照默认设置一直单击【下一步】便可以完成安装，需要注意的是，安装完毕后需要重新启动操作系统才能生效。

重新启动后，daemontools 会自动加载，在屏幕右下角的任务栏里面会有一个 daemontools 的图标。

3. 制作镜像

(1) 先把需要制作镜像的物理光盘插入真实光驱，右键点击右下角 DAEMON Tools 图标，点击【创建光盘镜像】。

(2) 设置镜像文件名和存储路径，并设置是否添加到映像目录、是否在失败时删除镜像。设置完毕后，单击【开始】显示【管盘映像进度】界面。

(3) 打开镜像文件路径查看，已成功生成镜像文件。

4. 加载光盘镜像

(1) 将需要加载的镜像拷贝至本机或者通过移动存储设备连接至本机。

(2) 右击桌面右下角的 daemontools 图标，选择【装载和驱动器管理】，单击【添加文件】按钮，在打开活动窗口找到要加载的镜像文件。

(3) 单击选中镜像文件和将要使用的驱动器，点击【装载】按钮，此时，可以发现虚拟光驱的图标发生了变化。

装载完成后即可使用镜像。

7.5.2 Ahead Nero

Nero 是德国 Ahead 公司出品的“老字号”刻录软件，支持的刻录机和刻录种类繁多，并支持多国语言。除了齐全的刻录功能外，软件还集成了音频转换、数据备份、音频编辑、虚拟光驱、光盘封面制作等功能，这些功能使得用户在操作使用软件的过程中更加得心应手。

1. 光盘术语

(1) 轨道和记录：光盘分为多个不同的轨道，如音频光盘上的一首歌曲或一段音乐等。写入光盘后的数据称为记录。记录的首尾均加有标志。用户可分一个记录，一次完成光盘刻录。如在光盘上刻录一个以上的记录，则该光盘将称为多记录光盘。

(2) 光盘格式：ISO，音频光盘，混合模式光盘，可启动光盘，视频光盘，超级视频光盘，HFS 光盘，UDF/ISO 光盘 CD，Extra/ 增强音乐光盘等。

Nero 的安装很简单，一步一步安装就可以了。下面我们先从刻录数据光盘着手，熟悉 Nero 各个功能的作用和各个选项的意义。

2. 简单使用

(1) 执行【开始】|【所有程序】|nero-nero startsmart 命令，启动 Nero。

(2) 在弹出窗口中，选择【制作数据光盘】。

(3) 在【光盘内容】窗口中，点击右边的【添加】按钮，将要刻录的数据进行添加，然后列表中就可以看到已经添加的数据。可以继续添加或删除。在下面显示数据的整体容量，一定不要超过刻录盘的指定容量，否则将无法进行刻录。

(4) 选择好之后，可以单击【下一步】按钮，选择当前的刻录机，然后就可以刻录了。

另外还可以利用 Nero 来制作音乐、视频以及 iso 启动盘等，

小　结

本章节主要介绍了实用工具软件的概念和分类，以几种有代表性的软件为例，讲述系统安全软件、文件压缩软件、光盘工具的使用。掌握常用工具软件，对提高计算机操作者的工作效率，大有裨益。

习　题　七

操作题

(1) 使用瑞星杀毒软件或其他杀毒软件扫描 USB 闪存，检查其中是否存有恶意软件。

(2) 使用 WinRAR 压缩一个文件夹的全部文件，创建一个格式为 rar 的压缩文件。观察对比压缩前后的文件大小，解压缩这个 rar 文件。

(3) 使用虚拟光驱软件 DaemonTools 打开任意 ISO 镜像文件，并在【我的电脑】或【资源管理器】中查看其中的内容。

第 8 章 计算机基础知识

本章综述：

本章将简要介绍计算机的发展、分类、分型、性能指标和有关概念，计算机的应用；信息在计算机内部的表示与存储；计算机的安全使用与病毒的防治；多媒体技术及相关的基本概念。

8.1 计算机概述

在人类文明的五千年发展进程中，人们有过许许多多的发现、发明和创造。而在 20 世纪中叶，电子计算机的诞生和发展，堪称是当代最伟大的发明，也是科学技术领域中最伟大的成就之一。在半个世纪时间里，计算机发展迅猛，经久不衰，性能卓越，应用广泛。作为先进的科学技术而担当先进的第一生产力的电子计算机已经很大地改变了人们的过去，还必将大大地改变着人们的未来，从生产方式到生活方式，从学习方式到工作方式，都必将进一步推动人类社会更快地向前发展。

8.1.1 计算机的发展

1946 年，美国宾夕法尼亚大学制造出世界上第一台电子数字计算机，取名 ENIAC (Electronic Numerical Integrator and Calculator，电子数字积分计算机)。如图 8.1 所示。该机使用了 18000 多个电子管，1500 多个继电器，占地 150 多平方米，耗电 150 多千瓦，重达 30 吨，另配有一台 30 吨重的附加冷却器。该机每秒钟约可完成 5000 次加法运算。

虽然，这台计算机笨重且性能也不完善，但它毕竟标志着人类创造使用的计算工具从算盘、计算尺、手摇计算机、电动计算机到电子数字计算机的崭新的质的飞跃，也可以说是从前 120 年间的巴奇·艾肯的近代机电数字计算机到 20 世纪中叶的图灵——冯·诺依曼的现代电子数字计算机的质的飞跃。继 ENIAC 之后，随着科学技术的发展和计算机应用范围的扩展，计算机也在不断地更新换代。以其主要构成元件为特征，伴随着系统结构和软件系统的发展，计算机的发展更新已经历四代，并正向第五代过渡。

图 8.1　ENIAC 计算机

1. 第一代电子计算机(1946—1957 年)

电子管计算机(EVL)的基本逻辑元件为电子管，主存储元件为汞延迟线，数字表示为定点数据，语言与伴随软件仅为机器语言或汇编语言，速度不高，使用不便。例如：ENIAC、EDVAC 等。

2. 第二代电子计算机(1958—1964 年)

晶体管计算机(TTL)的基本逻辑元件为晶体管，主存储元件为磁心存储器，数据表示有浮点数据与变址，语言与伴随软件有 FORTRAN、BASICA、ALGOL、COBOL 等，以及便于使用的操作系统。例如：IBM 7094、441B 机、108 乙机等。

3. 第三代电子计算机(1965—1970 年)

集成电路计算机(SSI、MSI)的基本逻辑元件为中、小规模集成电路，主存储元件为半导体存储器，系统结构采用微程序技术与虚拟存储，有多种语言与成熟的操作系统。例如：IBM360、370、CDC6600、7600、DEC PDP-11 系列及 DJS-130 系列等。

4. 第四代电子计算机(1971 年以后)

大规模集成电路计算机(LSI、VLSI)的基本逻辑元件为大规模与超大规模集成电路。主存储元件为大规模、高密度半导体存储器，系统结构采用并行、多机、分布式及网络系统。软件有数据库、知识库以及完善的操作系统。而且，大规模集成电路技术使得计算机的性能朝巨型化、体积朝微型化的发展成为主流，微型计算机的诞生、应用及迅猛发展成为计算机发展史上的重大事件。例如：VAX-11、SIEMENS 7.X、YH -I、11、各型 X86、长城、联想、TCL 电脑及奔腾系列微机、Client/Server 体系结构以及 HP、SUN、SGI 工作站等。

5. 第五代电子计算机

人工智能计算机(VLSI + AI)：从 20 世纪 80 年代开始研制，尚未问世。人们对它的期望值较高，希望它有较大的突破，第五代计算机(FGCS)也被称为新一代计算机(NGCS)。

8.1.2　计算机的特点

1. 运行速度快

采用高速微电子器件与合理系统结构制作的计算机可以极高速的工作。不同型号档次的计算机的执行速度每秒可达几十万次至几千万次，巨型机甚至可达每秒几亿次至几千亿次。

2. 计算精度高

采用二进制表示数据的计算机，易于扩充机器字长，其精度取决于机器的字长位数，字长越长，精度越高。不同型号计算机的字长为8位、16位、32位和64位，为了获取更高的精度，还可进行双倍字长或多倍字长的运算，甚至达到数百位二进制。

3. 存储容量大

采用半导体存储元件作为主存储器的计算机，内存储器容量可达数十MB至数GB，外存储器容量可达数百GB至数十TB，而且数据交换速率很高。

4. 判断能力强

计算机除具有高速度、高精度的计算能力外，还具有强大的逻辑推理和判断能力及记忆能力，人工智能机的出现将会进一步提高其推理、判断、思维、学习、记忆与积累的能力，从而可以代替人脑完成更多的功能。

5. 工作自动化

电子计算机最突出的特点就是可以在启动后不需要人工干预而自动、连续、高速、协调地完成各种运算和操作处理(这是由于采用了冯·诺依曼思想的“存储程序原理”而获得的)。而且通用性很强，是现代化、自动化、信息化的基本技术手段。

8.1.3 计算机的分类

在计算机的发展进程中，为满足不同场合和不同功能的需要，派生和制造出许许多多的种类和各式各样的型号。此谓计算机的分类与分型。

1. 按信息的数、模处理方式分

按信息的数、模处理方式来分，计算机可分为以下几种：

(1) 数字计算机：处理的信息为数字量。

(2) 模拟计算机：处理的信息为模拟量。

(3) 数模混合机：处理信息二者兼有。

注意：除非特别指明，本书所指的计算机就是电子数字计算机。

2. 按计算机的通用、专用用途分

按计算机的通用、专用用途分，其分为：

(1) 通用计算机：作通用计算处理，功能齐全，结构复杂，成本较高。

(2) 专用计算机：作专用控制应用，功能单一，结构简单，成本较低。但功能强大的某些巨型机，理论上通用，实际上常常也是专用机。

3. 按机器指令的繁、简复杂程度分

按机器指令的繁、简复杂程度分，计算机可分为：

(1) 复杂指令计算机(CISC)：指令庞大，100至几百条，功能较强，控制复杂，可靠性降低。

(2) 简化指令计算机(RISC)：指令精简，100 条以下，控制简单，可靠性较高；统计表明，大多数计算机 20%的指令占有 80%的使用频度，效率高，可靠性高，性能价格比高。因此，RISC 计算机是近来发展的方向。

除上述三种常用的分类法以外，还有几种比较专业的计算机分类法。

一是按“信息”的所谓弗赖恩(Flynn)分类法，计算机可分为：单指令流、单数据流计算机(SISD)；单指令流、多数据流计算机(SIMD)；多指令流、单数据流计算机(MISD)及多指令流、多数据流计算机(MIMD)。

二是按“并行度”的所谓冯译云(Tse-ynn Feng)分类法，即可以用并行度来定量描述计算机系统。

三是按“流水性”的所谓汉德勒(Handler)分类法，即按硬件的可并行处理单元数和可流水处理级数来划分计算机的种类。

这几种专业的分类法是计算机系统结构讨论的内容。本课程只要求了解与区分前三类分类法分出的数、模机，通、专机，繁、简指令计算机即可。

8.1.4　计算机的应用

作为人脑的延伸而诞生的计算机是 20 世纪最杰出的科学技术成就之一，也是当今最先进的技术手段和工具装备之一，其发展迅猛，且应用广泛，并涉及诸多领域。

计算机的应用主要有以下几方面。

1. 科学计算(Scientific Computations)

科学计算是计算机诞生的最原始、最古老、也是最重要的要求，第一台计算机 ENIAC 就是用于计算弹道表的。人造卫星的轨道计算，宇宙飞船的研制，可控热核反应的研究，生物工程结构的分析，飞机轮船、高楼大桥的设计和建筑结构计算，高阶微分方程和大型矩阵运算，有限元计算，农业水利设施和大型水利枢纽计算，天文、水利计算和精确气候模式气象预报的 Navier-Stokes 三维流体力学方程计算等都可以用计算机来完成。使得原来人工计算需要几年甚至上百年时间的计算，计算机只需弹指之间即可完成，或原来人工根本无法计算的，计算机也能在不太长的时间内计算出来。美国两位科学家于 1976 年用计算机花了 1200 小时证明了世界难题之一的“四色定理”，就是一个使用大型高速计算机的很好例子。

2. 自动控制(Automatic Control)

自动控制广泛应用于宇航和军事领域及工业生产系统。包括航天飞机的飞行、导弹、宇宙飞船和人造卫星的姿态控制，雷达跟踪系统和现代化武器控制，军事交通的全球定位与控制，月亮行星探测器的软着陆控制；以及空中交通管制，高速重载列车的通信信号识别处理与无人自动驾驶，机车故障自动检测，炉温控制，数控机床，大规模集成电路的生产调试控制；以及生产过程中做巡回检测、监控报警、自动记录，自动启停控制和大型自动化生产线(如彩电生产)与无人工厂的自动操作、实时控制、最佳控制与自适应控制等。

3. 数据处理(Data Processing)

数据处理是指用计算机对社会生产、经济活动、科学研究中获得的大量信息进行搜集、分类、排序、计算、存储、传输，并打印出各种报表和图形等，不涉及复杂的数学问题，只涉及大量的信息问题，广泛应用于情报检索、图像处理以及人口普查数据处理等。数据处理与信息管理紧密相关，互有交叉。

4. 信息管理(Information Management)

信息管理是指用计算机在企事业部门实际活动中搜索特定数据，提取反映生产、经营、人事等各种信息，加以集中管理和分析处理，然后在决策人员参与下，做出部门活动的最优选择。计算机可用作调度系统、订票系统、行政管理、人事管理、生产管理、物资管理、购销管理、市场预测、计划统计、情况分析及办公自动化(OA)等。近年发展起来的以数据库系统(DBS)和电子报表为基础手段、以决策支持系统(DSS)为高级目标的管理信息系统(MIS)就是信息管理的典型代表。

5. 计算机辅助(Computer Aided)

用计算机作辅助工具，可以帮助人们做辅助设计绘图(CAD)、辅助测试(CAT)、辅助制造(CAM)、辅助教学(CAI)、辅助模拟(CAS)、辅助工程(CAE)等。飞机、轮船、机车、汽车的设计和大规模集成电路的设计都是CAD应用的主要领域。使用CAD可使设计绘图优质快速。CAT可使测试诊断准确自动，CAM可使生产制造精确无误，CAI可使教学辅导更生动形象，CAS可使模拟驾驶和模拟训练(CAT)省时省力、事半功倍。其中的CAD/CAM/CAE正朝一体化方向发展，计算机辅助技术对社会进步的作用表现卓著。

6. 人工智能(Artificial Intelligence)

人工智能是用计算机进一步模拟人类，实现人类的某些智能行为，如感知、推理、学习、理解、联想、探索、模式识别等理论和技术。其研究应用领域包括模式识别、定理证明、景物分析、图像处理、自然语言理解和生成，博弈、机器人和专家系统，专家系统就是集某些优秀专家知识于一身的计算机应用程序系统，已广泛应用于医疗诊断、勘探研究、遗传工程及交通管制和商业领域。智能机器人也在某些领域广泛应用，例如，“深蓝”计算机胜国际象棋冠军就是智能博弈与高速计算的例子。

7. 数字通信技术与“信息高速公路”

计算机技术与数字通信技术的紧密结合，诞生了计算机网络。利用高速率的电缆、光纤、卫星、微波、ATM宽带传输等通信技术使得网络中能够实现资源的负荷均衡及资源的实时局部共享与全球滞后共享。计算机在程控电话和信息交换系统中的应用促进了我国以综合业务数字网(ISDN)为基干网的国民经济信息化的基础建设进入实施阶段，“金”字工程处于首要位置，至1995年，“金桥”连通24省市，“金卡”12个试点城市总体方案通过论证实施，“金关”逐步启动，其余“金企、金宏、金卫、金建”也相继启动。计算机技术广泛应用于电报通信、数据通信、电子邮政、电子商务(EDI)、多媒体技术以及全球实时定位系统 GPS 等各种新型通信技术领域。尤其电子金融化的“金卡”工程的实施应用，可使人们旅游、投资、消费、购物时摆脱携带货币的烦恼。Cernet 与 Internet 的接轨，使我国高校与国际交流更为方便及时。计算机广域网络与数字通信技术的发展应用，尤其是“信息高速公路”全球性策划建设(ANII、CNII、GNII)，已预示着 21 世纪信息社会将伴随新一代计算机的诞生而来临。信息社会的到来甚至预示着“计划与市场”机制的新一轮的质的飞跃。

8.2　信息的表示与存储

信息即数据。数据可以是数字的，也可以是模拟的。模拟信息要经模/数转换编码才为数字计算机所接受。数字信息可以是数值的(可用四则运算等)如 128、1010，也可以是字符的(可作比较处理等)如 ABC、汉字等，但无论是数值信息还是字符信息都需要恰当的编码形式才便于为计算机分析和处理。本节将简单讨论数据信息的进制与码制，及其他信息编码等。

计数方法有多种，在日常生活中我们最熟悉的也是国际上通用的计数方法是十进制计数法。所谓十进制，就是逢十进一。除了十进制外，还有很多计数制，如一天 24 小时，称为二十四进制，1 小时是 60 分钟，称为六十进制，这些统称为进位计数制计算机处理的数据是二进制，有时为表示方便，也常使用十六进制和八进制。

数码：一组用来表示各种数制的符号。

基数：数制所使用的数码个数称为“基数”，常用 R 表示，称 R 进制。

位权：指数码在不同位置上的权值。在不同进制中，处于不同数位的数码代表的数值不同。例如十进制数 111，个位上的 1 权值为 10^0，十位上的 1 权值为 10^1，百位上的 1 权值为 10^2。

进位计数制就是用一组有序的数码表示一个较大的数量，进位计数制即是一种有权有序的“位置记数法”，相同进制的数才可以参与运算，不同进制的数则可以相互转换。

8.2.1　常用数制及其转化

1. 十进制

十进位计数制简称十进制；十进制有 10 个不同的数码符号，即 0、1、2、3、4、5、6、7、8、9。每个数码符号根据它在这个数中所处的位置(数位)按“逢十进一”来决定其实际数值，即各数位的位权是以 10 为底的幂次方。

例如：$(215.48)_{10}=2\times10^2+1\times10^1+5\times10^0+4\times10^{-1}+8\times10^{-2}$

2. 二进制

二进位计数制简称二进制；它有两个不同的数码符号，即 0、1。每个数码符号根据它在这个数中所处的位置(数位)按“逢二进一”来决定其实际数值，即各数位的位权是以 2 为底的幂次方。

例如：$(11001.01)_2=1\times2^4+1\times2^3+0\times2^2+0\times2^1+1\times2^0+0\times2^{-1}+1\times2^{-2}=(25.25)_{10}$

二进制的优点如下。

(1) 物理表示容易。电路通、断，电平高、低，脉冲有、无，磁性正、反等。

(2) 运算规则简单。加法口诀 3 个，乘法口诀两个，比十进制简单，因而极易实现。

(3) 逻辑判断方便。二进制的“1 ”和“0 ”恰好对应逻辑取值的“是”和“否”，即“真”和“假”、“0”、“1”互为反码，因而极易实现“与”、“或”、“非”三大逻辑运算。

缺点是表示位数冗长，书写不方便，认读不直观，主要用于机内表示。

二进制的 3 个突出优点决定了从始至今的电子数字计算机内部均无例外地采用二进制数据表示。

3. 八进制

八进位计数制简称八进制；它有 8 个不同的数码符号，即 0、1、2、3、4、5、6、7。每个数码符号根据它在这个数中所处的位置(数位)按“逢八进一”来决定其实际数值，即各数位的位权是以 8 为底的幂次方。

例如：$(162.4)_8=1\times8^2+6\times8^1+2\times8^0+4\times8^{-1}=(114.5)_{10}$

八进制的优点、缺点如下：

八进制数书写长度已比二进制大大缩短，而且因为 $2^3=8$，即每 3 位二进制表示的 8 个数准确地一一对应于 1 位八进制内的 0～7 八个数码，即八进制数是二进制数的准确缩简。因而二进制、八进制有着简单的转换关系。八进制常用于早期的 NOVA 机和 PDP—11 系列机中内部指令表示、地址表示及数值表示等。其缺点是不如十进制直观，数值较大时表示仍不够简短。

4. 十六进制

十六进位计数制简称十六进制，它有 16 个不同的数码符号：0、1、2、3、4、5、6、7、8、9、A、B、C、D、E、F。每个数码符号根据它在这个数中所处的位置(数位)，按“逢十六进一”来决定其实际数值，即各数位的位权是以 16 为底的幂次方。

例如：$(2BC.48)_{16}=2\times16^2+B\times16^1+C\times16^0+4\times16^{-1}+8\times16^{-2}=(700.28125)_{10}$

十六进制的优缺点为：十六进制数书写比二、八、十进制都更简短，而且因为 $2^4=16$，即每 4 位二进制表示的 16 个数准确地一一对应于 1 位十六进制内的 0～9 和 A～F 共 16 个数码，即十六进制数也是二进制数的准确缩简。因而二、十六进制也有简算的转换关系。十六进制一直用于各种类型的机器中内部指令表示、地址表示及数值表示等。缺点是作数值读写时不如十进制直观。

简单数值的各进制的等价表示如表 8-1 所示。

表 8-1　各种进制数据表示

十进制	二进制	八进制	十六进制
1	1	1	1
2	10	2	2
3	11	3	3
4	100	4	4
5	101	5	5
6	110	6	6
7	111	7	7
8	1000	10	8
9	1001	11	9
10	1010	12	A
11	1011	13	B
12	1100	14	C
13	1101	15	D
14	1110	16	E
15	1111	17	F
16	10000	20	10

5. 不同进位计数制之间的转换

1) 非十进制数(R 进制数)转换为十进制数

方法：将各个 R 进制数按权展开求和即可。

【例 8.1】 将二进制数$(1011.101)^2$转换成等值的十进制数。

$$(1011.101)_2 = 1\times2^3+0\times2^2+1\times2^1+1\times2^0+1\times2^{-1}+0\times2^{-2}+1\times2^{-3}$$
$$= 8+0+2+1+1/2+0+1/8$$
$$= (11.625)_{10}$$

八进制数和十六进制数均可按位权展开转换成十进制数。

【例 8.2】 将$(2576)_8$、$(3D)_{16}$及$(F.B)_{16}$分别转换成十进制数。

$(2576)_8=2\times8^3+5\times8^2+7\times8^1+6\times8^0=(1406)_{10}$

$(3D)_{16}=3\times16^1+13\times16^0=(61)_{10}$

$(F.B)_{16}=15\times16^0+11\times16^{-1}=15+11/16=(15.6875)_{10}$

2) 十进制数转换为非十进制数(R 进制数)

方法：整数部分采取“除基数取余法”，小数部分采取“乘基数取整法”。

(1) 十进制整数转换为二进制数(除 2 取余法)。

方法：逐次除以 2，每次求得的余数即为二进制数整数部分各位的数码，直到商为 0。

(2) 十进制纯小数转换为二进制数(乘 2 取整法)。

方法：逐次乘以 2，每次乘积的整数部分即为二进制数小数各位的数码，小数未必做尽，直到所需位数或乘积为 0。

【例 8.3】 将 215.75 转换为等值的二进制数。

解：对整数部分转换：

2| 215　　余数

2| 107 ……1　　　　书←——最低位

2| 53 ……1　　　　写

2| 26 ……1　　　　方

2| 13 ……0　　　　向

2| 6 ……1

2| 3 ……0

2| 1 ……1

0 ……1　　　　←——最高位

即 $(215)_{10}=(11010111)_2$

对小数部分——乘 2 取整法

积　　整数

0.725×2=1.5 ……1　　←——最高位

0.5×2=1.0 ……1　　←——最低位

即$(0.75)_{10}=(0.101)_2$

所以$(215.75)_{10}=(11010111.10)_2$

3) 十进制转换为八进制数

方法：整数部分采取“除 8 取余法”，小数部分采取“乘 8 取整法”。

【例 8.4】 将十进制$(123.75)_{10}$转换为八进制数。

8| 123　　余数

8|15 ……3　　←——最低位

8| 1 ……7

0 ……1　　←——最高位

即 $(123)_{10}=(173)_8$

对小数部分——乘 8 取整法

积　　整数

0.75×8=6.00 ……　6

即$(0.75)_{10}=(0.6)_8$

所以$(123.75)_{10} = (173.6)_8$

4) 十进制转换为十六进制数

方法：整数部分采取“除 16 取余法”，小数部分采取“乘 16 取整法”。

【例 8.5】 例如：将十进制$(123.75)_{10}$ 转换为十六进制数。

整数部分采取“除 16 取余法”，小数部分采取“乘 16 取整法”。

16| 123　　余数

　16| 7 ……B ←———最低位

　　0 ……7 ←———最高位

即$(123)_{10} = (7B)_{16}$

对小数部分——乘 16 取整法

0.75×16=12.00　　C

即$(123.75)_{10} = (7B.C)_{16}$

5) 非十进制数之间的相互转换

(1) 八进制数与二进制数之间的转换。

由于一位八进制数相当于三位二进制数，因此，要将八进制数转换成二进制数时，只需以小数点为界，向左或向右每一位八进制数用相应的三位二进制数取代即可。如果不足三位，可用零补足。反之，二进制数转换成相应的八进制数，只是上述方法的逆过程，即以小数点为界，向左或向右每三位二进制数用相应的一位八进制数取代即可。

【例 8.6】 将八进制数$(357.162)_8$转换成二进制数。

3	5	7 .	1	6	2
011	101	111	001	110	010

即$(357.162)_8 = (11101111.0011101)_2$

【例 8.7】 将二进制数$(101011110.10110001)_2$转换成八进制数。

101	011	110 ·	101	100	010
5	3	6	5	4	2

即$(101011110.10110001)_2= (536.542)_8$

(2) 十六进制数与二进制数之间的转换。

由于一位十六进制数相当于四位二进制数，因此，要将十六进制数转换成二进制数时，只需以小数点为界，向左或向右每一位十六进制数用相应的四位二进制数取代即可。如果不足四位，可用零补足。反之，二进制数转换成相应的十六进制数，只是上述方法的逆过程，即以小数点为界，向左或向右每四位二进制数用相应的一位十六进制数取代即可。

【例 8.8】 将十六进制数$(5AB.8CE)_{16}$转换成二进制数。

5	A	B .	8	C	E
0101	1010	1011	1000	1100	1110

即$(5AB.8CE)_{16}= (10110101011.100011001110)_2$

【例 8.9】 将二进制数$(1100101001011.001100101)_2$转换成十六进制数。

0001	1001	0100	1011 .	0011	0010	1000
1	9	4	B	3	2	8

即$(1100101001011.001100101)_2= (194B.328)_{16}$

8.2.2　信息的存储

前面讨论的各种进制数据，都主要说正数，讨论减法与除法运算时，提出了加负数的概念。纯粹无符号正数可不涉及单独编码问题，机器中引入了负数，则必然涉及正负数据的机器数编码表示及其相互转换。带符号二进制数据的机内表示就叫二进制机器数，也叫机器数编码(同样道理，其他进制也可以有机器数编码)。正数的机器数编码是唯一的，负数的机器数编码则因码制不同，有不同的定义。

机器数有两个重要的特征。

(1) 位数长度固定。如8位机就只能表示8位机器数，16位机就只能表示16位机器数等。当然可用软件办法作双倍及多倍字长运算，可使16位机能表示32位长的数据。位数一定还有两个含义：一是不管数据值多小，即使是0，也要将8位或16位填满0；二是因位长受到限制则精度也受到限制，以及表示整数的最大绝对值也受到限制，否则会产生“溢出”。

(2) 正负符号代码化。传统用“+”、“-”号表示数的“正”、“负”，机内二进制则用“0”、“1”表示数的“正”、“负”(一般最高位为符号位，其余为尾数值)，称为代码化。如代码化后的符号位能像尾数数字位一样参与运算，则称为符号数码化(如反码、补码的符号等)。根据这两个特征可知，字长一定的机器数所表示数的范围也就确定。如8位机器数，可表示无符号数为0～255，表示带符号数则各一半，-128～+127，或±127，这与机器数编码方式有关。下面只从表示方法而不是代数定义更不涉及理论证明来简单讨论二进制数的原码、反码、补码的简单关系，以及它们之间的转换。

在数值的最高位用0、1分别表示数的正、负号。一个数(连同符号)在计算机中的表示形式称为机器数，以下引进机器数的3种表示法，即原码、补码和反码，是将符号位和数值位一起编码，机器数对应的原来数值称为真值。

下面讲述二进制数的原码、补码和反码的表示。

1) 原码表示法

原码表示方法中，数值用绝对值表示，在数值的最左边用“0”和“1”分别表示正数和负数，书写成[X]原表示X的原码。

例如，在8位二进制数中，十进制数+23和-23的原码表示为：

$[+23]_{原}=00010111$

$[-23]_{原}=10010111$

注意：0的原码有两种表示，分别是“00…0”和“10…0”，都作0处理。

2) 补码表示法

一般在作两个异号的原码加法时，实际上是作减法，然后根据两数的绝对值的大小来决定符号。能否统一用加法来实现呢？这里先来看一个事实。对一个钟表，将指针从6拨到2，可以顺拨8，也可以倒拨4，用式子表示就是：6+8-12＝2和6-4＝2。

这里12称为它的“模”。8与-4对于模12来说是互为补数。计算机中是以2为模对数值作加法运算的，因此可以引入补码，把减法运算转换为加法运算。

求一个二进制数补码的方法是，正数的补码与其原码相同；负数的补码是把其原码除符号位外的各位先求其反码，然后在最低位加1。通常用[X]补表示X的补码，+4和-4的补码表示为：

$[+4]_{补}=00000100$

$[-4]_{补}$=11111100

3) 反码表示法

正数的反码等于这个数本身，负数的反码等于其绝对值各位求反。例如：

$[+12]_{反}$=00001100

$[-12]_{反}$=11110011

总结以上规律，可得到如下公式：X−Y=X+(Y 的补码)=X+(Y 的反码+1)

8.2.3　信息编码

在计算机中，既可处理数值数据，又可处理各种字符数据。数值数据有多种编码，如二进制码、十进制码、BCD 码、余 3 码，其中二进制码在机器中表示又有原、反、补码。同样道理，字母、符号、汉字等字符数据也应按一定规则编码，以便统一交换、传输和处理。比如西文 ASCII 码、汉字国标区位码等。前面已经介绍了二进制编码，下面再介绍几种信息编码，这些编码都与二进制码有密切关系。

1. BCD 码

BCD 码(Binary Coded Decimal)即以二进制编码表示十进制数，或二进制形式的十进制。通常作为人机联系的中间表示形式，某些情况下(如银行账务中大量加减运算)也直接用 BCD 码进行十进制运算。

十进制有 0～9 十个码字符号，而 $2^4=16>10$，因此可以用 4 位二进制 8421 权码舍去其≥10 的 6 个冗余编码，剩下 10 个就用作 BCD 码，如：

0000 =0

0001 =1

0010 =2

⋮

1001 =9

如 1996 可用“0001，1001，1001，0110”BCD 码来表示。

BCD 码也可用于加减运算，但每位结果需按一定规则进行修正：结果≤9 (1001)，则正确；结果≥10 (1010)，作+6 (0110)修正。如：8 + 4 =12

```
       1000
  +     100
  ---------
       1100
  +    0110            加 0110 修正
  ---------
进位  1，0010          12 (BCD 码)
```

2. ASCII 码

ASCII(American Standard Code for Information Interchange)码是美国标准信息交换码的简称。在计算机及通信中无处不用，用以对英文字母、数字符号、运算标点符号、传输控制符号等进行表示、处理、传递与交换。上述各种符号共达 128 个，用 7 位二进制编码即可表示。第8位在标准ASCII码中未用，有时在传输过程中用作校验位，后来又用作扩展ASCII码，增加了许多制表符号、数学符号、希腊字母等。第8位为1，是128个扩展字符集，第8位为0，是128个基本字符。

大多数ASCII码字符都有键盘字符对应。在键盘上输入并显示在屏幕上的字符实际上已经经历了“计算机接收了字符的ASCII编码，并把该ASCII编码以字符点阵的方式显示在屏幕上”的传递、处理与显示两个过程(基于同样的道理，对汉字也要进行类似的编码处理)。

在ASCII码表中容易发现，数码符号0～9位于30H(48D)的连续编码区，A开头的大写英文字母位于41H (65D)的连续编码区，a开头的小写英文字母位于61H(97D)的连续编码区，记住了开头的一个，就可以联想推出一串，这几个区段的ASCII编码使用频繁，极需熟记。

3. 汉字编码

由于汉字具有数量多、字型复杂的特点，因此其编码的方式与西文相比更为复杂。因为一个字节中最多可以表示256个编码，显然只用一个字节无法保存众多的汉字编码。因此，汉字编码采用的是双字节形式保存，即用两个字节表示一个汉字。

1) 国标码

为了解决汉字的编码问题，我国于1980年公布了GB 2312—80国家标准，在此标准中含有6763个简化汉字和682个汉字符号。在该标准的汉字编码表中，汉字和符号按区位排列，共分成了94个区，每个区有94个位。一个汉字的编码由它所在的区号和位号组成，称为区位码。

汉字的区位码书写时区码在前，位码在后，一般采用十进制表示，也可以用十六进制表示。

2) 汉字输入码

汉字输入码是为了实现在标准的英文打字键盘上快速地输入汉字而设计的编码。汉字输入法就是以汉字输入码为基础而建立的汉字输入方法。汉字输入码也称为汉字的外码。常见的输入法有以下几类：

按汉字的排列顺序形成的编码(流水码)：如区位码。

按汉字的读音形成的编码(音码)：如全拼、简拼、双拼等。

按汉字的字形形成的编码(形码)：如五笔字型、郑码等。

按汉字的音、形结合形成的编码(音形码)：如自然码、智能ABC。

输入码在计算机中必须转换成机内码，才能进行存储和处理。

3) 汉字的字形码

汉字的字形码一般有以下三种类型：

(1) 点阵字体库。点阵字库中的字形码是直接以点阵的形式构造而成。汉字点阵有多种规格，即简易型16×16点阵、普及型24×24点阵、提高型32×32点阵、精密型48×48点阵，点阵规模越大，字形也越清晰美观，在字模库中所占用的空间也越大。

(2) 矢量字体库。矢量字体库中的字形码是用一系列的直线来描述字形的轮廓的，在这种字库中，字形码是一组直线的坐标。

用向量描述字形比用点阵描述字形是一个很大的进步，这种字形可以任意放大缩小而不会出现锯齿形，可以任意进行旋转、拉伸等变形处理，所以很受用户欢迎。

(3) 曲线字体库。在曲线字库中，汉字的字形码是由若干个直线段和若干个曲线组成。曲线采用二次曲线函数或三次曲线函数描述。其中最典型的是 Adobe Type 1 字库(采用三次 Bezier 曲线来描述)和 True Type 字库(采用二次 Bezier 样条曲线来描述)。

曲线字的导入，不仅大大改善了字模的质量，减少了字库的存储空间，且有利于字的无限变倍，字形算法的改进等，从根本上改变了字的质量，可以说是字的质的飞跃。

目前在 Windows 操作系统中使用的汉字字库(如宋体、楷体、黑体等)，都是 TrueType 曲线字体。

8.3　计算机安全

在计算机发展的初期，由于科学技术水平的限制，计算机是极其昂贵的设备，只有计算机专家才能使用，一般用户接触不到计算机更谈不上信息的共享。因此，计算机安全问题不那么紧迫和重要。然而，20 世纪 80 年代后期，随着计算机的广泛普及，尤其是微机和网络技术的蓬勃兴起，再加上数据库技术的发展，信息广泛得到共享，随之出现了计算机安全问题。

8.3.1　计算机安全概述

计算机安全(Computer Security)的定义，有下面两种。

国际标准化组织(ISO)的定义是：为数据处理系统建立和采取的技术的和管理的安全保护，保护计算机硬件、软件数据不因偶然的或恶意的原因而遭破坏、更改、显露。

我国国务院于 1994 年 2 月 18 日颁布的《中华人民共和国计算机信息系统安全保护条例》第一章第三条的定义是：计算机信息系统的安全保护，应当保障计算机及其相关的配套的设备、设施(含网络)的安全，运行环境的安全，保障信息的安全，保障计算机功能的正常发挥以维护计算机信息系统的安全运行。

要保证计算机的安全，应采取两个方面的措施：一是非技术性措施，如制定有关法律、法规，加强各方面的管理；其次是技术性措施，如硬件安全保密、通信网络安全保密、软件安全保密和数据安全保密等措施。

1. 计算机实体安全

计算机实体安全是指对场地环境、设施、设备、载体及人员采取的安全对策和措施。具体内容如下：

(1) 机房温度、湿度、清洁度与采光照明等要符合要求。

(2) 防静电、电磁干扰及噪声。

(3) 防火、防水及防震。

(4) 电源安全与电压稳定，保证供电连续。

2. 计算机的安全使用常识

为了保证计算机的正常使用，应注意以下事项。

(1) 正确开关机顺序。正确的开机方法是：开外部设备(显示器、打印机)，后开主机；关机顺序则相反。

(2) 在计算机运行时，严禁拔插电源或信号电缆，外部存储设备读写时严禁拔出相关设备，晃动机箱。

(3) 不要随意使用外来U盘，在使用前，必须查杀病毒。

(4) 若关机后再开机，相互间隔时间应不小于1分钟。

(5) 经常备份硬盘上的重要数据。

(6) 设置安全存取控制权限和密码等。

8.3.2 计算机病毒与防治

1988年11月2日，美国重要的计算机网络中，约6000台基于UNIX的VAX小型机和SUN工作站遭到了美国康乃尔大学一年级学生罗伯特·莫里斯(Robert .T .Morris)编制的蠕虫(Tap Worm)程序病毒的攻击，造成了整个网络的瘫痪，直接经济损失达6000万美元以上。从此以后，许多计算机病毒相继出现，到2002年底全球已发现7万多种计算机病毒。

我国的统计部门于1988年底首次发现小球病毒(Bouncing Ball)。随着计算机网络的普及，许多计算机病毒正在以惊人的速度传播蔓延，破坏计算机资源。2006 年全国共有19319658台计算机感染了病毒，感染计算机病毒种类66606种。预防和消除计算机病毒是计算机应用方面十分重要的任务。

1. 计算机病毒的定义

《中华人民共和国计算机信息系统安全保护条例》中明确将计算机病毒定义为：“编制或者在计算机程序中插入的破坏计算机功能或者破坏数据，影响计算机使用并且能够自我复制的一组计算机指令或者程序代码”。

计算机病毒都是人为故意编写的小程序。编写病毒程序的人，有的为了证明自己的能力，有的出于好奇，也有的因为个人目的没能达到而采取的报复方式等。

2. 计算机病毒的特征

1) 隐蔽性

病毒程序一般隐藏在正常程序之中，若不对其执行流程分析，一般不易察觉和发现。

2) 潜伏性

病毒程序入侵后，一般不立即产生破坏作用。但在此期间却一直在进行传染扩散，一旦条件成熟便开始进行破坏。

3) 传染性

计算机病毒具有很强的再生机制，一旦计算机病毒感染了某个程序，当这个程序运行时，病毒就能传染到这个程序有权访问的所有其他程序和文件。

4) 破坏性

计算机病毒的最终目的是破坏程序和数据，不论是单机还是网络，病毒程序一旦加到正在运行的程序体上，就开始搜索可进行感染的程序，从而使病毒很快的扩散到整个系统，造成灾难性后果。

3. 计算机病毒的分类

计算机病毒的分类常用以下三种方法。

(1) 按病毒的寄生媒介可分为入侵型、源码型、外壳型和操作系统型四种类型。

(2) 按病毒的表现性质可分为良性病毒和恶性病毒两种类型。

(3) 按病毒感染的目标可分为引导型病毒、文件型病毒和混合型病毒三种类型。

4. 计算机感染病毒的症状

(1) 程序装入的时间比平时长，计算机发出怪叫声，运行异常。

(2) 有规律地出现异常现象或显示异常信息。如异常死机后有自动重新启动。

(3) 计算机经常出现死机现象或不能正常启动。

(4) 程序和数据神秘丢失，文件名不能辨认。可执行文件的大小发生变化。

(5) 访问设备时发现异常情况，如磁盘访问时间比平时长，打印机不能联机或打印时出现怪字符。

5. 计算机病毒的防治

对于计算机病毒必须以预防为主。因此，应注意采取以下预防措施，切断病毒的传播途径。

(1) 不随便使用外来存储设备。

(2) 创建紧急引导盘和最新紧急修复盘。

(3) 不要在系统引导盘上存放用户数据和程序。

(4) 对重要软件要保存复制件。

(5) 给系统盘和文件加以写保护。

(6) 定期对磁盘作检查，及时发现病毒，消除病毒。

对计算机病毒可以利用人工处理，软件或硬件技术来检测和消除。由于人工处理需要对计算机的操作和使用有深入的基础，这对初学者来说是相当困难的。因此，常使用杀病毒软件和防病毒卡来检测和消除病毒。

防病毒卡是被固化在一块电路板上的硬卡。使用时，应插在计算机主板的标准插槽内并使其在系统内存中的安装地址与出厂时的地址吻合。

目前，比较好的防病毒卡既可以防护病毒，又可以对部分病毒主动清除。如北京瑞星电脑科技开发公司研制的瑞星防病毒卡等。

杀病毒软件可以检查和消除单机或网络中多种常见病毒。目前流行的消病毒软件较多，常见的有：

(1) KV3000：北京江民新技术有限公司(http://www.jangmin.com)开发。

(2) KILL98：北京冠群金辰软件有限公司(http://www.kill.com.cn)开发。

(3) 瑞星杀毒软件：北京瑞星(http://www.rising.com.cn)电脑科技开发公司开发。

(4) 金山毒霸：金山电脑公司(http://antivirus.kingsoft.net)开发。

8.4 多媒体技术

多媒体是目前计算机中最热门的应用之一，现在大多数的计算机都要求具有多媒体功能，因此，多媒体技术的应用也成了使用计算机的最基本的要求。本节将介绍关于多媒体的基本概念和多媒体硬件、软件系统。

8.4.1 多媒体技术概述

1. 媒体

媒体：信息表示和传播的载体。例如，文字、声音、图像等都是媒体，它们向人们传递各种信息。

目前，计算机处理的信息主要是字符和图形。为了改善人与计算机之间的交互界面，集声音、文字、图形、图像于一体，就要开发多媒体技术。

在计算机领域，几种主要媒体的定义如下：

1) 感觉媒体

感觉媒体直接作用于人的感官，使人能直接产生感觉。如各种语言、音乐、图形、图像、文字等。

2) 表示媒体

表示媒体是指各种编码。这是为了加工、处理和传输感觉媒体而人为地进行研究、构造出来的一类媒体。如语音编码、文本编码、图像编码等。

3) 表现媒体

表现媒体是感觉媒体与计算机之间的界面。如键盘、光笔、显示器、打印机等。

4) 存储媒体

存储媒体用于存放表示媒体，即存放感觉媒体数字化后的代码。如软盘、硬盘、CD-ROM等。

5) 传输媒体

传输媒体是用来将媒体从一处传送到另一处的物理载体。如双绞线、同轴电缆、光纤等。

2. 多媒体技术

多媒体技术是指利用计算机技术把文字、声音、图形、图像等多媒体综合一体化，使它们建立起逻辑联系，并能进行加工处理的技术。多媒体技术具有以下一些特征。

1) 集成性与多样性

多媒体技术的集成性是指将多种媒体有机地组织在一起，共同表达一个完整的多媒体信息，使声、文、图、像一体化。

2) 交互性

交互性是指人和计算机能进行交互式对话，便于进行人工干预控制。交互性是多媒体技术的关键特征。

3) 数字化

数字化是指多媒体中的各个单媒体都是以数字形式存放在计算机中。

4) 实时性

多媒体技术是多种媒体集成的技术，在这些媒体中，有些媒体(如声音和图像)是与时间密切相关的，这就决定了多媒体技术要支持实时处理。多媒体技术是基于计算机技术的综合技术，包括数字信号处理技术、音频和视频技术、计算机硬件和软件技术、人工智能和模式识别技术、通信和图像技术等，是一门跨学科的综合性高新技术。

3. 多媒体计算机的平台标准

多媒体计算机(MPC)是指能综合处理多媒体信息，使多种媒体信息建立联系，并具有交互性的计算机系统。

多媒体计算机系统一般由多媒体计算机硬件系统和多媒体计算机软件系统组成。

多媒体计算机硬件系统包括以下部分。

(1) 多媒体主机，如计算机(选用高档的奔腾机以上)、工作站等。

(2) 多媒体输入设备，如摄像机、录像机、录音机、麦克风、扫描仪、CD-ROM 等。

(3) 多媒体输出设备，如打印机、绘图仪、音响、电视机、录音机、录像机、高分辨率显示器等。

(4) 多媒体存储设备，如硬盘、光盘、磁带等。内存要求 16MB 以上。

(5) 多媒体功能卡，如视频卡、声音卡、通信卡、压缩卡等。

(6) 操纵控制设备，如鼠标器、操纵杆、键盘、触摸屏等。

多媒体计算机软件系统包括以下内容。

多媒体计算机软件系统是以 Windows 操作系统为基础，还有多媒体压缩/解压软件、多媒体声像同步软件、多媒体通信软件、多媒体数据库等。多媒体系统在不同领域中的应用还需要多种开发工具，而多媒体开发和创作工具为多媒体系统提供了方便直观的创作途径，一些多媒体开发软件包提供了图形、色彩板、声音、动画、图像及各种多媒体文件的转换与编辑手段。当然，多媒体软件系统中还包括为各种多媒体技术应用而开发的多媒体应用软件。

4. 多媒体技术的应用

多媒体技术具有图、文、声、像并茂的视觉和听觉效果，在各个领域都有广泛的应用。

1) 教育与培训

多媒体技术可以将课文、图表、声音、动画、录像等组合在一起构成教育产品。多媒体计算机可以模拟各种复杂的环境，用于军事、体育、医学、驾驶等各方面的培训。

2) 商业领域

多媒体技术在商业领域中商品广告、商品展示、商业演讲等，使人们有一种身临其境的感觉。

3) 信息领域

利用 CD-ROM 大容量的存储空间，与多媒体功能结合，可以提供大量的信息产品，如百科全书、地图系统、旅游指南等电子工具，电子刊物、多媒体电子邮件、多媒体会议等应用。

4) 娱乐与服务

多媒体技术的应用为某些珍贵的艺术品复制、保存提供了最好方式，还可以为一般创作人员提供用计算机创作多媒体作品的方法，比如制作音乐、设计电影特技镜头、模拟音响效果等。

8.4.2 多媒体文件格式

多媒体技术在对各种媒体信息的处理方面主要采取转换、集成、管理和控制以及传输等方式。

1. 音频技术

1) 声音媒体的数字化

声音是一种连续的波，音频波(可听声)的频率在 20Hz～20kHz 之间。亚音波(次声)，频率小于 20Hz。超音波(超声)，频率大于 20kHz。

声音信息的数字化过程是每隔一个时间间隔，在模拟声音波形上取一个幅度值(采样)，并把采样点的值用数字表示(量化)。

数字音频的质量取决于采样频率、量化位数、声道数。数字音频中，采样频率越高、量化位数越多、声道数越多，声音的质量越好，但数据量越大。

常用的标准采样频率为 44.1kHz。

常用的量化位数为 16 位或 24 位。

声道数指所使用的声音通道的个数。对于环绕立体声，采用 5.1 或 7.1 声道。

2) 音频文件分类

存储声音信息的文件格式主要有以下几种：

(1) WAV 文件：波形文件，由 Microsoft 公司和 IBM 公司制定的音频文件格式。该文件数据来源于对模拟声音波形的采样。用不同的采样频率对模拟的声音的波形进行采样，以不同的量化位数(8 位或 16 位)把采样点的值转换为二进制编码，形成了声音的 WAV 文件。WAV 文件由采样数据组成，文件的大小与采样频率、量化位和声道数有关。

(2) MIDI 文件：即数字化乐器接口(Musical Instrument Digital Interface)的缩写，是一种将电子乐器与计算机相连接的通信标准，以规定计算机音乐程序、电子合成器和其他电子设备之间交换信息与控制信号的方法。MIDI 文件记录的不是乐曲本身，而是一些描述乐曲演奏过程中的指令。因此所占用的存储空间比 WAV 文件小很多。RMI 文件是 Microsoft 公司的 MIDI 文件格式。

(3) MP3 文件：根据 MPEG-1 压缩标准进行压缩后的声音文件，其压缩比可达 12:1。属于有损压缩。

(4) AIF 文件：是 Apple 公司的音频文件格式。

(5) VOC 文件：是 Creative 公司的音频文件格式，也是声霸卡(Sound Blaster)使用的音频文件格式。

3) 数字音频文件的使用

Windows 中的 Windows Media Player 可以播放多种多媒体音频文件。

2. 视频技术

多媒体计算机最常用的图像有图形、静态图像和动态图像(视频)。

图形是由线条(主要是直线和弧线)组成的。图形容易用数学模型表示。在计算机中，图形常用“矢量”表示。图形分为 2D(二维)图形和 3D(三维)图形。AutoCAD 是著名的图形设计软件。其所使用的.DXF 是典型的矢量化图形文件。

在多媒体计算机中，图像(静态图像)是用点阵(像素)表示的。典型的图像如照片和名画。

图像中的每个像素用多位表示该像素的彩色。图像中的颜色通常由红、绿、蓝(RGB)三种基色搭配形成的。真彩色的图像的数据量极庞大。需要对数字图像进行压缩，便于存储和传送。常见的图像文件有：.BMP(位图文件)、.JPG、.GIF、.TIF 等。

视频是一种活动影像。其播放速度为 25 帧/秒(frames/s)每一帧为一幅静态图像，“帧”是构成视频信息的基本单元。视像的数据量比图像更大，需要对视像进行图像进行压缩。

3. 视频文件分类

1) 静态图像文件格式

图形文件一般分类两大类：位图和矢量图。

位图由像素点组成；矢量图由向量表示。

BMP 文件：位图文件，与设备无关的图像文件格式，在 Windows 环境下采用的基本图像格式，已成为一种通用的图像存储格式。

JPG 文件：JPEG 标准格式。

TIFF 文件：是为扫描仪和桌面出版系统开发的较为通用的图像文件格式。

2) 动态图像文件格式

AVI 文件：在 Windows 中使用的格式，以帧为存储的基本单位在每一帧中，音频数据和视频数据相互交叉存储。

MPG：MPEG 标准格式。

4. 数据压缩技术

多媒体信息经数字化后，其数据量非常庞大。对多媒体数据的存储和传输都要对数据进行压缩。当用到这引些信息时，才把数据解压还原。

所有的压缩系统都需要两个算法：一个是用于压缩原文件中的数据(编码)，另一个用于在目的端将数据解压缩出来(解码)。

压缩/解压缩的过程可用专用的硬件或软件来实现。

1) 数据压缩

根据解码后数据与原始数据是否完全一致进行分类，数据压缩方法一般划分为两类：无损压缩和有损压缩。

压缩技术的基本方式有两种：对称压缩和不对称压缩。

对称压缩中，压缩算法和解压缩算法是一样的，是一种可逆操作。对称压缩中的双方都以同一速度进行操作，如视频会议。

不对称压缩是指压缩与解压缩的运算速度不同。压缩的速度要高于解压缩速度，如VCD的制作与播放就是典型不对称压缩。

2) 常用的多媒体压缩算法标准

(1) 静态图像压缩标准——JPEG。JPEG 是 Joint Photograph Experts Group 的缩写，这是一个在1986年CCITT(ITU)和ISO联合成立的一个图像专家组。

PEG标准是多灰度静止图像的数字压缩编码，适用于连续色调彩色和多灰度图像的静止图像的压缩。数码相机的照片大多采用些标准。JPEG标准属于有损压缩，其压缩比可用参数调节。

(2) 运动图像压缩标准——MPEG。MPEG 的全称是运动图像专家组(Moving Picture Experts Group)是专门制定多媒体领域内的国际标准的一个组织，该组织成立于1988年，由全世界大约300名多媒体技术专家组成。JPEG和MPEG都是在ISO领导下的专家小组。

MPEG标准是面向运动图像压缩的一个系列标准，主要有MPEG-1、MPEG-2、MPEG-4和正在制定的MPEG-7。

MPEG压缩属于有损压缩，采用了帧间压缩和帧内压缩结合的压缩方法。

小　结

本章主要介绍计算机的发展、特点及应用领域，介绍不同进制之间的转换，数据在计算机中的表示记编码方式。讲述了计算机的安全及病毒的防治。

习　题　八

1. 填空题

(1) 十进制数25、7.125转换为二进制数是________、________。

(2) 二进制数$(10011101)_2$和$(1010.001)_2$转换为十进制数分别是________、________。

(3) 将二进制数 10011011.0011011 转换为八进制数是________、十六进制数是________。

(4) 八进制数 $(75.612)_8$转换为二进制数是________；十六进制数$(64A.C3F)_{16}$转换为二进制数是________、十进制数是________。

(5) 在微型计算机中，应用最普遍的字符编码是________，它规定存储一个字符占________字节。

(6) 我国的汉字编码是国标码，在国标码中存储一个汉字占________字节。

(7) 在48×48点阵的字库中，每个汉字的字模所占存储单元个数是________。

(8) 一个字节由个________二进制位组成，能表示无符号数________到________；能表示带符号数是________到________。

(9) 计算机病毒按病毒的寄生媒介可分为________、________、________和________四种类型。按病毒感染的目标可分为________、________、________这三类。

(9) 常见的图像文件类型有________、________、________、________等。

(10) 多媒体技术具有________、________、________、________等特征。

2. 简答题

(1) 简述计算机的正确使用与维护。

(2) 什么是计算机病毒？

(3) 计算机病毒有哪些特征？

(4) 如何防治计算机感染病毒？

(5) 计算机病感染病毒后有哪些特征？

附录 1 ASCII 码表

信息在计算机上是用二进制表示的，但这种表示法让人理解比较困难，因此，计算机上都配有输入和输出设备，这些设备的主要目的就是以一种人们可阅读的形式将信息显示出来。为保证人和设备、设备和计算机之间能进行正确的信息交换，人们编制了统一的信息交换代码，这就是 ASCII 码表，它的全称是“美国信息交换标准代码”。如表 F1-1 所示。

表 F1-1　ASCII 码表

八进制	十六进制	十进制	字符	八进制	十六进制	十进制	字符
00	00	0	nul	100	40	64	@
01	01	1	soh	101	41	65	A
02	02	2	stx	102	42	66	B
03	03	3	etx	103	43	67	C
04	04	4	eot	104	44	68	D
05	05	5	enq	105	45	69	E
06	06	6	ack	106	46	70	F
07	07	7	bel	107	47	71	G
10	08	8	bs	110	48	72	H
11	09	9	ht	111	49	73	I
12	0a	10	nl	112	4a	74	J

续表

八进制	十六进制	十进制	字符	八进制	十六进制	十进制	字符
13	0b	11	vt	113	4b	75	K
14	0c	12	ff	114	4c	76	L
15	0d	13	er	115	4d	77	M
16	0e	14	so	116	4e	78	N
17	0f	15	si	117	4f	79	O
20	10	16	dle	120	50	80	P
21	11	17	dc1	121	51	81	Q
22	12	18	dc2	122	52	82	R
23	13	19	dc3	123	53	83	S
24	14	20	dc4	124	54	84	T
25	15	21	nak	125	55	85	U
26	16	22	syn	126	56	86	V
27	17	23	etb	127	57	87	W
30	18	24	can	130	58	88	X
31	19	25	em	131	59	89	Y
32	1a	26	sub	132	5a	90	Z
33	1b	27	esc	133	5b	91	[
34	1c	28	fs	134	5c	92	\
35	1d	29	gs	135	5d	93	]
36	1e	30	re	136	5e	94	^
37	1f	31	us	137	5f	95	_
40	20	32	sp	140	60	96	'
41	21	33	!	141	61	97	a
42	22	34	"	142	62	98	b
43	23	35	#	143	63	99	c
44	24	36	$	144	64	100	d
45	25	37	%	145	65	101	e
46	26	38	&	146	66	102	f
47	27	39	`	147	67	103	g
50	28	40	(	150	68	104	h
51	29	41	)	151	69	105	i
52	2a	42	*	152	6a	106	j
53	2b	43	+	153	6b	107	k
54	2c	44	,	154	6c	108	l

续表

八进制	十六进制	十进制	字符	八进制	十六进制	十进制	字符
55	2d	45	-	155	6d	109	m
56	2e	46	.	156	6e	110	n
57	2f	47	/	157	6f	111	o
60	30	48	0	160	70	112	p
61	31	49	1	161	71	113	q
62	32	50	2	162	72	114	r
63	33	51	3	163	73	115	s
64	34	52	4	164	74	116	t
65	35	53	5	165	75	117	u
66	36	54	6	166	76	118	v
67	37	55	7	167	77	119	w
70	38	56	8	170	78	120	x
71	39	57	9	171	79	121	y
72	3a	58	:	172	7a	122	z
73	3b	59	;	173	7b	123	{
74	3c	60	<	174	7c	124	|
75	3d	61	=	175	7d	125	}
76	3e	62	>	176	7e	126	~
77	3f	63	?	177	7f	127	del

附录2 常用计算机词汇缩写

下面把一些计算机常用词汇列出来，供读者参考。

1. CPU

3DNow(3D no waiting)
ALU(Arithmetic Logic Unit，算术逻辑单元)
CMOS(Complementary Metal Oxide Semiconductor，互补金属氧化物半导体)
CISC(Complex Instruction Set Computing，复杂指令集计算机)
CLK(Clock Cycle，时钟周期)
CPU(Center Processing Unit，中央处理器)
Data Forwarding(数据前送)
Decode(指令解码)
DIB(Dual Independent Bus，双独立总线)
EC(Embedded Controller，嵌入式控制器)
Embedded Chips(嵌入式)
EPIC(Explicitly Parallel Instruction Code，并行指令代码)
FIFO(First Input First Output，先入先出队列)
flip-chip(芯片反转)
ICU(Instruction Control Unit，指令控制单元)
ID(Identify，鉴别号码)
IDF(Intel Developer Forum，英特尔开发者论坛)

IEU(Interger Execution Units，整数执行单元)
IMM(Intel Mobile Module，英特尔移动模块)
Instructions Cache(指令缓存)
Instruction Coloring(指令分类)
IPCC(Instructions Per Clock Cycle，指令/时钟周期)
ISA(Instruction Set Architecture，指令集架构)
KNI(Katmai New Instructions，Katmai 新指令集，即 SSE)
Latency(潜伏期)
LDT(Lightning Data Transport，闪电数据传输总线)
Local Interconnect(局域互连)
MMX(MultiMedia Extensions，多媒体扩展指令集)
MMU(Multimedia Unit，多媒体单元)
MHz(Million Hertz，兆赫兹)
PGA(Pin-Grid Array，引脚网格阵列)，耗电大
Post-RISC PR(Performance Rate，性能比率)
PSN(Processor Serial Numbers，处理器序列号)
PIB(Processor In a Box，盒装处理器)
PPGA(Plastic Pin Grid Array，塑胶针状矩阵封装)
PQFP(Plastic Quad Flat Package，塑料方块平面封装)
RAW(Read after Write，写后读)
RISC(Reduced Instruction Set Computing，精简指令集计算机)

2. 主板

ASK IR(Amplitude Shift Keyed Infra-Red，长波形可移动输入红外线)
ATX(AT Extend，扩展型 AT)
BIOS(Basic Input/Output System，基本输入/输出系统)
CSE(Configuration Space Enable，可分配空间)
DB(Device Bay，设备插架)
DMI(Desktop Management Interface，桌面管理接口)
EB(Expansion Bus，扩展总线)
EISA(Enhanced Industry Standard Architecture，增强形工业标准架构)
EMI(Electromagnetic Interference，电磁干扰)
ESCD(Extended System Configuration Data，可扩展系统配置数据)
FBC(Frame Buffer Cache，帧缓冲缓存)
GPIS(General Purpose Inputs，普通操作输入)
ICH(Input/Output Controller Hub，输入/输出控制中心)
IR(Infrared Ray，红外线)

IrDA(Infrared Ray，红外线通信接口可进行局域网存取和文件共享)
ISA(Industry Standard Architecture，工业标准架构)
ISA(Instruction Set Architecture，工业设置架构)
PCB(Printed Circuit Board，印制电路板)
PCBA(Printed Circuit Board Assembly，印制电路板装配)
PCI(Peripheral Component Interconnect，互连外围设备)
PCI SIG(Peripheral Component Interconnect Special Interest Group，互连外围设备专业组)
SMA(Share Memory Architecture，共享内存结构)
STD(Suspend To Disk，磁盘唤醒)
STR(Suspend To RAM，内存唤醒)
USB(Universal Serial Bus，通用串行总线)
AGP(Accelerated Graphics Port，图形加速接口)
I/O(Input/Output，输入/输出)
MIOBC(Memory and I/O Bridge Controller，内存和 I/O 桥控制器)

3. 显示设备

ASIC(Application Specific Integrated Circuit，特殊应用积体电路)
ASC(Anti-Static Coatings，防静电涂层)
AGAS(Anti-Glare Anti Static Coatings，防强光、防静电涂层)
CRC(Cyclical Redundancy Check，循环冗余检查)
CRT(Cathode Ray Tube，阴极射线管)
DDC(Display Data Channel，显示数据通道)
Digital Multiscan II(数字式智能多频追踪)
LCD(Liquid Crystal Display，液晶显示屏)
LCOS(Liquid Crystal On Silicon，硅上液晶)
LED(Light Emitting Diode，光学二级管)
VAGP(Variable Aperature Grille Pitch，可变间距光栅)
VBI(Vertical Blanking Interval，垂直空白间隙)
VDT(Video Display Terminals，视频显示终端)
VRR(Vertical Refresh Rate，垂直扫描频率)

4. 视频

3D(Three Dimensional，三维)
3DS(3D Sub System，三维子系统)
AV(Analog Video，模拟视频)
CG(Computer Graphics，计算机生成图像)
Clipping(剪贴纹理)
Clock Synthesizer(时钟合成器)

Center Processing Unit Utilization(中央处理器占用率)
DAC(Digital to Analog Converter，数模转换器)
Double Buffering(双缓冲区)
GPU(Graphics Processing Unit，图形处理器)
PGC(Parallel Graphics Configuration，并行图像设置)
pixel(Picture Element，图像元素，又称 P 像素，屏幕上的像素点)
S 端子(Seperate)
S3(Sight、Sound、Speed，视频、音频、速度)
S3TC(S3 Texture Compress，S3 纹理压缩，仅支持 S3 显卡)
S3TL(S3 Transformation & Lighting，S3 多边形转换和光源处理)
Screen Buffer(屏幕缓冲)
SDTV(Standard Definition Television，标准清晰度电视)

5. 音频

AC(Audio Codec，音频多媒体数字信号编解码器)
CS(Channel Separation，声道分离)
DSD(Direct Stream Digital，直接数字信号流)
FM(Frequency Modulation，频率调制)
FR(Frequence Response，频率响应)
Interactive Around-Sound(交互式环绕声)
MIDI(Musical Instrument Digital Interface，乐器数字接口)
Surround Sound(环绕立体声)

6. RAM & ROM

DRAM(Dynamic Random Access Memory，动态随机存储器)
DRDRAM(Direct RAMbus DRAM，直接 RAMbus 内存)
EEPROM(Electrically Erasable Programmable ROM，电擦写可编程只读存储器)
FM(Flash Memory，快闪存储器)
FMD ROM (Fluorescent Material Read Only Memory，荧光质只读存储器)
PIROM(Processor Information ROM，处理器信息 ROM)
RDRAM(Rambus Direct RAM，直接形 RambusRAM)
RIMM(RAMBUS In-line Memory Modules，RAMBUS 内嵌式内存模块)
SRAM(Static Random Access Memory，静态随机存储器)

7. Windows

GDI(Graphics Device Interface，图形设备接口)
GUI(Graphics User Interface，图形用户界面)

8. 网络

ADSL(Asymmetric Digital Subscriber Line，不对称数字订阅线路)
CCM(Call Control Manager，拨号控制管理)
CDSL(Consumer Digital Subscriber Line(消费者数字订阅线路)
CGI(Common Gateway Interface，通用网关接口)
CIEA(Commercial Internet Exchange Association，商业因特网交易协会)
CIR(Committed Infomation Rate，约定信息速率)
CTS(Clear to Send，清除发送)
DBS-PC(Direct Broadcast Satellite PC，人造卫星直接广播式 PC)
DCE(Data Circuit Terminal Equipment，数据通信设备)
IKE(Internet Key Exchange，因特网密钥交换协议)

9. Internet(因特网)

IP(Internet Protocol，网际协议)
ISDN(Integrated Service Digital Network，综合服务数字网络)
ISOC(Internet Society，因特网协会)
ISP(Internet Service Provider，因特网服务提供商)
LAN(Local Area Network，局域网)
LDAP(Lightweight Directory Access Protocol，轻权目录访问协议)
LOM(LAN-on-Montherboard)
IAB(Internet Activities Board，因特网工作委员会)
IETF(Internet Engineering Task Force，因特网工程作业推动)
L2TP(Layer 2 Tunneling Protocol，二级通道协议)
LMDS(Local Multipoint Distributed System，局域多点分布式系统)
MODEM(Modulator Demodulator，调制解调器)
NAT(Network Address Translation，网络地址转换)
NC(Network Computer，网络计算机)
MSN(Microsoft Network，微软网络)
SIS(Switched Internetworking Services，交换式网络互联服务)
TCP(Transmission Control Protocol，传输控制协议)
WWW(World Wide Web，万维网，是因特网的一部分)

10. 通信

CTI(Computer Telephone Integration，计算机电话综合技术)
DBS(Direct Broadcast Satellite，直接卫星广播)
DWDM(Dense WaveLength Division Multiplex，波长密集型复用技术)
MMDS(Multichannel Multipoint Distribution Service，多波段多点分发服务)
PCM(Pulse Code Modulation，脉冲编码调制)

PSTN(Public Switched Telephone Network，公用交换式电话网)
TAPI(Telephony Application Programming Interface，电话应用程序接口)
TSAPI(Telephony Services Application Programming Interface，电话服务应用程序接口)
WDM(WaveLength Division Multiplex，波分多路复用)

11. 服务器

C2C(Card-to-Card Interleaving，卡到卡交错存取)
cc-NUMA(Cache-Coherent Non Uniform Memory Access，连贯缓冲非统一内存寻址)
ICMB(Inter-Cassis Management Bus，内部管理总线)
MPP(Massive Parallel Processing，巨量平行处理架构)
MUX(Data Path Multiplexor，多重路径数据访问)

参 考 文 献

[1] 刘天惠等. 多媒体技术及应用[M]. 沈阳：东北大学出版社，2002.
[2] 崔岩等. 计算机应用基础案例教程[M]. 北京：中国石化出版社，2006.
[3] 刘婷婷等. PowerPoint 幻灯演示入门与实例演练[M]. 北京：中国青年出版社，2006.
[4] 林丽闽等. FrontPage 2002 宝典[M]. 北京：电子工业出版社，2001.
[5] 熊桂喜等. 计算机网络[M]. 北京：清华大学出版社，2003.
[6] 何江安等. 计算机病毒防治实用教程[M]. 北京：清华大学出版社，2005.
[7] 唐加胜等. 计算机基础教程(Windows 版)[M]. 成都：西南交通大学出版社，2005.
[8] 刘尊权等. 计算机基础培训教程[M]. 北京：希望出版社，2004.
[9] 张希玲等. 新概念电脑常用工具软件教程[M]. 长春：吉林电子出版社，2008.

全国高职高专计算机、电子商务系列教材推荐书目

【语言编程与算法类】

序号	书号	书名	作者	定价	出版日期	配套情况
1	978-7-301-15476-2	C 语言程序设计(第 2 版)(2010 年度高职高专计算机类专业优秀教材)	刘迎春	32	2013 年第 3 次印刷	课件、代码
2	978-7-301-14463-3	C 语言程序设计案例教程	徐翠霞	28	2008	课件、代码、答案
3	978-7-301-20879-3	Java 程序设计教程与实训(第 2 版)	许文宪	28	2013	课件、代码、答案
4	978-7-301-13570-9	Java 程序设计案例教程	徐翠霞	33	2008	课件、代码、习题答案
5	978-7-301-13997-4	Java 程序设计与应用开发案例教程	汪志达	28	2008	课件、代码、答案
6	978-7-301-22587-5	C#程序设计基础教程与实训(第 2 版)	陈 广	40	2013	课件、代码、视频、答案
7	978-7-301-14672-9	C#面向对象程序设计案例教程	陈向东	28	2012 年第 3 次印刷	课件、代码、答案
8	978-7-301-16935-3	C#程序设计项目教程	宋桂岭	26	2010	课件
9	978-7-301-15519-6	软件工程与项目管理案例教程	刘新航	28	2011	课件、答案
10	978-7-301-24776-1	数据结构(C#语言描述)(第 2 版)	陈 广	38	2014	课件、代码、答案
11	978-7-301-14463-3	数据结构案例教程(C 语言版)	徐翠霞	28	2013 年第 2 次印刷	课件、代码、答案
12	978-7-301-23014-5	数据结构(C/C#/Java 版)	唐懿芳等	32	2013	课件、代码、答案
13	978-7-301-18800-2	Java 面向对象项目化教程	张雪松	33	2011	课件、代码、答案
14	978-7-301-18947-4	JSP 应用开发项目化教程	王志勃	26	2011	课件、代码、答案
15	978-7-301-19821-6	运用 JSP 开发 Web 系统	涂 刚	34	2012	课件、代码、答案
16	978-7-301-19890-2	嵌入式 C 程序设计	冯 刚	29	2012	课件、代码、答案
17	978-7-301-19801-8	数据结构及应用	朱 珍	28	2012	课件、代码、答案
18	978-7-301-19940-4	C#项目开发教程	徐 超	34	2012	课件
19	978-7-301-20542-6	基于项目开发的 C#程序设计	李 娟	32	2012	课件、代码、答案
20	978-7-301-19935-0	J2SE 项目开发教程	何广军	25	2012	素材、答案
21	978-7-301-24308-4	JavaScript 程序设计案例教程(第 2 版)	许 旻	33	2014	课件、代码、答案
22	978-7-301-17736-5	.NET 桌面应用程序开发教程	黄 河	30	2010	课件、代码、答案
23	978-7-301-19348-8	Java 程序设计项目化教程	徐义晗	36	2011	课件、代码、答案
24	978-7-301-19367-9	基于.NET 平台的 Web 开发	严月浩	37	2011	课件、代码、答案
25	978-7-301-23465-5	基于.NET 平台的企业应用开发	严月浩	44	2014	课件、代码、答案
26	978-7-301-13632-4	单片机 C 语言程序设计教程与实训	张秀国	25	2014 年第 5 次印刷	课件
27		软件测试设计与实施(第 2 版)	蒋方纯			

【网络技术与硬件及操作系统类】

序号	书号	书名	作者	定价	出版日期	配套情况
1	978-7-301-14084-0	计算机网络安全案例教程	陈 昶	30	2008	课件
2	978-7-301-23521-8	网络安全基础教程与实训(第 3 版)	尹少平	38	2014	课件、素材、答案
3	978-7-301-18564-3	计算机网络技术案例教程	宁芳露	35	2011	课件、答案
4	978-7-301-21754-2	计算机系统安全与维护	吕新荣	30	2013	课件、素材、答案
5	978-7-301-09635-2	网络互联及路由器技术教程与实训(第 2 版)	宁芳露	27	2012	课件、答案
6	978-7-301-15466-3	综合布线技术教程与实训(第 2 版)	刘省贤	36	2012	课件、答案
7	978-7-301-14673-6	计算机组装与维护案例教程	谭 宁	33	2012 年第 3 次印刷	课件、答案
8	978-7-301-13320-0	计算机硬件组装和评测及数码产品评测教程	周 奇	36	2008	课件
9	978-7-301-12345-4	微型计算机组成原理教程与实训	刘辉珞	22	2010	课件、答案
10	978-7-301-16736-6	Linux 系统管理与维护(江苏省省级精品课程)	王秀平	29	2013 年第 3 次印刷	课件、答案
11	978-7-301-22967-5	计算机操作系统原理与实训（第 2 版）	周 峰	36	2013	课件、答案
12	978-7-301-16047-3	Windows 服务器维护与管理教程与实训(第 2 版)	鞠光明	33	2010	课件、答案
13	978-7-301-14476-3	Windows2003 维护与管理技能教程	王 伟	29	2009	课件、答案
14	978-7-301-18472-1	Windows Server 2003 服务器配置与管理情境教程	顾红燕	24	2012 年第 2 次印刷	课件、答案
15	978-7-301-23414-3	企业网络技术基础实训	董宇峰	38	2014	课件
16	978-7-301-24152-3	Linux 网络操作系统	王 勇	38	2014	课件、代码、答案

【网页设计与网站建设类】

序号	书号	书名	作者	定价	出版日期	配套情况
1	978-7-301-15725-1	网页设计与制作案例教程	杨森香	34	2011	课件、素材、答案
2	978-7-301-21777-1	ASP .NET 动态网页设计案例教程(C#版)(第 2 版)	冯　涛	35	2013	课件、素材、答案
3	978-7-301-21776-4	网站建设与管理案例教程(第 2 版)	徐洪祥	31	2013	课件、素材、答案
4	978-7-301-17736-5	.NET 桌面应用程序开发教程	黄　河	30	2010	课件、素材、答案
5	978-7-301-19846-9	ASP .NET Web 应用案例教程	于　洋	26	2012	课件、素材
6	978-7-301-20565-5	ASP.NET 动态网站开发	崔　宁	30	2012	课件、素材、答案
7	978-7-301-20634-8	网页设计与制作基础	徐文平	28	2012	课件、素材、答案
8	978-7-301-20659-1	人机界面设计	张　丽	25	2012	课件、素材、答案
9	978-7-301-22532-5	网页设计案例教程(DIV+CSS 版)	马　涛	32	2013	课件、素材、答案
10	978-7-301-23045-9	基于项目的 Web 网页设计技术	苗彩霞	36	2013	课件、素材、答案
11	978-7-301-23429-7	网页设计与制作教程与实训(第 3 版)	于巧娥	34	2014	课件、素材、答案

【图形图像与多媒体类】

序号	书号	书名	作者	定价	出版日期	配套情况
1	978-7-301-21778-8	图像处理技术教程与实训(Photoshop 版)(第 2 版)	钱　民	40	2013	课件、素材、答案
2	978-7-301-14670-5	Photoshop CS3 图形图像处理案例教程	洪　光	32	2010	课件、素材、答案
3	978-7-301-13568-6	Flash CS3 动画制作案例教程	俞　欣	25	2012 年第 4 次印刷	课件、素材、答案
4	978-7-301-18946-7	多媒体技术与应用教程与实训(第 2 版)	钱　民	33	2012	课件、素材、答案
5	978-7-301-17136-3	Photoshop 案例教程	沈道云	25	2011	课件、素材、视频
6	978-7-301-19304-4	多媒体技术与应用案例教程	刘辉珞	34	2011	课件、素材、答案
7	978-7-301-24103-5	多媒体作品设计与制作项目化教程	张敬斋	38	2014	课件、素材
8	978-7-301-24919-2	Photoshop CS5 图形图像处理案例教程(第 2 版)	李　琴	41	2014	课件、素材

【数据库类】

序号	书号	书名	作者	定价	出版日期	配套情况
1	978-7-301-13663-8	数据库原理及应用案例教程(SQL Server 版)	胡锦丽	40	2010	课件、素材、答案
2	978-7-301-16900-1	数据库原理及应用(SQL Server 2008 版)	马桂婷	31	2011	课件、素材、答案
3	978-7-301-15533-2	SQL Server 数据库管理与开发教程与实训(第 2 版)	杜兆将	32	2012	课件、素材、答案
4	978-7-301-25674-9	SQL Server 2012 数据库原理与应用案例教程(第 2 版)	李　军	35	2015	课件、代码、答案
5	978-7-301-16901-8	SQL Server 2005 数据库系统应用开发技能教程	王　伟	28	2010	课件
6	978-7-301-17174-5	SQL Server 数据库实例教程	汤承林	38	2010	课件、答案
7	978-7-301-17196-7	SQL Server 数据库基础与应用	贾艳宇	39	2010	课件、答案
8	978-7-301-17605-4	SQL Server 2005 应用教程	梁庆枫	25	2012 年第 2 次印刷	课件、答案
9	978-7-301-18750-0	大型数据库及其应用	孔勇奇	32	2011	课件、素材、答案

【电子商务类】

序号	书号	书名	作者	定价	出版日期	配套情况
1	978-7-301-12344-7	电子商务物流基础与实务	邓之宏	38	2010	课件、答案
2	978-7-301-12474-1	电子商务原理	王　震	34	2008	课件
3	978-7-301-12346-1	电子商务案例教程	龚　民	24	2010	课件、答案
4	978-7-301-25404-2	电子商务概论（第 3 版）	于巧娥等	33	2015	课件、答案

【专业基础课与应用技术类】

序号	书号	书名	作者	定价	出版日期	配套情况
1	978-7-301-13569-3	新编计算机应用基础案例教程	郭丽春	30	2009	课件、答案
2	978-7-301-16046-6	计算机专业英语教程(第 2 版)	李　莉	26	2010	课件、答案
3	978-7-301-19803-2	计算机专业英语	徐　娜	30	2012	课件、素材、答案

如您需要更多教学资源如电子课件、电子样章、习题答案等，请登录北京大学出版社第六事业部官网 www.pup6.cn 搜索下载。

如您需要浏览更多专业教材，请扫下面的二维码，关注北京大学出版社第六事业部官方微信（微信号：pup6book），随时查询专业教材、浏览教材目录、内容简介等信息，并可在线申请纸质样书用于教学。

感谢您使用我们的教材，欢迎您随时与我们联系，我们将及时做好全方位的服务。联系方式：0[illegible]62750667，liyanhong1999@126.com，pup_6@163.com，lihu80@163.com，欢迎来电来信。客户服务 QQ 号：1292552107，欢迎随时咨询。